高等学校数理类基础课程"十二五"规划教材

本书荣获中国石油和化学工业优秀出版物奖

复变函数与积分变换

李 博 主编

王 琳 牟丽君 翟发辉 参编

化学工业出版社

·北京·

本书按教育部高等学校的复变函数与积分变换课程教学大纲要求编写，知识体系完整，逻辑性、系统性强，例题及习题丰富．内容包括复变函数与积分变换两部分，其中复变函数内容包括复数与复变函数、解析函数、复积分、复级数、留数定理、保形映射；积分变换内容包括傅里叶（Fourier）变换及性质、拉普拉斯（Laplace）变换及性质、积分变换的应用．本书每章节都配有适量习题，每章附有小结和总习题，习题附有答案，方便读者自学、归纳和复习．书中附有"＊"者，可供有需要的专业选用．

本书可作为高等学校理工科相关专业师生的教学用书或教学参考书，也可供科技工作者参考．

图书在版编目（CIP）数据

复变函数与积分变换/李博主编．—北京：化学工业出版社，2015.6（2024.8重印）
高等学校数理类基础课程"十二五"规划教材
ISBN 978-7-122-23667-8

Ⅰ．①复…　Ⅱ．①李…　Ⅲ．①复变函数-高等学校-教材②积分变换-高等学校-教材　Ⅳ．①O174.5②O177.6

中国版本图书馆 CIP 数据核字（2015）第 079246 号

责任编辑：郝英华　　　　　　　　　　　装帧设计：韩　飞
责任校对：宋　玮

出版发行：化学工业出版社（北京市东城区青年湖南街 13 号　邮政编码 100011）
印　　装：北京科印技术咨询服务有限公司数码印刷分部
787mm×1092mm　1/16　印张 12　字数 197 千字　2024 年 8 月北京第 1 版第 9 次印刷

购书咨询：010-64518888　　　　　　　　售后服务：010-64518899
网　　址：http://www.cip.com.cn
凡购买本书，如有缺损质量问题，本社销售中心负责调换。

定　　价：39.00 元　　　　　　　　　　　　　　　版权所有　违者必究

前　言

　　复变函数与积分变换是各类高等学校理工类专业学生的一门重要的数学基础课程,是学习有关后继课程的工具.复变函数理论作为一种工具,在现代科学技术中有着重要的作用,因此要使得学生能掌握其基本理论和计算技巧.建立在复变函数理论之上的积分变换,通过积分建立了函数之间的对应关系,这在许多领域已被广泛应用,如电力工程、通信与控制领域、地质勘探等方面以及其他数学、物理和工程技术领域.为了适应各类高等院校的人才培养需要,我们总结多年的教学经验,编写了本书.

　　本书按教育部"复变函数与积分变换"教学大纲的基本要求编写,较全面地介绍了复变函数和积分变换的基本理论和基本方法.全书分为复变函数与积分变换两部分,其中复变函数部分包括复数与复变函数、解析函数、复积分、复级数、留数定理、保形映射;积分变换部分包括傅里叶(Fourier)变换及性质、拉普拉斯(Laplace)变换及性质、积分变换的应用.本书结构合理,讨论详尽,易教易学.书中附有"*"章节,可供有需要的相关专业选用.

　　在编写本书时,我们着重注意了以下几个方面.

　　(1) 以解析函数的理论为基础,突出基本概念和方法,尽量做到数学推导严格且简洁.

　　(2) 复变函数论中有些内容与高等数学重复,它是后者的推广.在这方面,对于平行的概念,如极限、连续、微分等,既指出其相似之处,更强调其不同之处.

　　(3) 在每章末都配有内容小结,对于本章主要内容进行了简短的总结,提纲挈领,以帮助读者抓住要点,牢固掌握.

　　(4) 配备了丰富的例题和习题,希望通过做习题这个环节,来帮助培养、提高解题能力和技巧.每节后配有习题,便于读者有针对性地进行练习;每章后还配有总习题.书末附有习题的答案或提示,以便于读者自学.

　　本书配有内容丰富的电子课件可免费提供给采用本书作为教材的院校使用,如有需要,请发邮件至 cipedu@ 163. com 索取.

　　本书全部内容的教学总时数不低于 48 学时.全书共 8 章,由李博、王琳、牟丽君和翟发辉编写.全书由李博和王琳负责修改定稿.

　　限于编者水平,本书不妥之处在所难免,敬请读者不吝赐教.

编者

2015 年 4 月

目 录

引　言

数的最基本者为正整数，如 1，2，3，…. 正整数相加的结果仍为正整数. 如可用减法运算，则需扩充为整数，包含 ±1，±2，…以及 0. 整数对加法、减法和乘法而言是封闭的，即整数进行加法、减法及乘法运算的结果仍为整数. 但若要对加减乘除四种运算封闭，需将整数扩充为有理数. 仅有有理数，不能解一般的代数方程，如方程 $x^2 = 2$，在有理数范围内无根. 因此，需将数的范围再加扩充，成为实数. 任何实数的平方恒为正数，故方程 $x^2 + 1 = 0$ 无实根. 再加扩充成为复数，其形式为 $a + ib$，此处 a，b 为实数，i 满足 $i^2 = -1$. 有了复数后，从理论上，任何代数方程都有解.

复数是 16 世纪人们在解代数方程时引入的. 在 18 世纪，达朗贝尔（1717—1783）与欧拉（1707—1783）等逐步阐明了复数的几何意义和物理意义，澄清了复数的概念.

微积分中研究实变量之间的函数关系，随着人类社会和生产实践的发展，需要研究两个复变量之间的函数关系——一元复变函数，这是本书研究的第一个主要内容.

复变函数的理论和方法，在自然科学和工程技术中，如流体力学、空气动力学、电磁学、热力学等，有广泛的应用. 复变函数论研究的中心对象是解析函数. 在复变函数论的研究中，实变函数的许多基本概念，如函数、极限、连续、导数、积分的定义，在形式上几乎可以无改变地推广到复变函数. 但是，复变函数中，这些概念有了本质上的深化. 例如，复变函数可导的条件要比实变函数严格得多也深刻得多，以致复变函数在域内有一阶导数，就可以推出它有任意阶导数.

积分变换研究由含参变量积分所定义的一类变换（函数）的性质及应用，它的理论与方法广泛应用于数学科学的许多分支中，已成为自然科学和各种工程技术领域中不可缺少的运算工具.

积分变换就是通过积分运算进行函数类变换. 例如，常用下面的含参变量积分

$$F(\alpha) = \int_a^b f(t) K(t,\alpha) \mathrm{d}t$$

实施函数 $f(t)$ 的积分变换，此处的 $K(t,\alpha)$ 是一个确定的二元函数，称为该积分变换的核. 不同的积分区间和核对应了不同的积分变换. 我们主要研究傅里叶变换和拉普拉斯变换的概念、性质和应用.

第 1 章

复数与复变函数

复变函数就是自变量为复数的函数. 我们的主要研究对象是在某种意义下可导的复变函数, 通常称为解析函数. 本章首先引入复数与复平面的概念, 其次引入复球面、平面点集、区域和 Jordan 曲线的概念, 最后介绍复变函数的极限和连续性.

1.1 复数

1.1.1 复数的概念

设 x, y 为实数, 则 $z = x + \mathrm{i}y$ 表示复数, 此处 $\mathrm{i}^2 = -1$, i 称为**虚数单位** (可记作 $\mathrm{i} = \sqrt{-1}$); x 称为 z 的实部, 记为 $\mathrm{Re}(z)$; y 称为 z 的**虚部**, 记为 $\mathrm{Im}(z)$. 若实部 $\mathrm{Re}(z) = 0$, 且 $\mathrm{Im}(z) \neq 0$, 则 $z = \mathrm{i}y$ 称为**纯虚数**. 当复数 z 的虚部为零时, z 为实数, 因此复数是实数概念的推广. 两复数相等, 必须且只需它们的实部及虚部分别相等. 一个复数为 0, 当且仅当它的实部和虚部同时为 0.

1.1.2 复数的代数运算

两个复数 $z_1 = x_1 + \mathrm{i}y_1$ 和 $z_2 = x_2 + \mathrm{i}y_2$ 的加法、减法、乘法及除法运算定义如下:

$$z_1 \pm z_2 = (x_1 \pm x_2) + \mathrm{i}(y_1 \pm y_2) \tag{1.1}$$

$$z_1 \cdot z_2 = (x_1 x_2 - y_1 y_2) + \mathrm{i}(x_1 y_2 + x_2 y_1) \tag{1.2}$$

$$\frac{z_1}{z_2} = \frac{x_1 + \mathrm{i}y_1}{x_2 + \mathrm{i}y_2} = \frac{x_1 x_2 + y_1 y_2}{x_2^2 + y_2^2} + \mathrm{i}\frac{x_2 y_1 - x_1 y_2}{x_2^2 + y_2^2} \quad (z_2 \neq 0) \tag{1.3}$$

实数的四则运算规律 (如交换律, 结合律, 分配律等) 都适用于复数的代数运算.

【例 1.1】 计算 $\dfrac{(3 + 2\mathrm{i}) - (1 - 2\mathrm{i})}{-1 + \mathrm{i}}$.

解　$\dfrac{(3+2i)-(1-2i)}{-1+i}=\dfrac{2+4i}{-1+i}=\dfrac{2\times(-1)+4\times1}{2}+$

$\dfrac{4\times(-1)-1\times2}{2}i=\dfrac{2}{2}+\dfrac{-6}{2}=1-3i.$

【例 1.2】 计算（1）$\dfrac{8i-1}{i}$，（2）$\dfrac{-1+5i}{2+3i}$.

解　（1）$\dfrac{8i-1}{i}=\dfrac{8i-1}{i}\cdot\dfrac{i}{i}=\dfrac{8i^2-i}{i^2}=\dfrac{-8-i}{-1}=8+i.$

（2）$\dfrac{-1+5i}{2+3i}=\dfrac{-1+5i}{2+3i}\cdot\dfrac{2-3i}{2-3i}=\dfrac{13+13i}{13}=1+i.$

1.1.3　复数的表示法

因复数 $z=x+iy$ 由一对有序实数 (x,y) 所唯一确定，复数 $z=x+iy$ 可以用直角坐标系中的点 $P(x,y)$ 表示，即对任意复数 $z=x+iy$，对应 xOy 平面上的坐标为 (x,y) 的点 P. 如图 1.1 所示.

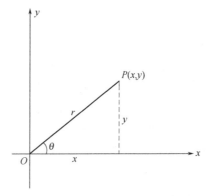

图 1.1

用 xOy 平面表示复数时，称其为复平面或 z 平面. 因为复平面上位于 x 轴上的点表示实数，故把 x 轴称为实轴. 类似地，y 轴上的非原点的点表示纯虚数，故称其为虚轴.

在复平面上，从原点到点 $P(x,y)$ 所引的向量与这个复数 $z=x+iy$ 也构成一一对应关系，故复数 $z=x+iy$ 也可以用向量 $\overrightarrow{OP}$ 表示.

将复数 z_1，z_2 依次用向量 $\overrightarrow{OP}$，$\overrightarrow{OP'}$ 表示，按照向量加法的平行四边形法则可求向量 $\overrightarrow{OP}$，$\overrightarrow{OP'}$ 的和，得向量 $\overrightarrow{OR}$，则向量 $\overrightarrow{OR}$ 及点 R 均表示复数 z_1+z_2（图 1.2）；又根据向量减法的三角形法则，可得向

量 $\overrightarrow{P'P}$ 表示复数 z_1-z_2 （图 1.3）.

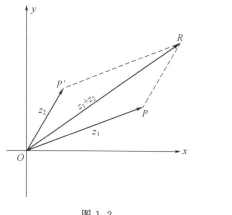

图 1.2

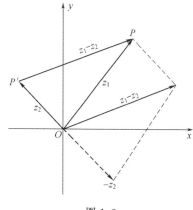

图 1.3

1.1.4　共轭复数与复数的模

根据极坐标和直角坐标的关系

$$\begin{cases} x=r\cos\theta \\ y=r\sin\theta \end{cases},$$

复数 $z=x+\mathrm{i}y$ 可记为

$$z=r(\cos\theta+\mathrm{i}\sin\theta) \tag{1.4}$$

此处 $r=\sqrt{x^2+y^2}$ 称为复数 z 的**模**或**绝对值**，θ 称为复数 z 的**辐角**，依次用 $|z|=r$ 和 $\mathrm{Arg}(z)=\theta$ 表示. 当 $z\ne 0$ 时，辐角 $\mathrm{Arg}(z)=\theta$ 是向量 z 与 x 轴正向的夹角（如图 1.1）.

　　$z=0$ 的辐角不确定，$\mathrm{Arg}(0)$ 无意义. 对 $z\ne 0$，辐角 $\mathrm{Arg}(z)$ 有无穷多个，它们彼此相差 2π 的整数倍；但满足条件

$$-\pi<\mathrm{Arg}(z)\leqslant\pi$$

的辐角值只有一个，称该辐角值为复数 z 的**辐角主值**，记为 $\arg(z)$. 于是有

$$-\pi<\arg(z)\leqslant\pi \tag{1.5}$$

从而 $\mathrm{Arg}(z)=\arg(z)+2k\pi(k=0,\pm 1,\pm 2,\cdots)$.

　　表示式 $z=r(\cos\theta+\mathrm{i}\sin\theta)$ 称为复数 z 的**三角表示式**，亦记为

$$z=|z|(\cos\mathrm{Arg}(z)+\mathrm{i}\sin\mathrm{Arg}(z)) \tag{1.6}$$

　　由复数的三角表示式 $z=r(\cos\theta+\mathrm{i}\sin\theta)$ 和欧拉公式 $\mathrm{e}^{\mathrm{i}\theta}=\cos\theta+\mathrm{i}\sin\theta$ 可以得到 $z=r\mathrm{e}^{\mathrm{i}\theta}$，此式称为复数的**指数表示式**. 依据所讨论问题

的需要，复数的表示式之间可以相互转化.

【例 1.3】 将 $z=\dfrac{\sqrt{2}}{2}+\mathrm{i}\dfrac{\sqrt{2}}{2}$ 用三角式和指数式表示.

解 $r=|z|=1$，$\arg(z)=\arctan 1=\dfrac{\pi}{4}$，

所以 $z=\dfrac{\sqrt{2}}{2}+\mathrm{i}\dfrac{\sqrt{2}}{2}=\cos\dfrac{\pi}{4}+\mathrm{i}\sin\dfrac{\pi}{4}=\mathrm{e}^{\frac{\pi}{4}\mathrm{i}}$.

复数 $x-\mathrm{i}y$ 称为复数 $z=x+\mathrm{i}y$ 的**共轭复数**，用 $\bar{z}$ 表示，即 $\bar{z}=x-\mathrm{i}y$.

根据定义和运算法则，易得共轭复数具有下列主要性质：

$\overline{\bar{z}}=z$

$\overline{z+z'}=\bar{z}+\overline{z'}$

$\overline{zz'}=\bar{z}\cdot\overline{z'}$

$\overline{\left(\dfrac{z}{z'}\right)}=\dfrac{\bar{z}}{\overline{z'}}(z'\neq0)$

$|z|^2=z\bar{z}$

$2\mathrm{Re}(z)=z+\bar{z}$ 或 $\mathrm{Re}(z)=\dfrac{z+\bar{z}}{2}$

$2\mathrm{i}\mathrm{Im}(z)=z-\bar{z}$ 或 $\mathrm{Im}(z)=\dfrac{z-\bar{z}}{2\mathrm{i}}$

注 1.1 若 z 在负实轴上时，$\arg(z)=\pi$，$\arg(\bar{z})=\pi,\pi\neq-\pi$.

一对共轭复数 z 和 $\bar{z}$ 在复平面的位置是关于实轴对称的(图 1.4).因而 $|z|=|\bar{z}|$.如果 z 不在负实轴和原点上，还有 $\arg(z)=-\arg(\bar{z})$.

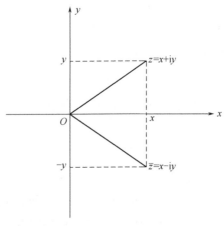

图 1.4

由于 $|z_1-z_2|$ 表示点 z_1 与 z_2 之间的距离，因此由图 1.2 和图 1.3，

我们有如下的三角不等式：

$$|z_1 + z_2| \leqslant |z_1| + |z_2| \tag{1.7}$$

$$|z_1 - z_2| \geqslant ||z_1| - |z_2|| \tag{1.8}$$

【例 1.4】 设 z_1 和 z_2 是两个复数，证明：$|z_1 + z_2|^2 = |z_1|^2 + |z_2|^2 + 2\mathrm{Re}(z_1 \overline{z_2})$.

证
$$\begin{aligned}
|z_1 + z_2|^2 &= (z_1 + z_2)(\overline{z_1 + z_2}) = (z_1 + z_2)(\overline{z_1} + \overline{z_2}) \\
&= z_1 \overline{z_1} + z_2 \overline{z_2} + z_1 \overline{z_2} + z_2 \overline{z_1} \\
&= |z_1|^2 + |z_2|^2 + z_1 \overline{z_2} + (\overline{z_1 \overline{z_2}}) \\
&= |z_1|^2 + |z_2|^2 + 2\mathrm{Re}(z_1 \overline{z_2}).
\end{aligned}$$

利用复数的实部、虚部及模的定义，可得到下列不等式：

$$-|z| \leqslant \mathrm{Re}(z) \leqslant |z|$$

$$-|z| \leqslant \mathrm{Im}(z) \leqslant |z|$$

定理 1.1.1 两个复数乘积的模等于它们的模的乘积；两个复数乘积的辐角等于它们的辐角的和. 即：$|z_1 z_2| = |z_1||z_2|$，$\mathrm{Arg}(z_1 z_2) = \mathrm{Arg}(z_1) + \mathrm{Arg}(z_2)$.

证 利用复数的三角表示式，设

$z_1 = r_1(\cos\theta_1 + \mathrm{i}\sin\theta_1), z_2 = r_2(\cos\theta_2 + \mathrm{i}\sin\theta_2)$，

故
$$\begin{aligned}
z_1 z_2 &= r_1 r_2 (\cos\theta_1 + \mathrm{i}\sin\theta_1)(\cos\theta_2 + \mathrm{i}\sin\theta_2) \\
&= r_1 r_2 [(\cos\theta_1 \cos\theta_2 - \sin\theta_1 \sin\theta_2) + \mathrm{i}(\sin\theta_1 \cos\theta_2 + \\
&\quad \cos\theta_1 \sin\theta_2)] \\
&= r_1 r_2 [\cos(\theta_1 + \theta_2) + \mathrm{i}\sin(\theta_1 + \theta_2)]
\end{aligned}$$

所以有 $|z_1 z_2| = r_1 r_2 = |z_1||z_2|$，$\mathrm{Arg}(z_1 z_2) = \mathrm{Arg}(z_1) + \mathrm{Arg}(z_2)$.

由上述证明过程可知，复数 $z_1 = r_1(\cos\theta_1 + \mathrm{i}\sin\theta_1)$ 和 $z_2 = r_2(\cos\theta_2 + \mathrm{i}\sin\theta_2)$ 的乘积的三角表示式为

$$z_1 z_2 = r_1 r_2 [\cos(\theta_1 + \theta_2) + \mathrm{i}\sin(\theta_1 + \theta_2)] \tag{1.9}$$

类似可得复数除法 $(z_2 \neq 0)$ 的三角表示式为

$$\frac{z_1}{z_2} = \frac{r_1}{r_2} [\cos(\theta_1 - \theta_2) + \mathrm{i}\sin(\theta_1 - \theta_2)] \tag{1.10}$$

且
$$\left| \frac{z_1}{z_2} \right| = \frac{|z_1|}{|z_2|}, \mathrm{Arg}\left(\frac{z_1}{z_2}\right) = \mathrm{Arg}(z_1) - \mathrm{Arg}(z_2) \tag{1.11}$$

定理 1.1.2 两个复数的商的模等于它们的模的商；两个复数的商的辐角等于被除数与除数的辐角之差.

【例 1.5】 若 $|a| < 1, |b| < 1$，试证 $\left| \dfrac{a - b}{1 - \overline{a}b} \right| < 1$.

证 $\left|\dfrac{a-b}{1-\bar{a}b}\right|<1$ 两端平方，$\dfrac{|a-b|^2}{|1-\bar{a}b|^2}<1$.

由 $|a-b|^2=|a|^2+|b|^2-2\mathrm{Re}(\bar{a}b)$,

$|1-\bar{a}b|^2=1+|a|^2\cdot|b|^2-2\mathrm{Re}(\bar{a}b)$

得 $p=|1-\bar{a}b|^2-|a-b|^2=1+|a|^2\cdot|b|^2-|a|^2-|b|^2=(1-|a|^2)(1-|b|^2)>0$，得证.

【例 1.6】 设 $|z|=1$，证明：对任意复数 a、b，成立 $\left|\dfrac{az+b}{\bar{b}z+\bar{a}}\right|=1$.

证 因为 $|z|=1$，我们有 $z=\bar{z}^{-1}$，从而

$$\dfrac{az+b}{\bar{b}z+\bar{a}}=\dfrac{az+b}{\bar{b}+\bar{a}\cdot\bar{z}}\cdot\dfrac{1}{z}$$

又根据 $|az+b|=|\overline{az+b}|=|\bar{a}\cdot\bar{z}+\bar{b}|$

得 $\left|\dfrac{az+b}{\bar{b}z+\bar{a}}\right|=\left|\dfrac{az+b}{\bar{b}+\bar{a}\cdot\bar{z}}\right|\cdot\dfrac{1}{|z|}=1$

利用复数与复平面上的点的一一对应关系，很多平面图形能用复数形式的方程（或不等式）表示；同样，我们也可以由给定的复数形式的方程（或不等式）来确定它所表示的平面图形.

下面先讨论复平面上的曲线方程.

平面曲线有直角坐标方程和参数方程两种形式，复平面上的曲线也可用两种复数形式表示.

设平面曲线有直角坐标方程为 $F(x,y)=0$，则据关系式

$$x=\dfrac{z+\bar{z}}{2},\ y=\dfrac{z-\bar{z}}{2\mathrm{i}}$$

知该曲线的复数方程是

$$F\left(\dfrac{z+\bar{z}}{2},\dfrac{z-\bar{z}}{2\mathrm{i}}\right)=0$$

或 $F(\mathrm{Re}(z),\mathrm{Im}(z))=0$.

【例 1.7】 连接 z_1 和 z_2 两点的线段的复数形式的参数方程为 $z=z_1+t(z_2-z_1)$，$(0\leqslant t\leqslant 1)$. 过 z_1 和 z_2 两点的直线方程为 $z=z_1+t(z_2-z_1)$，$(-\infty<t<+\infty)$.

据复平面上的直线方程的参数式可知，z_1、z_2 和 z_3 三点共线的充分必要条件是 $\dfrac{z_3-z_1}{z_2-z_1}=t$（实数 $t\neq 0$），此式等价于 $\mathrm{Im}\left(\dfrac{z_3-z_1}{z_2-z_1}\right)=0$.

【例 1.8】 将直线方程 $2x-y=1$ 化为复数形式的方程.

解 将 $x=\dfrac{z+\bar{z}}{2}$，$y=\dfrac{z-\bar{z}}{2\mathrm{i}}$ 代入 $2x-y=1$，化简得

$$\left(1+\dfrac{\mathrm{i}}{2}\right)z+\left(1-\dfrac{\mathrm{i}}{2}\right)\bar{z}=1$$

【**例 1.9**】 求证：任一圆的方程可表示为 $az\bar{z}+b\bar{z}+\bar{b}z+c=0$，此处 a、b、c 为常数，且 a、c 为实数，$a \neq 0$.

证 任意一圆的方程可写成

$$a(x^2+y^2)+2fx+2gy+c=0$$

此处 a、f、g、c 为实常数，$a \neq 0$.

对 $z=x+\mathrm{i}y$，有

$$x^2+y^2=z\bar{z}, \quad x=\frac{1}{2}(z+\bar{z}), \quad y=\frac{1}{2\mathrm{i}}(z-\bar{z})$$

故圆的方程为

$$az\bar{z}+f(z+\bar{z})+\frac{g}{\mathrm{i}}(z-\bar{z})+c=0$$

即

$$az\bar{z}+z(f-\mathrm{i}g)+\bar{z}(f+\mathrm{i}g)+c=0$$

令 $b=f+\mathrm{i}g$，则 $\bar{b}=f-\mathrm{i}g$，因此有

$$az\bar{z}+b\bar{z}+\bar{b}z+c=0$$

下面的例子表明，由给定的复数形式的方程或不等式可以确定它所表示的平面图形.

【**例 1.10**】 （1）z 平面上以原点为心，R 为半径的圆周的复数方程为 $|z|=R$；

（2）z 平面上以 $z_0 \neq 0$ 为心，R 为半径的圆周的复数方程为 $|z-z_0|=R$；

（3）z 平面上实轴的方程为 $\mathrm{Im}(z)=0$，z 平面上虚轴的方程为 $\mathrm{Re}(z)=0$.

【**例 1.11**】 描述满足下列方程点集

（1）$|z+1|=|z-2|$，

（2）$|z-1|=\mathrm{Re}(z)+2$，

（3）$\mathrm{Im}(\mathrm{i}+z)=-2$.

解 （1）将 $z=x+\mathrm{i}y$ 代入 $|z+1|=|z-2|$ 得

$$|x+1+\mathrm{i}y|=|x-2+\mathrm{i}y|$$

所以

$$(x+1)^2+y^2=(x-2)^2+y^2,$$

化简得

$$2x+1=-4x+4, \quad 即 \ x=\frac{1}{2}.$$

满足方程 $|z+1|=|z-2|$ 的点集是直线 $x=\frac{1}{2}$.

（2）复数方程 $|z-1|=\mathrm{Re}(z)+2$ 的几何意义不明显. 据方程计算得

$$\sqrt{(x-1)^2+y^2}=x+2,$$

即 $(x-1)^2+y^2=(x+2)^2$，化简得 $y^2=6x+3$，

满足复数方程 $|z-1|=\mathrm{Re}(z)+2$ 的点集是抛物线.

(3) 将 $z=x+\mathrm{i}y$ 代入 $\mathrm{Im}(\mathrm{i}+z)=-2$，得

$y+1=-2$，即 $y=-3$，

满足复数方程 $\mathrm{Im}(\mathrm{i}+z)=-2$ 的点集是直线 $y=-3$.

1.1.5 复数的 n 次方根

我们先考察复数的乘幂. 先考虑复数 $z\neq0$ 的情形. 设 n 是正整数，z^n 表示 n 个 z 的乘积，称为 z 的 n 次幂. 据式(1.9)得

$$z^n=r^n(\cos n\theta+\mathrm{i}\sin n\theta).$$

若定义 $z^{-n}=\dfrac{1}{z^n}$，则 n 为负整数时上式也成立. 故对任意整数 m，下式成立

$$z^m=r^m(\cos m\theta+\mathrm{i}\sin m\theta).$$

特别地，当 z 的模 $r=1$，计算乘幂 z^n 可得著名的**棣莫弗公式**

$$(\cos\theta+\mathrm{i}\sin\theta)^n=\cos n\theta+\mathrm{i}\sin n\theta.$$

【例 1.12】 用 $\sin\theta$，$\cos\theta$ 表示 $\sin3\theta$，$\cos3\theta$.

解 据棣莫弗公式

$$\begin{aligned}\cos3\theta+\mathrm{i}\sin3\theta&=(\cos\theta+\mathrm{i}\sin\theta)^3\\&=\cos^3\theta+\mathrm{i}3\cos^2\theta\sin\theta-3\cos\theta\sin^2\theta-\mathrm{i}\sin^3\theta\\&=\cos^3\theta-3\cos\theta\sin^2\theta+\mathrm{i}(3\cos^2\theta\sin\theta-\sin^3\theta),\end{aligned}$$

因此有

$$\cos3\theta=\cos^3\theta-3\cos\theta\sin^2\theta=4\cos^3\theta-3\cos\theta,$$
$$\sin3\theta=3\cos^2\theta\sin\theta-\sin^3\theta=3\sin\theta-4\sin^3\theta.$$

下面讨论复数的 n 次方根. 对复数 $z\neq0$，若存在复数 w 使得 $w^n=z$，则称复数 w 为 z 的 n 次方根，记作 $w=\sqrt[n]{z}$.

为求出 n 次方根 $\sqrt[n]{z}$，令

$$z=r(\cos\theta+\mathrm{i}\sin\theta),\quad w=\rho(\cos\varphi+\mathrm{i}\sin\varphi).$$

据乘幂的公式，有

$$w^n=\rho^n(\cos n\varphi+\mathrm{i}\sin n\varphi)=z=r(\cos\theta+\mathrm{i}\sin\theta),$$

故 $\rho^n=r$，$\cos n\varphi=\cos\theta$，$\sin n\varphi=\sin\theta$.

由于 $\cos\theta=\cos(\theta+2k\pi)$，$\sin\theta=\sin(\theta+2k\pi)$ $(k=0,\pm1,\pm2,\cdots)$，故由上面后两式得

$$n\varphi=\theta+2k\pi(k=0,\pm1,\pm2,\cdots),$$

即 $\quad\varphi=\dfrac{\theta+2k\pi}{n}$ $(k=0,\pm1,\pm2,\cdots).$

显然 $\rho=\sqrt[n]{r}$. 所以复数 z 的 n 次方根为

$$w=\sqrt[n]{z}=\sqrt[n]{r}\left(\cos\frac{\theta+2k\pi}{n}+\mathrm{i}\sin\frac{\theta+2k\pi}{n}\right)=\sqrt[n]{r}\,\mathrm{e}^{\mathrm{i}(\theta+2k\pi)/n}.$$

当 $k=0,1,2,\cdots,n-1$ 时, 由上式可得到 n 个不同的根,

$$w_k=\sqrt[n]{r}\left(\cos\frac{\theta+2k\pi}{n}+\mathrm{i}\sin\frac{\theta+2k\pi}{n}\right)=\sqrt[n]{r}\,\mathrm{e}^{\mathrm{i}(\theta+2k\pi)/n}\,(k=0,1,2,\cdots,n-1).$$

$$(1.12)$$

当 k 取其他整数值时, 以上的根重复出现. 例如: $w_n=w_0$.

据复数的几何表示可知, 复数 z 的 n 个 n 次方根

$$w_k=\sqrt[n]{r}\left(\cos\frac{\theta+2k\pi}{n}+\mathrm{i}\sin\frac{\theta+2k\pi}{n}\right)\ (k=0,1,2,\cdots,n-1)$$

是以原点为中心, $r^{\frac{1}{n}}$ 为半径的圆的内接正 n 边形的 n 个顶点, 任意两个相邻根的辐角相差 $\dfrac{2\pi}{n}$.

【例 1.13】 求出 $\sqrt{2}+\mathrm{i}\sqrt{2}$ 的所有立方根.

解 $\sqrt{2}+\mathrm{i}\sqrt{2}=2\mathrm{e}^{\mathrm{i}\pi/4}$

将 $r=2$, $\theta=\dfrac{\pi}{4}$, $n=3$ 代入式(1.12) 得

$$(\sqrt{2}+\mathrm{i}\sqrt{2})^{\frac{1}{3}}=\sqrt[3]{2}\,\mathrm{e}^{\mathrm{i}(\pi/4+2k\pi)/3}=\sqrt[3]{2}\left[\cos(\frac{\pi}{12}+\frac{2k\pi}{3})+\mathrm{i}\sin(\frac{\pi}{12}+\frac{2k\pi}{3})\right]$$

$$(k=0,1,2).$$

因此 $\sqrt{2}+\mathrm{i}\sqrt{2}$ 的三个立方根分别是

$$\sqrt[3]{2}\left(\cos\frac{\pi}{12}+\mathrm{i}\sin\frac{\pi}{12}\right),\ \sqrt[3]{2}\left(\cos\frac{3\pi}{4}+\mathrm{i}\sin\frac{3\pi}{4}\right)\text{和}\sqrt[3]{2}\left(\cos\frac{17\pi}{12}+\mathrm{i}\sin\frac{17\pi}{12}\right).$$

1.1.6 复球面（无穷远点）

平面几何中, 两平行直线无交点. 在射影几何中, 假设一平面的无穷远点成一直线, 称为无穷远线. 于是两平行直线亦有交点. 在复变函数论中, 我们引进一个无穷远点且以 $z=\infty$ 表示. 在变换

$$z'=\frac{1}{z}$$

下, z 平面变为 z' 平面. 显然 z 的模越大, 则 z' 的模就越小.

规定 $z=\infty$ 为 z 平面与 z' 平面的原点对应的一点. 我们用 z 平面表所有有限点, z 平面加上无穷远点称为扩充复平面.

下面将复数用黎曼球面的点表示, 则无穷远点可明显表出.

设球面

$$\xi^2 + \eta^2 + \zeta^2 = 1 \tag{1.13}$$

的赤道球面为 z 平面,以球面的北极 $N(0, 0, 1)$ 为投影顶点,$N(0, 0, 1)$ 称为**球极**.

如图 1.5 所示,设 $Q(\xi, \eta, \zeta)$ 为球面上异于 N 的任意一点,连接 NQ 交 z 平面于点 $P(x, y)$,即得点 Q 在 z 平面的投影 P.我们约定北极 N 的投影为 z 平面的无穷远点 $z = \infty$.于是建立球面的点(包括北极)与扩充复平面的点(包括无穷远点)连续一一对应.因此复数也可以用复球面的点表示.这样的复球面称为**黎曼球面**.球面上的点 $Q(\xi, \eta, \zeta)$ 称为 z 平面上点 P 的**球极射影**.黎曼球面的优越性在于它能把扩充复平面的无穷远点明显地表示出来.

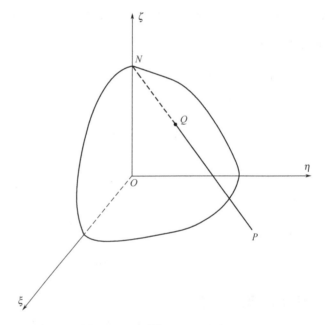

图 1.5

复数 $z = \infty$ 只是个符号,其实部、虚部及辐角均无意义,规定复数 ∞ 的模为正无穷大.

直线 PN 的方向数为 $\{x, y, -1\}$,直线 QN 的方向数为 $\{\xi, \eta, \zeta - 1\}$,但 PN 与 QN 为同一直线,故有

$$\frac{x}{\xi} = \frac{y}{\eta} = \frac{1}{1 - \zeta}, \tag{1.14}$$

因此

$$x=\frac{\xi}{1-\zeta},\ y=\frac{\eta}{1-\zeta},\ z=\frac{\xi+i\eta}{1-\zeta}. \tag{1.15}$$

据式（1.13）～式（1.15）得

$$x^2+y^2=z\bar z=\frac{\xi^2+\eta^2}{(1-\zeta)^2}=\frac{1+\zeta}{1-\zeta},$$

所以有

$$\xi+i\eta=\frac{2z}{z\bar z+1},\ \zeta=\frac{z\bar z-1}{z\bar z+1}.$$

对给定的复数 z，据上两式可求出其在黎曼球面上对应点的坐标 $Q(\xi,\eta,\zeta)$.

为了以后的需要，规定复数 ∞ 和有限复数 z 的四则运算如下：

$z\pm\infty=\infty\pm z=\infty$；

$z\cdot\infty=\infty\cdot z=\infty\ (z\neq0)$；

$\dfrac{z}{0}=\infty\ (z\neq0),\ \dfrac{z}{\infty}=0\ (z\neq\infty)$；

$\infty\pm\infty,\ 0\cdot\infty,\ \dfrac{0}{0},\ \dfrac{\infty}{\infty}$ 无确定意义.

习题 1.1

1. 证明：$\dfrac{1}{i}=-i,\ \dfrac{1}{i+1}=\dfrac{1-i}{2}$.

2. 求下列复数的实部和虚部，其中 $z=x+iy$.

(1) $\dfrac{z+2}{z-1}$；(2) $\dfrac{1}{z^2}$；(3) $\dfrac{1}{3z+2}$.

3. 将下列复数用 $z=x+iy$ 形式表示：

(1) $(2+3i)+(4+i)$；

(2) $(2+3i)\cdot(4+i)$；

(3) $\dfrac{(2+3i)}{(4+i)}$.

4. 设 $\dfrac{x-iy}{x+iy}=a+ib$，证明 $a^2+b^2=1$.

5. 证明复数二项式公式：

$$(z+w)^n=z^n+\binom{n}{1}z^{n-1}w+\binom{n}{2}z^{n-2}w^2+\cdots+\binom{n}{n}w^n,$$

这里 n 是正整数，二项式系数 $\binom{n}{k}=\dfrac{n!}{k!(n-k)!}$.

6. 计算 $(1+i)^6$.

7. 求方程 $z^8=1$ 的所有根.

8. 指出下列各题中点 z 的轨迹或所在范围并作图：

(1) $|z+2|+|z-1|=4$；

(2) $\mathrm{Im}(z+5)=0$；

(3) $\mathrm{Re}(2z-3)=1$.

9. 证明 $\mathrm{Arg}(\bar{z})=-\mathrm{Arg}(z)$.

10. 求 z 面下列点在黎曼球面上的球极射影：

(1) i；(2) $6+8\mathrm{i}$.

11. 给出 z 面上下列集合在黎曼球面上的球极射影：

(1) 右半平面 $\{z:\mathrm{Re}z>0\}$；

(2) 集合 $\{z:|z|>3\}$.

12. 若 $z=\mathrm{e}^{\mathrm{i}t}$，证明：

(1) $z^n+\dfrac{1}{z^n}=2\cos nt$；(2) $z^n-\dfrac{1}{z^n}=2\mathrm{i}\sin nt$.

13. 求 $\sqrt[4]{1+\mathrm{i}}$ 的所有值.

14. 如果复数 z_1、z_2、z_3 满足 $|z_1|=|z_2|=|z_3|$，且 $z_1+z_2+z_3=0$，证明 z_1、z_2、z_3 是内接于单位圆的一个正三角形的顶点.

15. 若 $|a|=1$ 或者 $|b|=1$，试证 $\left|\dfrac{a-b}{1-\overline{a}b}\right|=1$.

16. 解方程 $(z+1)^5=z^5$.

17. 下列复数中，使等式 $\dfrac{1}{z}=-z$ 成立的是（　　）.

A. $z=\mathrm{e}^{2\pi\mathrm{i}}$　　　B. $z=\mathrm{e}^{\pi\mathrm{i}}$　　　C. $z=\mathrm{e}^{-\frac{\pi}{2}\mathrm{i}}$　　　D. $z=\mathrm{e}^{\frac{3\pi}{4}\mathrm{i}}$

18. 设 $0<t\leqslant 2\pi$，则下列方程中表示圆周的是（　　）.

A. $z=(1+\mathrm{i})t$　　　　　　　　B. $z=\mathrm{e}^{\mathrm{i}t}+2\mathrm{i}$

C. $z=t+\dfrac{\mathrm{i}}{t}$　　　　　　　　D. $z=2\cos t+3\mathrm{i}\sin t$

1.2　复平面上的点集

1.2.1　平面点集的初步概念

z 平面上所有满足 $|z-z_0|<\varepsilon$ 的点称为点 z_0 的**邻域**，$\varepsilon(\varepsilon>0)$ 称为此邻域的半径. 据此定义知原点的一邻域为 $|z|<\varepsilon$. 无穷远点 ∞ 的一邻域规定为 $|z|>R(0<R<\infty)$.

若 z_0 的每一邻域，恒含有点集 S 的一个异于 z_0 的点，则 z_0 称为点集 S 的**极限点**. $-1+\mathrm{i}$ 及 $1+\mathrm{i}$ 均为点集

$$S_1=\left\{(-1)^n+\dfrac{n\mathrm{i}}{n+2},(n=1,2,\cdots)\right\}$$

的极限点；无穷远点则为点集

$$S_2=\{n^3+\mathrm{i}n(n=1,2,\cdots)\}$$

的极限点. 据定义可推得：若 z_0 为点集 S 的极限点，则 z_0 的每一个邻域含有无穷多个属于 S 的点.

一点集的极限点不一定属于此点集. 如点集 S_1 的两极限点 $-1+\mathrm{i}$

及 $1+i$ 均不属于此点集. 若一点集的每一极限点都属于此点集，则称此点集为**闭集**. 例如点集 $S = \{0, \frac{1}{2}, \frac{1}{3}, \cdots\}$ 为闭集. **闭集** S 或者无极限点或者所有极限点都属于 S.

点集的极限点可分为两类：内点与边界点. 设 z_0 为点集 S 的极限点，如果存在 z_0 的一邻域，其所含的点都属于点集 S，则称 z_0 为点集 S 的**内点**.

极限点若不为内点，则称为**边界点**.

例如，点集 S 为所有满足 $|z| < 1$ 的点. 则圆 $|z| = 1$ 上的点均为点集 S 的边界点；S 的每一点均为内点.

如果点集 S 的点全为内点，则 S 称为**开集**.

1.2.2 区域与 Jordan 曲线

如图 1.6 所示，若复平面上点集 D 中任意两点都可以用一条完全属于 D 的折线连接起来，则称 D 是**连通**的.

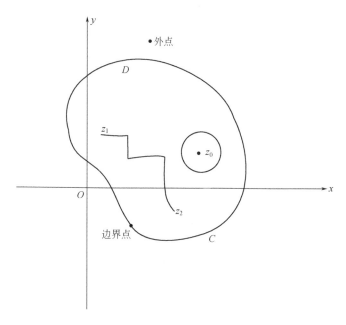

图 1.6

定义 1.2.1 若复平面上的点集 D 是连通的开集，则点集 D 称为**区域**.

若区域 D 可以被包含在一个以原点为中心的某个确定的圆内部，

则称 D 是**有界**的，否则称 D 是无界的.

【例 1.14】 复平面 z 及实轴、虚轴都是无界集，复平面 z 是无界开集.

【例 1.15】 上半平面 $\mathrm{Im}z > 0$ 是以实轴 $\mathrm{Im}z = 0$ 为边界的无界区域；

下半平面 $\mathrm{Im}z < 0$ 也是以实轴 $\mathrm{Im}z = 0$ 为边界的无界区域；

不等式 $0 < \arg z < \dfrac{\pi}{4}$ 所表示的点集是一个无界区域.

设 $x(t)$，$y(t)$ 均为实变量 t 的连续函数（$t \in [t_0, t_1]$），记 $z(t) = x(t) + iy(t)$，则集合

$$\{z(t) \mid t \in [t_0, t_1]\}$$

称为复平面 z 的一条连续曲线.

如果区间 $[t_0, t_1]$ 上存在不同两点 t' 及 t''，但不同时为端点，有 $z(t') = z(t'')$，称点 $z(t')$ 为曲线 $\{z(t) \mid t \in [t_0, t_1]\}$ 的重点；无重点的连续曲线称为**简单曲线**（Jordan 曲线）.

满足 $z(t_0) = z(t_1)$ 的简单曲线称为**简单闭曲线**.

任一简单曲线是 z 面的一个有界闭集. 线段、圆弧是简单曲线，圆周和椭圆是简单闭曲线.

设简单曲线 Γ 的方程为 $z(t) = x(t) + iy(t)(t \in [t_0, t_1])$. 若不仅函数 $x(t)$，$y(t)$ 在 $[t_0, t_1]$ 上连续，$x'(t)$，$y'(t)$ 也在 $[t_0, t_1]$ 上连续且 $x'(t) + iy'(t) \neq 0, \forall t \in [t_0, t_1]$，则称 Γ 为**光滑曲线**. 光滑曲线 Γ 的每一点处都有切线.

一简单曲线为有限条光滑曲线组成称为**围道**，一简单闭曲线为有限条光滑曲线组成称为**闭围道**.

任意一条简单闭曲线 C 把复平面 z 唯一地分成 C，$I(C)$，$E(C)$ 互不相交的点集，有界区域 $I(C)$ 称为 C 的**内部**，无界区域 $E(C)$ 称为 C 的**外部**.

注 1.2 直观上，无"洞"的是单连通区域，而有"洞"的则是多连通区域.

定义 1.2.2 设 D 是复平面 z 上的一个区域，如果 D 中的任意一条简单闭曲线的内部总是完全属于 D，则称 D 为**单连通区域**，否则称 D 为**多连通区域**.

单连通区域 D（图 1.7）具有特征：属于 D 的任何一条简单闭曲线，在 D 内可以经过连续的变形而收缩为一点，而多连通区域（图 1.8）不具备这一特征. 图 1.9 为非连通点集。

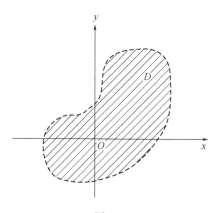

图 1.7

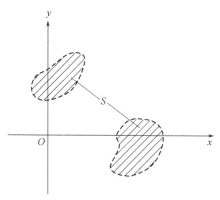

图 1.8

图 1.9

习题 1.2

1. 证明：邻域 $|z-z_0|<\varepsilon$ 是开集.

2. 设 $z_0\in S$，证明：若 z_0 不为点集 S 的内点，则 z_0 必为点集 S 的边界点.

3. 讨论下面点集的平面图形，指出其是否为区域或闭区域，是否有界.

(1) $0\leqslant\arg(z-1)\leqslant\dfrac{\pi}{4}$；

(2) $|z-1|=2$；

(3) $|z-\mathrm{i}|=|z+\mathrm{i}|$；

(4) $0<\mathrm{Re}(z)<1$；

(5) $|z-2|+|z+2|\leqslant6$.

4. 作出下列区域的图形，指出其是否为单连通区域.

(1) $|z+\mathrm{i}|>1$；(2) $1<|z+2\mathrm{i}|<2$；(3) $0<\arg(z)<\dfrac{\pi}{2}$；(4) $|z|<1$.

5. 设 E 是 z 平面的子集，证明：E 是闭集的充分必要条件是其补集 E^c 是开集.

6. 下列区域为有界单连通区域的是（　　　）.

A. $0<|z-\mathrm{i}|<1$　　　　　　　B. $0<\mathrm{Im}z<\pi$

C. $|z-3|+|z+3|<12$ D. $0<\arg(z)<\dfrac{3}{4}\pi$

1.3 复变函数

1.3.1 复变函数的概念

定义 1.3.1 设 E 是一非空复数集合，如果对 E 内任意一个复数 z 按照某一确定的法则 f 总有一个（多个）复数 w 与之对应，则称复数 w 是复数 z 的单值（多值）函数，记作

$$w=f(z) \quad (z\in E)$$

式中，z 叫做自变量；w 叫做因变量；集合 E 称为该函数的定义域，对应于 E 中所有 z 的一切 w 值的集合称为该函数的值域.

如无特别声明，本书中所讨论的函数均为单值函数.

$w=|z|$，$w=\bar{z}$ 均为单值函数，$w=\sqrt[n]{z}$ 为多值函数.

【例 1.16】 讨论函数 $w=\dfrac{1}{z}$ $(z\neq0)$ 是否为单值函数.

解 令 $z=x+iy$，$w=u+iv$，则

$$w=u+iv=\frac{1}{z}=\frac{\bar{z}}{z\bar{z}}=\frac{x-iy}{x^2+y^2}=\frac{x}{x^2+y^2}-i\frac{y}{x^2+y^2},$$

故

$$u=\frac{x}{x^2+y^2}$$

$$v=-\frac{y}{x^2+y^2}$$

显然函数 $w=\dfrac{1}{z}$ $(z\neq0)$ 为单值函数.

【例 1.17】 求函数 $f(z)=x^2+i$ 在闭单位圆盘 $|z|\leqslant1$ 的值域.

解 $f(z)=x^2+i$ 的实部 $u=x^2$，虚部 $v=1$. 当变量 z 在闭单位圆盘 $|z|\leqslant1$ 上变化时，实部 $u=x^2$ 在区间 $[0,1]$ 上变化，虚部 v 恒为常数 1. 因此，该函数的值域是以 $z=i$ 和 $z=1+i$ 为端点的线段.

在微积分中，常用几何图形来直观的表示函数. 对于复变函数，就不能用同一个平面或同一个三维空间来直观的表示，需把复变函数看成两个复平面上点集之间的对应关系.

对于复变函数 $w=f(z)(z\in E)$，自变量 z 和因变量 w 所在的复平面分别记作 z 平面和 w 平面，复变函数理解为两个复平面上的点集之间的对应关系，即：复变函数 $w=f(z)(z\in E)$ 给出了从 z 平面上的点集 E 到 w 平面上的点集 F 之间的一个映射，这个映射称为由函数 $w=$

$f(z)(z \in E)$ 构成的**映射**. 与点 $z \in E$ 对应的点 $w = f(z)$ 称为点 z 的**像点**, 同时点 $z \in E$ 称为点 $w = f(z)$ 的**原像**.

如果复变函数 $w = f(z)(z \in E)$ 给出了从 z 平面上的点集 E 到 w 平面上的点集 F 之间的一个一一对应, 则称该映射是一一**映射**.

以后不再区分函数、映射和变换.

个别情形下, 为了方便, 把 z 平面和 w 平面重叠成一张平面.

例如, 映射 $w = \bar{z}$, 该映射把 z 平面上的点 $x + \mathrm{i}y$ 映射成 w 平面上的点 $x - \mathrm{i}y$. 如果把 z 平面和 w 平面重叠在一起, 则映射 $w = \bar{z}$ 是关于实轴的一个对称映射.

可类似定义复合函数 (复合映射), 如函数 $w = \xi^2$ 与 $\xi = \dfrac{1}{z-2}$ 的复合函数为 $w = \dfrac{1}{(z-2)^2}$.

假定复变函数 $w = f(z)$ 的定义域为 z 平面上的点集 E, 其值域为 w 平面上的点集 F, 那么点集 F 中的每一个点 w 必将对应着点集 E 中的一个 (或多个) 点, 按照函数的定义, 在点集 F 上就确定了一个单值 (或多值) 函数 $z = \varphi(w)$, 称它为函数 $w = f(z)$ 的**反函数**. 在几何上, 称它为映射 $w = f(z)$ 的**逆映射**. 即有:
$$w = f(z) = f[\varphi(w)], \quad w \in F.$$
若反函数为单值函数, 有
$$z = \varphi(w) = \varphi[f(z)], \quad z \in E.$$

【例 1.18】　研究映射 $w = z^2$.

解　设 $z = x + \mathrm{i}y = r\mathrm{e}^{\mathrm{i}\theta}$, $w = \rho \mathrm{e}^{\mathrm{i}\varphi}$, 则 $w = z^2 = r^2 \mathrm{e}^{\mathrm{i}2\theta}$, 它对应两个实函数
$$\rho = r^2, \quad \varphi = 2\theta,$$
z^2 的模为 $|z|^2$, 辐角是 2θ.

因此映射 $w = z^2$ 将 z 的模变为平方, 辐角扩大了一倍. 如图 1.10 所示.

从像点的辐角扩大了一倍可知, 映射 $w = z^2$ 将第一象限映射成整个上半平面 (图 1.11). 类似地, 映射 $w = z^2$ 将上半平面映射成整个复平面, 不包括原点和正实轴 (图 1.12).

下面比较平方根函数 $w = \sqrt{z} = \sqrt{r}\,\mathrm{e}^{\mathrm{i}\theta/2}$. 假定我们取 $0 \leqslant \theta < 2\pi$ 对应的一个分支. 则 $0 \leqslant \theta/2 < \pi$, 故 $\sqrt{z}$ 总是位于上半平面且辐角缩小一半.

【例 1.19】　求双曲线族 $x^2 - y^2 = C_1$ 和 $2xy = C_2$ 在映射 $w = z^2$ 下的像曲线 (图 1.13).

解　设 $z = x + \mathrm{i}y$, 则 $w = z^2 = (x + \mathrm{i}y)^2 = x^2 - y^2 + \mathrm{i}2xy$, 它对应

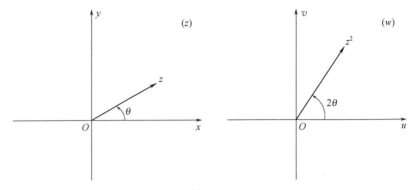

图 1.10

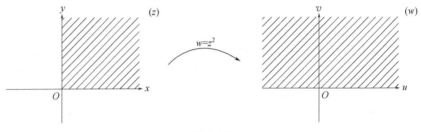

图 1.11

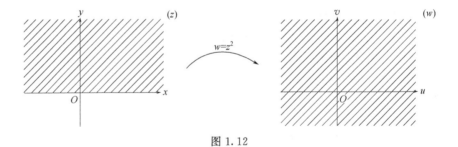

图 1.12

两个实函数
$$u=x^2-y^2, v=2xy.$$

映射 $w=z^2$ 把 z 平面上的双曲线族 $x^2-y^2=C_1$ 和 $2xy=C_2$ 分别映射为 w 平面上的两族平行直线
$$u=C_1, v=C_2.$$

两族平行直线 $u=C_1$ 和 $v=C_2$ 是正交的；z 平面上的双曲线族 $x^2-y^2=C_1$ 和 $2xy=C_2$ 也是正交的.

1.3.2 复变函数的极限与连续性

1. 复变函数的极限

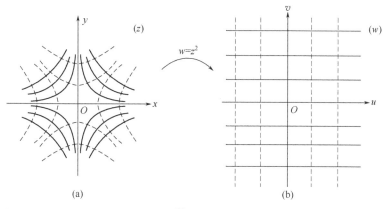

图 1.13

定义 1.3.2 设函数 $w=f(z)$ 在点 z_0 的去心邻域 $0<|z-z_0|<\rho$ 内有定义，A 为复常数，如果对任意给定的正数 $\varepsilon>0$，总可找到相应的正数 $\delta(\delta\leqslant\rho)$，使得当 $0<|z-z_0|<\delta$ 时，恒有

$$|f(z)-A|<\varepsilon,$$

则称 A 为函数 $f(z)$ 当 $z\to z_0$ 时的**极限**，记为

$$\lim_{z\to z_0}f(z)=A \quad 或 \quad f(z)\to A(z\to z_0).$$

定义中的 z 趋于 $z_0(z\to z_0)$ 的方式是任意的，即极限 $\lim\limits_{z\to z_0}f(z)=A$ 要求变量 z 以任何方式趋于 z_0，函数 $f(z)$ 都要趋于同一个常数 A.

该定义的几何意义是：对于 A 的任意 ε 邻域，都相应地存在点 z_0 的 δ 邻域，$f(z)$ 在 z_0 的 δ 邻域内的所有函数值都落在 A 的 ε 邻域内，可能除去 $f(z_0)$.

研究函数 $f(z)$ 当 $z\to z_0$ 时的极限，与其有重要关系者是 $f(z)$ 在点 z_0 的邻域中的函数值，即 z 越近于 z_0，$f(z)$ 越近于常数 A；$f(z)$ 在点 z_0 的函数值 $f(z_0)$ 可与 A 无任何关系，更不必相等，甚至 $f(z)$ 在点 z_0 无定义时，极限 $\lim\limits_{z\to z_0}f(z)$ 仍可能存在，为一个常数.

【例 1.20】 用定义证明 $\lim\limits_{z\to i}z^2=-1$.

证 $\forall\varepsilon>0$，$|z^2-(-1)|=|z^2+1|=|(z-i)(z+i)|=|(z-i)(z-i+2i)|\leqslant|z-i|(|z-i|+2)$

不妨设 $|z-i|<1$，此时 $|z-i|+2<3$，

故令 $\delta=\min\{\dfrac{\varepsilon}{3},1\}$，则当 $|z-i|<\delta$ 时，恒有

$|z^2-(-1)|=|z^2+1|<\varepsilon$，据定义有 $\lim\limits_{z\to i}z^2=-1$.

关于函数的极限运算有下面的两个定理.

定理 1.3.1 设函数

$$f(z)=u(x,y)+iv(x,y), \quad A=u_0+iv_0, \quad z_0=x_0+iy_0,$$

则 $\lim\limits_{z \to z_0} f(z)=A \Leftrightarrow \lim\limits_{\substack{x \to x_0 \\ y \to y_0}} u(x,y)=u_0, \lim\limits_{\substack{x \to x_0 \\ y \to y_0}} v(x,y)=v_0.$

证 若 $\lim\limits_{z \to z_0} f(z)=A$，据极限定义 $\forall \varepsilon>0$，$\exists \delta>0$，若

$$0<|z-z_0|=|(x-x_0)+i(y-y_0)|=\sqrt{(x-x_0)^2+(y-y_0)^2}<\delta,$$

$$|f(z)-A|=|u(x,y)+iv(x,y)-(u_0+iv_0)|$$
$$=|[u(x,y)-u_0]+i[v(x,y)-v_0]|<\varepsilon,$$

更有 $|u(x,y)-u_0|<\varepsilon, |v(x,y)-v_0|<\varepsilon,$

所以 $\lim\limits_{\substack{x \to x_0 \\ y \to y_0}} u(x,y)=u_0, \lim\limits_{\substack{x \to x_0 \\ y \to y_0}} v(x,y)=v_0.$

反之，如果有 $\lim\limits_{\substack{x \to x_0 \\ y \to y_0}} u(x,y)=u_0, \lim\limits_{\substack{x \to x_0 \\ y \to y_0}} v(x,y)=v_0,$

$\forall \varepsilon>0, \exists \delta>0$，若

$$0<|z-z_0|=|(x-x_0)+i(y-y_0)|=\sqrt{(x-x_0)^2+(y-y_0)^2}<\delta,$$

$$|u(x,y)-u_0|<\frac{\varepsilon}{2}, |v(x,y)-v_0|<\frac{\varepsilon}{2},$$

从而 $|f(z)-A|=|u(x,y)+iv(x,y)-(u_0+iv_0)|$
$$=|[u(x,y)-u_0]+i[v(x,y)-v_0]|$$
$$\leqslant|u(x,y)-u_0|+|v(x,y)-v_0|<\frac{\varepsilon}{2}+\frac{\varepsilon}{2}=\varepsilon.$$

即 $\lim\limits_{z \to z_0} f(z)=A.$

利用极限定义或上面的定理可证得下述极限运算法则.

定理 1.3.2 设 $\lim\limits_{z \to z_0} f(z)=A$，$\lim\limits_{z \to z_0} g(z)=B$，则有

(1) $\lim\limits_{z \to z_0} [f(z)\pm g(z)]=A\pm B;$

(2) $\lim\limits_{z \to z_0} f(z)g(z)=AB;$

(3) $\lim\limits_{z \to z_0} \dfrac{f(z)}{g(z)}=\dfrac{A}{B}(B\neq 0);$

(4) 若函数 h 在点 $f(z)$ 有定义以及 $\lim\limits_{w \to A} h(w)=c$，则
$$\lim\limits_{z \to z_0} h(f(z))=c.$$

2. 函数的连续性

定义 1.3.3 若函数 $f(z)$ 满足：$\lim\limits_{z \to z_0} f(z)=f(z_0)$，则称 $f(z)$

在 z_0 **连续**；若函数 $f(z)$ 在区域 D 内处处连续，则称 $f(z)$ 在区域 D 内连续.

定理 1.3.3　函数 $f(z)=u(x,y)+\mathrm{i}v(x,y)$ 在点 $z_0=x_0+\mathrm{i}y_0$ 连续的充分必要条件是 $u(x,y)$ 和 $v(x,y)$ 都在点 (x_0,y_0) 连续.

据极限的运算法则和上面的定理可以推得连续函数的运算法则和复合函数的连续性定理.

定理 1.3.4　(1) 若函数 $f(z)$ 和 $g(z)$ 在 z_0 连续，则 $f(z)\pm g(z)$，$f(z)g(z)$，$\dfrac{f(z)}{g(z)}(g(z_0)\neq0)$ 在 z_0 连续；

(2) 若函数 $h=g(z)$ 在 z_0 连续，$w=f(h)$ 在 $h_0=g(z_0)$ 连续，则复合函数 $w=f[g(z)]$ 在 z_0 连续.

据此定理可以推得有理整函数（多项式）
$$P(z)=a_0+a_1z+a_2z^2+\cdots+a_nz^n$$
在整个复平面上连续，而复有理分式 $w=\dfrac{P(z)}{Q(z)}$ 在复平面内使分母 $Q(z)\neq0$ 的点处连续，其中 $P(z)$，$Q(z)$ 都是多项式.

若函数 $f(z)=u(x,y)+\mathrm{i}v(x,y)$ 在有界闭区域 $\overline{D}$ 上连续，则模 $|f(z)|=\sqrt{u^2+v^2}$ 在 $\overline{D}$ 上连续，因此 $|f(z)|$ 在 $\overline{D}$ 上有最大值和最小值，分别称作 $f(z)$ 在 $\overline{D}$ 上的**最大模**和**最小模**.

定理 1.3.5　若函数 $f(z)$ 在有界闭区域 $\overline{D}$ 上连续，则 $f(z)$ 在 $\overline{D}$ 上达到其最大模和最小模.

推论　有界闭区域 $\overline{D}$ 上的连续函数 $f(z)$ 的模 $|f(z)|$ 在 $\overline{D}$ 上有界.

在闭曲线或包括曲线端点在内曲线段 Γ 上连续的函数 $f(z)$ 的模 $|f(z)|$ 在曲线 Γ 上是有界的，即存在正数 M，使得 $\forall z\in\Gamma$，恒有 $|f(z)|\leqslant M$.

【例 1.21】 设函数 $f(z)$ 在点 z_0 连续，$f(z_0)\neq0$，则函数 $f(z)$ 在点 z_0 的某一邻域内恒不为零.

证　因函数 $f(z)$ 在点 z_0 连续，故有 $\lim\limits_{z\to z_0}f(z)=f(z_0)$，所以
$\forall\varepsilon>0$，$\exists\delta>0$，当 $|z-z_0|<\delta$ 时，恒有 $|f(z)-f(z_0)|<\varepsilon$.

特别取 $\varepsilon_0=\dfrac{|f(z_0)|}{2}>0$，存在相应的正数 δ，当 $|z-z_0|<\delta$，恒有 $|f(z)-f(z_0)|<\varepsilon_0$，所以
$$|f(z)|>|f(z_0)|-\varepsilon_0=\frac{|f(z_0)|}{2}>0.$$

【例 1.22】 求 $\lim\limits_{z \to i} f(z)$，其中 $f_1(z) = z^3 + 1$，$f_2(z) = \dfrac{z+i}{z}$.

解 由于 $f_1(z)$，$f_2(z)$ 在 $z = i$ 连续，有

$$\lim_{z \to i} f_1(z) = f_1(i) = i^3 + 1 = -i + 1,$$

$$\lim_{z \to i} f_2(z) = f_2(i) = \frac{i+i}{i} = 2.$$

习题 1.3

1. 函数 $w = \dfrac{1}{z}$ $(z \neq 0)$ 将下列 z 平面上的曲线变成 w 平面上的何种曲线?

(1) $y = 1$；(2) $x^2 + (y-1)^2 = 1$.

2. 求下列极限：

(1) $\lim\limits_{z \to i}(z^2 + 1)^2$；(2) $\lim\limits_{z \to i} \dfrac{z^2 + 2}{iz}$；

(3) $\lim\limits_{z \to 2i} \dfrac{z^2 + 4}{z - 2i}$；(4) $\lim\limits_{z \to i} \dfrac{z^2 + 1}{z^4 - 1}$.

3. 证明：函数 $f(z) = \overline{z}$ 在 z 平面上处处连续.

4. 用定义证明：$\lim\limits_{z \to -i} \dfrac{1}{z} = i$.

5. 证明：若 $f(z)$ 在点 z_0 连续，则 $|f(z)|$，$\overline{f(z)}$ 都在 z_0 连续.

6. 证明：$\lim\limits_{z \to z_0} f(z) = w_0$ 的充分必要条件是 $\lim\limits_{z \to z_0} \overline{f(z)} = \overline{w_0}$.

7. 证明：映射 $w = z^2$ 将 z 平面上直线 $x = 1$ 映射为 w 平面上的抛物线.

小 结

复数系是实数系的扩充，由所有形如 $x + iy$ 的表示式组成，其中 x，y 为实数，$i^2 = -1$. 本章要点如下.

(1) 复数可以用平面上的点或向量表示，也可以在三维空间中用黎曼球面上的点表示. 和复数 $z = x + iy$ 相关联的，有它的模（绝对值）$|z| = \sqrt{x^2 + y^2}$ 和共轭复数 $\overline{z} = x - iy$，且 z，$\overline{z}$，$|z|$ 之间的关系为 $z\overline{z} = |z|^2$.

(2) 每一个非零复数 z 都可表示为三角式 $z = r(\cos\theta + i\sin\theta)$，其中 $r = |z|$ 为其模，θ 为 z 的辐角，z 的辐角主值 $\arg(z)$ 满足：$-\pi < \arg(z) \leqslant \pi$.

在复数 z 的幂和根运算中，三角式非常有用.

(3) 由欧拉方程 $e^{i\theta} = \cos\theta + i\sin\theta$ 得复数 z 的指数表示式为 $z = x + iy = re^{i\theta}$.

(4) 区域是平面点集的一个重要概念，通过两个性质刻画区域的特征：

① 区域 D 的每一个点 z 都是一个完全含于 D 内的开圆盘的中心；

② 区域 D 内任意两点 z_1，z_2 都可以用完全含于 D 内的折线连接起来.

(5) 一个以复数 $z = x + iy$ 为变量的复变函数 $f(z)$ 可以表示成 $f(z) = u(x, y) + iv(x, y)$，其中 $u(x, y)$ 和 $v(x, y)$ 为两个二元实函数，分别为函数 $f(z)$ 的实部和虚部. 复变函数的定义、极限和连续性在形式上和微积分中相应的概念相似，但实质上有很大差异. 复数 $z = x + iy$ 是二维的，复变函数的极限 $\lim\limits_{z \to z_0} f(z)$ 定义中对它趋于点 z_0 的方式没有任何限制，所以对

复变函数极限存在的要求要苛刻得多，这是复变函数和实变函数有许多不同点的根源，且在复变函数的可导性中可明显地看到.

总习题 1

1. 将复数 $\dfrac{\cos2\theta+\mathrm{i}\sin2\theta}{(\cos3\theta-\mathrm{i}\sin3\theta)^2}$ 化为指数式和三角式.

2. 求复数 $w=\dfrac{1+z}{1-z}$（复数 $z\neq1$）的实部、虚部和模.

3. 证明：$\mathrm{Re}(\mathrm{i}z)=-\mathrm{Im}(z)$ 对所有复数 z 成立.

4. 证明：若 $|z|=\mathrm{Re}(z)$，则 z 是非负实数.

5. 证明：向量 z_1 平行于向量 z_2 的充分必要条件是 $\mathrm{Im}(z_1\bar{z}_2)=0$.

6. 证明：函数 $\arg(z)$ 在原点及负实轴上的每一点都不连续.

7. 证明：向量 $z_1(\overrightarrow{oz_1})$ 与向量 $z_2(\overrightarrow{oz_2})$ 互相垂直的充分必要条件是 $z_1\bar{z}_2+\bar{z}_1z_2=0$.

8. 设 $z=x+\mathrm{i}y$，证明 $|x|+|y|\leqslant\sqrt{2}\,|z|$.

9. 对映射 $J(z)=\dfrac{1}{2}\left(z+\dfrac{1}{z}\right)$ 证明：

(1) $J(2)=J\left(\dfrac{1}{2}\right)$；

(2) J 将单位圆周映射到实区间 $[-1,1]$.

10. 设有限复数 z_1 和 z_2 在复球面上表示为 P_1 和 P_2，求证 P_1 和 P_2 的距离为

$$\frac{2|z_1-z_2|}{\sqrt{(1+|z_1|^2)(1+|z_2|^2)}}.$$

11. 证明：不等式 $\left|\sum\limits_{k=1}^n a_kb_k\right|^2\leqslant\sum\limits_{k=1}^n|a_k|^2\cdot\sum\limits_{k=1}^n|b_k|^2$，其中 a_k、b_k（$k=1,2,\cdots,n$）为复数.

第 2 章

解析函数

解析函数是复变函数课程研究的主要对象，它在复变函数理论和实际问题应用中具有十分重要的作用. 所谓解析函数是指在某区域内处处可导的函数，因此本章先介绍复变函数的导数，然后重点讲解解析函数的概念、判定法及常见初等函数的解析性.

2.1 解析函数的概念

2.1.1 复变函数的导数与微分

复变函数的导数定义在形式上和一元函数的导数定义是一致的，因此微分学中几乎所有的求导基本公式和基本概念都可以不加更改地推广到复变函数上来.

定义 2.1.1 设函数 $w = f(z)$ 定义于区域 D，点 $z_0 \in D$ 且 $z_0 + \Delta z \in D$，若极限

$$\lim_{\Delta z \to 0} \frac{\Delta w}{\Delta z} = \lim_{\Delta z \to 0} \frac{f(z_0 + \Delta z) - f(z_0)}{\Delta z}$$

存在，则称函数 $f(z)$ 在点 z_0 **可导**，称此极限值为 $f(z)$ 在 z_0 点的**导数**，记作 $f'(z_0)$ 或 $\dfrac{\mathrm{d}w}{\mathrm{d}z}\Big|_{z=z_0}$. 否则，称函数 $f(z)$ 在点 z_0 不可导或导数不存在.

如果函数 $f(z)$ 在区域 D 内处处可导，则称 $f(z)$ 在区域 D 可导. 于是有

$$f'(z_0) = \frac{\mathrm{d}w}{\mathrm{d}z}\Big|_{z=z_0} = \lim_{\Delta z \to 0} \frac{f(z_0 + \Delta z) - f(z_0)}{\Delta z}. \tag{2.1}$$

必须注意，复变函数导数的定义虽然在形式上和一元函数的导数定

义一致, 但在实质上却有很大不同, 这主要体现在极限定义的不同之上. 因为在一元实函数的导数定义中, 只要求 Δx 沿实数轴趋近于零, 而式(2.1) 的极限存在要求与 Δz 趋于零的方式无关, 即沿任意路径趋于零, 其极限存在且相等. 对于导数的这一限制比一元实函数的类似限制要严格得多, 从而使得复变可导函数具有许多独特的性质和应用.

【例 2.1】 求函数 $f(z)=z^2$ 的导数.

解 因为 $\lim\limits_{\Delta z \to 0} \dfrac{f(z+\Delta z)-f(z)}{\Delta z}=\lim\limits_{\Delta z \to 0}\dfrac{(z+\Delta z)^2-z^2}{\Delta z}=2z$,

所以 $f'(z)=2z$.

【例 2.2】 函数 $f(z)=\overline{z}$ 是否可导?

解 因为 $\dfrac{f(z+\Delta z)-f(z)}{\Delta z}=\dfrac{\overline{z+\Delta z}-\overline{z}}{\Delta z}=\dfrac{\overline{\Delta z}}{\Delta z}=\dfrac{\Delta x-\mathrm{i}\Delta y}{\Delta x+\mathrm{i}\Delta y}$,

当 Δz 沿水平方向 ($\Delta y=0$) 趋于零时, 上式极限值为 1, 即

$$\lim\limits_{\substack{\Delta x \to 0 \\ \Delta y=0}}\frac{\Delta x-\mathrm{i}\Delta y}{\Delta x+\mathrm{i}\Delta y}=\lim\limits_{\Delta x \to 0}\frac{\Delta x}{\Delta x}=1,$$

同理当 Δz 沿铅直方向 ($\Delta x=0$) 趋于零时, 上式极限值为 -1, 所以比值的极限不存在, 即 $f(z)=\overline{z}$ 不可导.

从本例可见, 对于复变函数 $f(z)=\overline{z}=x-\mathrm{i}y$ 而言, 其实部和虚部处处有连续偏导数, 但它们构成的复变函数却不可导, 该函数处处连续却处处不可导. 这就进一步证实了前面所说的复变函数的可导性对函数要求更高.

【例 2.3】 若函数 $f(z)$ 在点 z_0 可导, 试证明函数 $f(z)$ 在点 z_0 连续.

证 由导数的定义 2.1.1 知, $\forall \varepsilon>0$, $\exists \delta>0$, 当 $0<|\Delta z|<\delta$ 时, 有

$$\left|\frac{f(z_0+\Delta z)-f(z_0)}{\Delta z}-f'(z_0)\right|<\varepsilon.$$

令 $\rho(\Delta z)=\dfrac{f(z_0+\Delta z)-f(z_0)}{\Delta z}-f'(z_0)$, 则 $\lim\limits_{\Delta z \to 0}\rho(\Delta z)=0$. 因此,

$$f(z_0+\Delta z)-f(z_0)=f'(z_0)\Delta z+\rho(\Delta z)\Delta z.$$

两边取极限整理得 $\lim\limits_{\Delta z \to 0}f(z_0+\Delta z)=f(z_0)$, 即 $f(z)$ 在点 z_0 连续.

由于复变函数导数的定义形式上与一元实函数完全相同, 而且复变函数的极限运算法则与实函数中的也一样, 因此, 可以把一元实函数的

求导法则推广到复变函数上来,得基本求导公式如下.

(1) $[f(z) \pm g(z)]' = f'(z) \pm g'(z)$;

(2) $[f(z)g(z)]' = f'(z)g(z) + f(z)g'(z)$;

(3) $\left[\dfrac{f(z)}{g(z)}\right]' = \dfrac{f'(z)g(z) - f(z)g'(z)}{g^2(z)}$, $g(z) \neq 0$;

(4) $\{f[g(z)]\}' = f'(w)g'(z)$, $w = g(z)$;

(5) $f'(z) = \dfrac{1}{\varphi'(w)}$,其中 $w = f(z)$ 与 $z = \varphi(w)$ 是两个互为反函数的单值函数,且 $\varphi'(w) \neq 0$.

和导数的情形一样,复变函数的微分概念在形式上与一元函数微分概念一样. 由导数定义 2.1.1 知,函数 $w = f(z)$ 在点 z_0 可导等价于

$$\Delta w = f(z_0 + \Delta z) - f(z_0) = f'(z_0)\Delta z + \rho(\Delta z)\Delta z$$

或 $\dfrac{\Delta w}{\Delta z} = f'(z_0) + \rho(\Delta z)$,其中 $\lim\limits_{\Delta z \to 0} \rho(\Delta z) = 0$. 上式中,$f'(z_0)\Delta z$ 是函数改变量 Δw 的线性主部,而 $|\rho(\Delta z)\Delta z|$ 是 $|\Delta z|$ 的高阶无穷小,于是同一元实函数类似有如下微分定义.

定义 2.1.2 设函数 $f(z)$ 在点 z_0 处有导数 $f'(z_0)$,则称 $f'(z_0)\Delta z$ 为函数 $f(z)$ 在点 z_0 处的微分,记作

$$\mathrm{d}w\big|_{z=z_0} = f'(z_0)\Delta z \tag{2.2}$$

这时也称函数 $f(z)$ 在点 z_0 处**可微**.

如果函数 $f(z)$ 在区域 D 内任意点处可微,则称 $f(z)$ 在区域 D 可微.

特别地,当 $f(z) = z$ 时,由式(2.2)得 $\mathrm{d}z = \Delta z$,于是

$$\mathrm{d}w\big|_{z=z_0} = f'(z_0)\mathrm{d}z,$$

即

$$f'(z_0) = \dfrac{\mathrm{d}w}{\mathrm{d}z}\bigg|_{z=z_0}.$$

由此可见,在复变函数中可导与可微是等价的.

2.1.2 解析函数的概念与性质

在很多理论与实际问题中,需要研究的不是只在个别点可导的函数,而是在某个区域内处处可导的函数,即解析函数.

定义 2.1.3 若函数 $f(z)$ 在点 z_0 及 z_0 的某个邻域内处处可导,则称 $f(z)$ 在点 z_0 **解析**. 若函数 $f(z)$ 在区域 D 内每一点都解析,则称 $f(z)$ 在区域 D 内解析,或称 $f(z)$ 是 D 内的一个**解析函数(全纯函数或正则函数)**.

需要指出，解析性是针对一个开集而言的，而可导（微）性可能仅仅是在一点成立．若一个点 z_0 不是 $f(z)$ 的解析点，则称该点 z_0 为 $f(z)$ 的**奇点**．如果 $f(z)$ 在全平面上是解析的，则称它为**整函数**．

由定义可知，函数在区域内解析与区域内可导是等价的．但是，函数在一点可导却未必在该点解析，在一点处解析比可导的要求要高得多．

【例 2.4】　研究函数 $f(z) = \dfrac{1}{z}$ 的解析性．

解　因为函数在复平面内除点 $z = 0$ 外处处可导，且

$$f'(z) = -\frac{1}{z^2},$$

所以在除 $z = 0$ 外的复平面内处处解析，$z = 0$ 是它的奇点．

根据求导法则，不难证明解析函数的运算法则．

定理 2.1.1　在区域 D 内解析的函数 $f(z)$ 与 $g(z)$ 的和、差、积、商（除去分母为零的点）在 D 内解析．解析函数的复合函数仍然是解析函数．

根据此定理可知，多项式函数是整函数，任何一个有理分式函数在分母不为零的点解析，分母为零的点是它的奇点．

当一个函数由它的实部和虚部给出，用定义去证明其解析性显然十分乏味，下一节我们将建立一个十分方便的检验标准．

习题 2.1

1. 讨论下列函数的可导性与解析性．

(1) $|z|$；(2) $x + 2y\mathrm{i}$；(3) $\mathrm{Re}(z)$．

2. 证明多项式函数 $P(z) = a_n z^n + a_{n-1} z^{n-1} + \cdots + a_1 z + a_0$ 是整函数，并求其导数．

3. 求下列各函数的导数．

(1) $f(z) = \mathrm{i}z + z^5 - 12 + 2\mathrm{i}$；　　(2) $f(z) = \dfrac{2z + 1}{z^2}$；

(3) $f(z) = (\mathrm{i}z + 2)^5$；　　　　　　　　(4) $f(z) = \dfrac{1}{z} + (z^2 - \mathrm{i}z + 1)^3$．

4. 求下列各函数的奇点．

(1) $\dfrac{1}{\mathrm{i}z + z^2}$；　　　　　　　　　(2) $\dfrac{2z + 1}{z^2 + 1}$；

(3) $\dfrac{z}{z^3 + \mathrm{i}}$；　　　　　　　　　(4) $\dfrac{(z^2 - \mathrm{i}z + 1)^3 + 1}{z}$．

5. 设函数 $f(z)$ 在 z_0 的某邻域内有定义，证明

$$\lim_{\Delta z \to 0} \frac{f(z_0 + \Delta z) - f(z_0)}{\Delta z} \Leftrightarrow \lim_{z \to z_0} \frac{f(z) - f(z_0)}{z - z_0}.$$

2.2 函数解析的充要条件

在上一节中，我们已经看到并不是每一个复变函数都是解析的，所以如何判别一个函数的解析性就十分重要．但是，如果只根据定义来判定往往是乏味的，有时候是很困难的．因此，需要寻找判定函数解析的简单方法．我们很快会看到，解析性预示着实部与虚部之间的某种联系，根据导数的定义，很容易推导出这种联系的精确表示式．

注 2.1 本节所得到的解析函数虚部与实部的关系正是解析函数具有漂亮性质的原因，而柯西-黎曼方程正是关键的一步。

首先考察函数在一点可导满足的条件．设函数

$$f(z)=u(x,y)+iv(x,y)\text{在}z=x+iy\text{ 可导}$$

则极限

$$f'(z)=\lim_{\Delta z\to 0}\frac{f(z+\Delta z)-f(z)}{\Delta z}$$

可以通过让 $\Delta z=\Delta x+i\Delta y$ 沿任意方向趋于零得到．当沿水平方向 $\Delta y=0$ 趋近时，有 $\Delta z=\Delta x\to 0$，于是

$$
\begin{aligned}
f'(z)&=\lim_{\Delta x\to 0}\frac{u(x+\Delta x,y)+iv(x+\Delta x,y)-u(x,y)-iv(x,y)}{\Delta x}\\
&=\lim_{\Delta x\to 0}\frac{u(x+\Delta x,y)-u(x,y)}{\Delta x}+i\lim_{\Delta x\to 0}\frac{v(x+\Delta x,y)-v(x,y)}{\Delta x}\\
&=\frac{\partial u}{\partial x}+i\frac{\partial v}{\partial x}
\end{aligned}
$$

当沿垂直方向 $\Delta x=0$ 趋近时，有 $\Delta z=i\Delta y\to 0$，于是

$$
\begin{aligned}
f'(z)&=\lim_{\Delta y\to 0}=\frac{u(x,y+\Delta y)+iv(x,y+\Delta y)-u(x,y)-iv(x,y)}{i\Delta y}\\
&=\frac{1}{i}\lim_{\Delta y\to 0}\frac{u(x,y+\Delta y)-u(x,y)}{\Delta y}+\lim_{\Delta y\to 0}\frac{v(x,y+\Delta y)-v(x,y)}{\Delta y}\\
&=\frac{\partial v}{\partial y}-i\frac{\partial u}{\partial y}
\end{aligned}
$$

沿不同方向趋近得相同的极限值，也就意味着 $\dfrac{\partial u}{\partial x}+i\dfrac{\partial v}{\partial x}=\dfrac{\partial v}{\partial y}-i\dfrac{\partial u}{\partial y}$，所以

$$\frac{\partial u}{\partial x}=\frac{\partial v}{\partial y},\ \frac{\partial v}{\partial x}=-\frac{\partial u}{\partial y} \tag{2.3}$$

方程式(2.3)称为柯西-黎曼（Cauchy-Riemann）方程．

事实上，这个条件也是充分的，我们得到如下定理．

定理 2.2.1 设函数 $f(z)=u(x,y)+iv(x,y)$ 定义在区域 D 内，则 $f(z)$ 在区域 D 内一点 $z=x+iy$ 可导的充要条件是

(1) 二元实函数 $u(x,y)$，$v(x,y)$ 在点 (x,y) 可微；

（2）满足柯西-黎曼（Cauchy-Riemann）方程 $\dfrac{\partial u}{\partial x}=\dfrac{\partial v}{\partial y},\ \dfrac{\partial u}{\partial y}=-\dfrac{\partial v}{\partial x}$.

证 必要性上面已经证明，下证充分性.

由 $u(x,y),v(x,y)$ 在点 (x,y) 可微，可知

$$\Delta u=\frac{\partial u}{\partial x}\Delta x+\frac{\partial u}{\partial y}\Delta y+\varepsilon_1\Delta x+\varepsilon_2\Delta y,$$

$$\Delta v=\frac{\partial v}{\partial x}\Delta x+\frac{\partial v}{\partial y}\Delta y+\varepsilon_3\Delta x+\varepsilon_4\Delta y,$$

这里

$$\lim_{\substack{\Delta x\to 0\\ \Delta y\to 0}}\varepsilon_k=0\quad(k=1,2,3,4).$$

因此

$$f(z+\Delta z)-f(z)=\Delta u+\mathrm{i}\Delta v$$

$$=\left(\frac{\partial u}{\partial x}+\mathrm{i}\frac{\partial v}{\partial x}\right)\Delta x+\left(\frac{\partial u}{\partial y}+\mathrm{i}\frac{\partial v}{\partial y}\right)\Delta y+(\varepsilon_1+\mathrm{i}\varepsilon_3)\Delta x+(\varepsilon_2+\mathrm{i}\varepsilon_4)\Delta y,$$

根据柯西-黎曼（Cauchy-Riemann）方程

$$\frac{\partial u}{\partial x}=\frac{\partial v}{\partial y},\ \frac{\partial u}{\partial y}=-\frac{\partial v}{\partial x},$$

所以

$$f(z+\Delta z)-f(z)=\frac{\partial u}{\partial x}\Delta z+\mathrm{i}\frac{\partial v}{\partial x}\Delta z+(\varepsilon_1+\mathrm{i}\varepsilon_3)\Delta x+(\varepsilon_2+\mathrm{i}\varepsilon_4)\Delta y,$$

即

$$\frac{f(z+\Delta z)-f(z)}{\Delta z}=\frac{\partial u}{\partial x}+\mathrm{i}\frac{\partial v}{\partial x}+(\varepsilon_1+\mathrm{i}\varepsilon_3)\frac{\Delta x}{\Delta z}+(\varepsilon_2+\mathrm{i}\varepsilon_4)\frac{\Delta y}{\Delta z}.$$

因为 $\left|\dfrac{\Delta x}{\Delta z}\right|\leqslant 1,\ \left|\dfrac{\Delta y}{\Delta z}\right|\leqslant 1$，所以当 Δz 趋于零时，上式右端最后两项都趋于零. 于是

$$f'(z)=\lim_{\Delta z\to 0}\frac{f(z+\Delta z)-f(z)}{\Delta z}=\frac{\partial u}{\partial x}+\mathrm{i}\frac{\partial v}{\partial x}.$$

即 $f(z)$ 在点 z 可导.

此时，$f(z)$ 在点 z 的导数可表示为

$$f'(z)=\frac{\partial u}{\partial x}+\mathrm{i}\frac{\partial v}{\partial x}=\frac{\partial v}{\partial y}-\mathrm{i}\frac{\partial u}{\partial y}. \tag{2.4}$$

根据函数在区域内解析的定义及定理 2.2.1，我们不难得到函数在区域内解析的充要条件.

定理 2.2.2 函数 $f(z)=u(x,y)+\mathrm{i}v(x,y)$ 在区域 D 内解析的充要条件是二元实函数 $u(x,y),v(x,y)$ 在 D 内可微且满足柯西-黎曼

(Cauchy-Riemann) 方程.

可见，上述两个定理不仅提供了函数是否解析（或在某点可导）的常用方法，还给出了一个简洁的导数公式. 其中，是否满足柯西-黎曼 (Cauchy-Riemann) 方程是主要条件.

【例 2.5】 判定下列函数在何处可导，在何处解析.

(1) $f(z)=\bar{z}$；(2) $f(z)=e^x(\cos y+i\sin y)$；(3) $f(z)=z\mathrm{Re}(z)$.

解 (1) 因为 $u=x$，$v=-y$，

所以 $\dfrac{\partial u}{\partial x}=1$，$\dfrac{\partial v}{\partial y}=-1$，$\dfrac{\partial u}{\partial y}=0$，$\dfrac{\partial v}{\partial x}=0$.

可见 Cauchy-Riemann 方程在复平面内每一点处都不成立，故 $f(z)=\bar{z}$ 在复平面内处处不可导，处处不解析. 事实上，该结论也可以由导数定义得到，留给读者练习.

(2) 因为 $u=e^x\cos y$，$v=e^x\sin y$，

$$\frac{\partial u}{\partial x}=e^x\cos y，\frac{\partial v}{\partial y}=e^x\cos y，\frac{\partial u}{\partial y}=-e^x\sin y，\frac{\partial v}{\partial x}=e^x\sin y.$$

可见 Cauchy-Riemann 方程在复平面内每一点处都成立，并且上述四个一阶偏导数都连续，所以 $f(z)$ 在复平面内处处可导，处处解析. 根据导数公式(2.4)，有

$$f'(z)=e^x(\cos y+i\sin y)=f(z).$$

这是复变函数中的指数函数，它的导数是其本身.

(3) 由 $f(z)=z\mathrm{Re}(z)=x^2+ixy$，得 $u=x^2$，$v=xy$，

$$\frac{\partial u}{\partial x}=2x，\frac{\partial v}{\partial y}=x，\frac{\partial u}{\partial y}=0，\frac{\partial v}{\partial x}=y.$$

可见，这四个偏导数处处连续，但当且仅当 $x=y=0$ 时满足 Cauchy-Riemann 方程，故 $f(z)$ 在 $z=0$ 点可导，在复平面内处处不解析. 事实上，该结论也可以由导数定义得到，留给读者练习.

【例 2.6】 设 $f(z)=x^3+axy^2+by+i(cx^2y+dx-y^3)$，问：常数 a、b、c、d 取何值时，函数在复平面内处处解析？

解 因为 $u=x^3+axy^2+by$，$v=cx^2y+dx-y^3$，

$$\frac{\partial u}{\partial x}=3x^2+ay^2，\frac{\partial v}{\partial y}=cx^2-3y^2，\frac{\partial u}{\partial y}=2axy+b，\frac{\partial v}{\partial x}=2cxy+d.$$

从而要使 $\dfrac{\partial u}{\partial x}=\dfrac{\partial v}{\partial y}$，$\dfrac{\partial u}{\partial y}=-\dfrac{\partial v}{\partial x}$ 成立，

只需 $3x^2+ay^2=cx^2-3y^2$，$2axy+b=-2cxy-d$.

因此，当 $a=-3$，$c=3$，$b=-d$ 时，此函数族在复平面处处解析.

【例 2.7】 如果函数 $f(z)=u(x,y)+iv(x,y)$ 为一解析函数，且

$f'(z) \neq 0$，则曲线族 $u(x,y)=c_1$，$v(x,y)=c_2$ 必互相正交，其中 c_1，c_2 为实常数.

证　由导数公式知，$f'(z)=v_y-\mathrm{i}u_y \neq 0$，故 u_y，v_y 不全为零.

如果在曲线的交点处 u_y，v_y 全都不为零，则由隐函数求导法则可知曲线族 $u(x,y)=c_1$，$v(x,y)=c_2$ 中任一条曲线的斜率分别为

$$k_1=-\frac{u_x}{u_y}, \ k_2=-\frac{v_x}{v_y},$$

利用 Cauchy-Riemann 方程得

$$k_1 \cdot k_2=\left(-\frac{u_x}{u_y}\right) \cdot \left(-\frac{v_x}{v_y}\right)=-1.$$

因此，曲线族 $u(x,y)=c_1$，$v(x,y)=c_2$ 互相正交.

如果在曲线的交点处 u_y，v_y 有一个为零，则另一个必不为零，此时容易知道两族中的曲线在该点处的切线一条是水平的，另一条是铅直的，它们仍然互相正交.

【例 2.8】　若函数 $f(z)$ 在区域 D 内解析且导数处处为零，则 $f(z)$ 在 D 内为一常数.

证　由于区域 D 内 $f'(z)=0$，由导数公式知，

$$u_x=u_y=v_x=v_y=0,$$

所以 $u(x,y)$，$v(x,y)$ 都是常数，因而 $f(z)$ 在区域 D 内为一常数.

该结论的一个简单推论是：若函数 $f(z)$ 和 $g(z)$ 是区域 D 内有相同导数的两个解析函数，那么在区域 D 内，$f(z)=g(z)+c$（c 为任意常数）（见习题 2.2）.

应用该结论和 Cauchy-Riemann 方程可以进一步证明，若解析函数 $f(z)$ 在区域 D 内满足下列条件之一，则 $f(z)$ 在 D 内必为常数.

（1）$\mathrm{Re}f(z)$ 在 D 内为常数；

（2）$\mathrm{Im}f(z)$ 在 D 内为常数；

（3）$|f(z)|$ 在 D 内为常数.

其证明留作练习.

习题 2.2

1. 讨论下列函数何处可导，何处解析.

(1) $f(z)=|z|^2$；　　(2) $f(z)=x^3+3xy^3-3x+\mathrm{i}(y^3+3x^3y-3y)$；

(3) $f(z)=\dfrac{1}{z^2-1}$；　　(4) $f(z)=x^3-y+\mathrm{i}(x+xy)$.

2. 证明：若函数 $f(z)$ 和 $g(z)$ 是区域 D 内有相同导数的两个解析函数，那么在区域 D 内，$f(z)=g(z)+c$（c 为任意常数）.

3. 证明：$f(z)=3x^2+2x-3y^2-1+i(6xy+2y)$ 是整函数，并将它写成 z 的表达式形式.

4. 若 u,v 都由极坐标 (r,θ) 表示，证明 Cauchy-Riemann 方程可表示为
$$\frac{\partial u}{\partial r}=\frac{1}{r}\frac{\partial v}{\partial \theta},\ \frac{\partial v}{\partial r}=-\frac{1}{r}\frac{\partial u}{\partial \theta}.$$

5. 判断下列命题的真假，并举例说明.

(1) 如果 $f(z)$ 在 z_0 连续，那么 $f'(z_0)$ 存在；

(2) 如果 $f'(z_0)$ 存在，那么 $f(z)$ 在 z_0 解析；

(3) 如果 z_0 是 $f(z)$ 的奇点，那么 $f(z)$ 在 z_0 不可导；

(4) 如果 z_0 是 $f(z)$ 和 $g(z)$ 的一个奇点，那么 z_0 也是 $f(z)+g(z)$ 和 $\frac{f(z)}{g(z)}$ 的一个奇点；

(5) 如果 $u(x,y),v(x,y)$ 可微，那么 $f(z)=u+iv$ 也可微.

2.3 初等函数

复变量的初等函数是实函数中相应的初等函数的推广. 作为一种推广的定义，既不能违背原有实函数的本质特点，又不完全与相应的实函数一样. 因此，比较和掌握两者的异同有助于我们的学习.

2.3.1 指数函数、三角函数和双曲函数

复指数函数 e^z 在解析函数理论中极为重要，对复变量在电子电路控制系统波传导及一般时滞物理系统中的应用提供了一个基本工具，而且常用它来定义复三角函数和复双曲函数. 由上节我们知道函数 $f(z)=e^x(\cos y+i\sin y)$ 在复平面解析，$f'(z)=f(z)$ 且当 $\mathrm{Im}(z)=0$ 时，$f(z)=e^x=f(x),x=\mathrm{Re}(z)$，即实指数函数，具备以上特征的函数为复指数函数.

定义 2.3.1 对任意的复数 $z=x+iy$，规定
$$e^z:=e^x(\cos y+i\sin y) \tag{2.5}$$
为 z 的**指数函数**（exponential function），也记作 $\exp(z)=e^x(\cos y+i\sin y)$.

不难得到
$$|e^z|=e^x \tag{2.6}$$
$$\mathrm{Arg}z=y+2k\pi(k=0,\pm1,\pm2,\cdots) \tag{2.7}$$

这表明 e^z 不会取零值. 实指数函数在实轴上是一一对应的，但复指数函数却是一个周期函数. 事实上，我们有下述性质：

(1) 对任意复数 z_1,z_2 有 $e^{z_1+z_2}=e^{z_1}e^{z_2}$，这与实指数函数运算形

注 2.2 指数函数是最基本的初等函数，我们将会看到其他初等函数都可以通过指数函数来定义。

式一致；

（2）$w=\mathrm{e}^z$ 在整个复平面内解析，且 $\dfrac{\mathrm{d}w}{\mathrm{d}z}=(\mathrm{e}^z)'=\mathrm{e}^z$；

（3）当且仅当 $z=2k\pi\mathrm{i}$ 时，其中 k 是一个整数，$\mathrm{e}^z=1$；

（4）当且仅当 $z_1=z_2+2k\pi\mathrm{i}$ 时，其中 k 是一个整数，$\mathrm{e}^{z_1}=\mathrm{e}^{z_2}$.

性质（4）表明指数函数是以 $2k\pi\mathrm{i}$ 为周期的周期函数，这与实指数函数不同. 若把复平面分割成无限个水平带形区域，则复指数函数在每一个带形区域有相同的性质.

由欧拉公式
$$\mathrm{e}^{\mathrm{i}y}=\cos y+\mathrm{i}\sin y,$$
可知
$$\mathrm{e}^{-\mathrm{i}y}=\cos y-\mathrm{i}\sin y,$$
经运算可得
$$\cos y=\frac{\mathrm{e}^{\mathrm{i}y}+\mathrm{e}^{-\mathrm{i}y}}{2},\quad \sin y=\frac{\mathrm{e}^{\mathrm{i}y}-\mathrm{e}^{-\mathrm{i}y}}{2\mathrm{i}},$$
由此可以定义复三角函数.

定义 2.3.2 对任意的复数 z，规定余弦与正弦函数为
$$\cos z=\frac{\mathrm{e}^{\mathrm{i}z}+\mathrm{e}^{-\mathrm{i}z}}{2},\quad \sin z=\frac{\mathrm{e}^{\mathrm{i}z}-\mathrm{e}^{-\mathrm{i}z}}{2\mathrm{i}}. \tag{2.8}$$

由指数函数定义的三角函数的性质可以由指数函数的性质运算得到. 不难看出复三角函数具有下述性质：

（1）正弦函数 $\sin z$ 和余弦函数 $\cos z$ 都是以 2π 为周期的周期函数，并且 $\sin z$ 是奇函数，$\cos z$ 是偶函数；

（2）三角函数在整个复平面内解析，且
$$(\cos z)'=-\sin z,\quad (\sin z)'=\cos z;$$

（3）不难验证实三角函数的三角公式也适用于复三角函数；

（4）在复数域内，三角函数的有界性不再成立.

事实上，$|\cos\mathrm{i}y|=\left|\dfrac{\mathrm{e}^{-y}+\mathrm{e}^y}{2}\right|=\mathrm{ch}y$ 是无界的.

【例 2.9】 求 $\sin(1+\mathrm{i})$ 的值.

解 根据三角函数定义
$$\sin(1+\mathrm{i})=\frac{\mathrm{e}^{\mathrm{i}(1+\mathrm{i})}-\mathrm{e}^{-\mathrm{i}(1+\mathrm{i})}}{2\mathrm{i}}=\frac{\mathrm{e}^{-1+\mathrm{i}}-\mathrm{e}^{1-\mathrm{i}}}{2\mathrm{i}}$$
$$=\frac{\mathrm{e}^{-1}(\cos 1+\mathrm{i}\sin 1)-\mathrm{e}(\cos 1-\mathrm{i}\sin 1)}{2\mathrm{i}}$$
$$=\frac{\mathrm{e}+\mathrm{e}^{-1}}{2}\sin 1+\mathrm{i}\frac{\mathrm{e}-\mathrm{e}^{-1}}{2}\cos 1$$

$$= \mathrm{ch}1\sin1 + \mathrm{i}\,\mathrm{sh}1\cos1.$$

其他四个三角函数的定义与实三角函数定义类似，分别为

$$\tan z := \frac{\sin z}{\cos z}, \quad \cot z := \frac{\cos z}{\sin z}, \quad \sec z := \frac{1}{\cos z}, \quad \csc z := \frac{1}{\sin z}.$$

对这些函数，通常的微分法则仍然成立.

复双曲函数的定义是实双曲函数定义的自然推广.

定义 2.3.3 对任意的复数 z，规定双曲余弦与双曲正弦函数为

$$\mathrm{ch}z = \frac{\mathrm{e}^z + \mathrm{e}^{-z}}{2}, \quad \mathrm{sh}z = \frac{\mathrm{e}^z - \mathrm{e}^{-z}}{2} \tag{2.9}$$

复变方法的一个优点是可以揭示出双曲函数和三角函数的密切联系. 容易证明：

$$\sin \mathrm{i}z = \mathrm{i}\,\mathrm{sh}z, \quad \mathrm{sh}\,\mathrm{i}z = \mathrm{i}\sin z;$$

$$\cos \mathrm{i}z = \mathrm{ch}z, \quad \mathrm{ch}\,\mathrm{i}z = \cos z.$$

双曲正切函数的定义分别为

$$\mathrm{th}z := \frac{\mathrm{sh}z}{\mathrm{ch}z}$$

对这些函数，通常的微分法则仍然成立.

2.3.2 对数函数

与一元实函数类似，指数函数的反函数是对数函数. 复指数函数不是一一的单值函数，因此它的反函数是一个多值函数，这就是复对数函数. 即称满足方程

$$\mathrm{e}^w = z \,(z \neq 0)$$

的 w 为复数 z 的**对数函数**（logarithm），记作

$$w = \mathrm{Ln}z.$$

下面用待定系数法得到对数函数的表达式.

设 $w = u + \mathrm{i}v$，$z = r\mathrm{e}^{\mathrm{i}\theta}$，$r = |z|$，$\theta = \arg z$，代入指数函数公式计算得

$$\mathrm{e}^{u+\mathrm{i}v} = \mathrm{e}^u \mathrm{e}^{\mathrm{i}v} = r\mathrm{e}^{\mathrm{i}\theta}$$

比较等式两端得

$$u = \ln r, \quad v = \theta + 2k\pi = \arg z + 2k\pi = \mathrm{Arg}z.$$

定义 2.3.4 对任意的复数 $z\,(z \neq 0)$，则规定 $\mathrm{Ln}z$ 为无穷多个值的集合

$$\mathrm{Ln}z := \ln|z| + \mathrm{i}\mathrm{Arg}z = \ln|z| + \mathrm{i}\arg z + 2k\pi\mathrm{i}\,(k = 0, \pm 1, \pm 2, \cdots).$$

$$\tag{2.10}$$

$\mathrm{Ln}z$ 的多值仅表现在辐角的多值性上，其实部仍是单值的. 但 k 取

不同的值时得到 $\mathrm{Ln}z$ 的不同的单值分支,且每两个分支都相差 $2\pi i$ 的整数倍. $k=0$ 时的单值分支成为 $\mathrm{Ln}z$ 的主值,记作 $\ln z$. 即

$$\ln z = \ln|z| + i\arg z$$

因而

$$\mathrm{Ln}z = \ln z + 2k\pi i \quad (k=0,\pm 1,\pm 2,\cdots).$$

实对数函数一些常见性质可以推广到复对数的情形,但由于多值性这些推广的精确描述比较复杂. 读者可以自行证明以下性质.

(1) 对任意复数 z_1、z_2 有

$$\mathrm{Ln}(z_1 z_2) = \mathrm{Ln}z_1 + \mathrm{Ln}z_2,\quad \mathrm{Ln}\left(\frac{z_1}{z_2}\right) = \mathrm{Ln}z_1 - \mathrm{Ln}z_2$$

这与实对数函数运算形式一致;

(2) 对数函数的主值 $w=\ln z$ 在除原点和负实轴外处处解析,且 $\dfrac{\mathrm{d}w}{\mathrm{d}z} = \dfrac{1}{z}$;

事实上,依据对数函数的定义,其连续的区域就是 $\arg z$ 连续的区域,由上一章的联系知其连续区域为除负实轴和原点之外的所有点,而

$$\frac{\mathrm{d}w}{\mathrm{d}z} = \frac{1}{\dfrac{\mathrm{d}e^w}{\mathrm{d}w}} = \frac{1}{e^w} = \frac{1}{z},$$

其他各支有同样的结论:$(\mathrm{Ln}z)'_k = \dfrac{1}{z}$.

【例 2.10】 求 $\ln(-1)$,$\mathrm{Ln}1$,$\mathrm{Ln}(1+i)$,$\ln(1+i)$ 的值.

解 根据对数函数的定义

$$\ln(-1) = \pi i$$

$$\mathrm{Ln}(1) = 2k\pi i, k \in \mathbb{Z}$$

$$\mathrm{Ln}(1+i) = \ln\sqrt{2} + \frac{\pi i}{4} + 2k\pi i, k \in \mathbb{Z}$$

$$\ln(1+i) = \ln\sqrt{2} + \frac{\pi i}{4}.$$

2.3.3 幂函数

与一元实函数类似,可以用指数函数与对数函数来定义幂函数.

定义 2.3.5 对于任意复数 α 及复变量 z,定义幂函数 $w=z^\alpha$ 为

$$z^\alpha = e^{\alpha \mathrm{Ln}z} = e^{\alpha[\ln|z| + i\arg(z) + 2k\pi i]} \quad (k=0,\pm 1,\pm 2,\cdots). \tag{2.11}$$

由于 $\mathrm{Ln}z$ 的多值性,一般来说,幂函数 $w=z^\alpha$ 是多值函数. 因为复数

α 的不同,我们需要讨论幂函数的不同情况.

(1) 当 $\alpha=n$ 为整数时,$z^n=e^{n\mathrm{Ln}z}=e^{n\ln|z|+in\arg(z)+in2k\pi}=|z|^n e^{in\arg(z)}$ 是单值函数;

(2) 当 $\alpha=\dfrac{1}{n}$ (n 为正整数时),$z^{\frac{1}{n}}=|z|^{\frac{1}{n}}e^{\frac{\arg(z)+2k\pi}{n}i}$,它在 $k=0$,1,$\cdots$,$n-1$ 时取不同的值,是具有 n 个分支的多值函数;

(3) 当 $\alpha=\dfrac{m}{n}$ (m,n 为互素的整数,$n>0$ 时),

$$z^{\frac{m}{n}}=|z|^{\frac{m}{n}}e^{\frac{m\arg(z)+2km\pi}{n}i},$$

它在 $k=0$,1,$\cdots$,$n-1$ 时取不同的值,是具有 n 个分支的多值函数;

(4) 当 α 为无理数或虚数时,有无穷多个值,且

$$z^{\alpha}=e^{\alpha\mathrm{Ln}z}=e^{\alpha(\ln z+2k\pi i)}.$$

【例 2.11】 求 $i^{\frac{2}{3}}$,1^i 的值.

解 根据乘幂的定义

$$i^{\frac{2}{3}}=e^{\frac{2}{3}\mathrm{Ln}i}=e^{\frac{2}{3}(\frac{\pi i}{2}+2k\pi i)}=e^{\frac{\pi i}{3}+\frac{4k\pi i}{3}},$$

当 $k=0$,1,2 时,得到三个不同的值 $e^{\frac{\pi i}{3}}$,$e^{\frac{5}{3}\pi i}$,$e^{3\pi i}=-1$.

$$1^i=e^{i\mathrm{Ln}1}=e^{i(2k\pi i)}=e^{-2k\pi},$$

当 k 取不同值时得到不同的结果,因此该式有无穷多个值.

2.3.4 反三角函数与反双曲函数

与一元实函数类似,反三角函数的定义为三角函数的反函数.

以余弦函数为例,它的反函数是一个多值函数,称为复反余弦函数,满足方程 $z=\cos w$,记作 $w=\mathrm{Arccos}z$.

下面用待定系数法得到反余弦函数的表达式.

设 $z=\cos w=\dfrac{e^{iw}+e^{-iw}}{2}$,整理得

$$e^{2iw}-2ze^{iw}+1=0,$$

解得

$$e^{iw}=z+\sqrt{z^2-1},$$

于是

$$w=-i\mathrm{Ln}(z+\sqrt{z^2-1}),$$

即

$$\mathrm{Arccos}z=-i\mathrm{Ln}(z+\sqrt{z^2-1}).$$

显然，Arccos$z$ 是一个多值函数，它的多值性是 cosω 的偶性和周期性的反映，同理可以得到其他反三角函数和反双曲函数的表达式.

反正弦函数　$\text{Arcsin}z = -i\text{Ln}(iz + \sqrt{1-z^2})$,

反正切函数　$\text{Arctan}z = -\dfrac{i}{2}\text{Ln}\dfrac{1+iz}{1-iz}$,

反双曲余弦函数　$\text{Arch}z = \text{Ln}\,(z + \sqrt{z^2-1})$,

反双曲正弦函数　$\text{Arsh}z = \text{Ln}\,(z + \sqrt{z^2+1})$,

反双曲正切函数　$\text{Arth}z = \dfrac{1}{2}\text{Ln}\dfrac{1+z}{1-z}$.

反三角函数在取得单值连续分支后，其导数与实函数类似可得. 比如

$$(\text{Arccos}z)' = -\frac{1}{\sqrt{1-z^2}},$$

$$(\text{Arcsin}z)' = \frac{1}{\sqrt{1-z^2}}.$$

习题 2.3

1. 求 $e^{1-i\frac{\pi}{2}}$，$e^{\frac{1+i\pi}{4}}$ 的值.

2. 求 $\cos(\sqrt{3}i)$，$\tan i$ 的值.

3. 求 $\text{Ln}(1+\sqrt{3}i)$，$\ln(-i)$ 的值.

4. 求 3^i，$(1+i)^i$ 的值.

小　结

本章介绍了复变函数的微分内容，主要讲解了可导、解析的概念以及它们的性质和判定方法，最后介绍了初等函数的概念和性质. 重点内容是理解掌握解析函数的概念与判定方法及与实函数的联系，特别是柯西-黎曼方程，它是研究解析函数的有力工具与桥梁.

总习题 2

1. 判断下列命题的真假，并举例说明.

(1) 在区域内解析的函数一定连续并且可导，但是在区域内可导的函数未必解析；

(2) 如果 $f'(z_0)$ 存在，那么 $f(z)$ 在 z_0 连续；

(3) 如果 z_0 是 $f(z)$ 的奇点，那么 $f(z)$ 在 z_0 不解析；

(4) 如果 $f(z) = u + iv$ 解析，那么 $u(x, y), v(x, y)$ 也可微.

2. 下列函数在何处可导? 何处解析? 在可导点求出其导数.

(1) $f(z) = 2x^2 - xyi$;　　(2) $f(z) = \sin x \cos y + i \cos x \sin y$.

3. 指出下列函数的奇点.

(1) $\dfrac{z-1}{\sin z(z^2-4)}$;   (2) $\dfrac{\cos z}{(z^2-z+1)(z^2+2)}$.

4. 如果 $f(z)=u+\mathrm{i}v$ 在区域 D 内解析,并且 $\overline{f(z)}$ 在 D 内解析,试证 $f(z)$ 在 D 内是一常数.

5. 如果 $f(z)=u+\mathrm{i}v$ 在区域 D 内解析,试证明它一定可以由变量 z 单独表示.

6. 求解下列方程:

(1) $\mathrm{e}^z+1=0$;   (2) $\sin z+\cos z=0$.

7. 求 $\mathrm{Ln}(-\mathrm{i})$,$\mathrm{Ln}(-1+\mathrm{i})$ 的值及主值.

8. 求 $\mathrm{e}^{\frac{\pi}{2}\mathrm{i}}$,$\mathrm{e}^{1+\mathrm{i}\pi}$,$\sin(1-\mathrm{i})$,$\cos\mathrm{i}$ 的值.

9. 求 $1^{\sqrt{2}}$,$1^{-\mathrm{i}}$,$(1-\mathrm{i})^{\mathrm{i}}$ 的值.

10. 证明:柯西-黎曼方程的复变量形式 $\dfrac{\partial f}{\partial \bar{z}}=0$.

第 3 章

复变函数的积分

在实函数的微积分学中,微分法与积分法是研究函数性质的重要工具与方法.同样,在复变函数理论中,积分法也跟微分法一样是研究复变函数性质的重要的方法和解决实际问题的有用工具.由于复平面的二维性,复积分的积分路径为平面上的一般曲线而不仅是实轴上的线段.不过微积分学中的一些技巧在复积分中也适用,例如利用原函数计算复积分等.

在解析函数性质的研究中,复积分理论起了重要作用.本章,我们将首先介绍复积分的概念、性质和基本计算方法.接着介绍最主要的结论柯西-古萨基本定理及其推广,它们是探讨解析函数的理论基础,利用这个结论建立本章最核心的柯西积分公式,它对解析函数的重要性质有深刻的刻画.然后利用该公式得到一个重要结论:解析函数的导数仍然是解析函数,从而得出高阶导数公式.值得注意的是证明解析函数的导数仍然是解析函数从表面上看是属于微分学问题,但其证明却用到积分.最后讨论解析函数与调和函数的关系.

柯西积分定理、柯西积分公式和高阶导数公式不仅刻画了解析函数的独特性质,还为计算复积分,特别是围线积分提供了简便有效的方法.

3.1 复变函数积分的概念及性质

3.1.1 复变函数积分的概念

复变函数的积分简称复积分,它是沿复平面上的一条曲线求和的一种形式,因此,我们首先来介绍复平面上的曲线.为了叙述简便而又不妨碍实际应用,今后我们所提到的曲线(除特别声明外),一律指光滑或逐段光滑的曲线.

　　有向曲线指规定了方向的曲线. 如图 3.1 所示，设平面上一条曲线 C，其两个端点为 A 和 B，如果把 A 到 B 作为正方向，则 B 到 A 就是负方向（记作 C^-）. 称 A 为起点，B 为终点，正方向总是从起点指向终点的方向. 逐段光滑的简单闭曲线称为围线，其正方向指当曲线上的点 P 顺此方向沿该曲线前进时，邻近 P 点的曲线内部始终位于 P 点的左侧，与之相反的方向称为负方向.

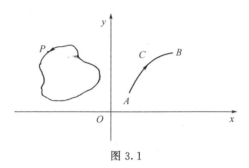

图 3.1

　　定义 3.1.1　设函数 $w=f(z)$ 定义于区域 D 内，C 为区域 D 内起点为 A 终点为 B 的一条曲线. 把曲线 C 任意分成 n 个弧段，设分点为

$$A=z_0, z_1, z_2, \cdots, z_{k-1}, z_k, \cdots, z_n=B,$$

在每个弧段 $\overparen{z_{k-1}z_k}$ $(k=1, 2, \cdots, n)$ 上任取一点 ζ_k，作和式

$$S_n = \sum_{k=1}^n f(\zeta_k)(z_k - z_{k-1}) = \sum_{k=1}^n f(\zeta_k)\Delta z_k.$$

记 $\Delta s_k = \overparen{z_{k-1}z_k}$ 的长度，$\delta = \max_{1 \leqslant k \leqslant n}\{\Delta s_k\}$. 当 n 无限增加，且 δ 趋于零时，如果不论对 C 的分法及 ζ_k 的取法如何，S_n 有唯一极限，那么称这极限值为函数 $f(z)$ 沿曲线 C 的积分. 记作

$$\int_C f(z)\mathrm{d}z = \lim_{n \to \infty} \sum_{k=1}^n f(\zeta_k)\Delta z_k. \tag{3.1}$$

　　式(3.1) 中，C 为积分路径；$f(z)$ 为被积函数；z 为积分变量. 若 C 为闭曲线，则此积分记作 $\oint_C f(z)\mathrm{d}z$.

　　容易看出，当 C 是 x 轴上的区间 $a \leqslant x \leqslant b$，而 $f(z)$ 是 $u(x)$ 时，这个积分定义就是一元实函数的定积分定义.

3.1.2　复变函数积分存在的条件及计算方法

　　从前两章的学习我们知道，复变函数的极限可以转化为求其实部和虚部的二元函数的极限来求解，复变函数的导数也可以通过其实部和虚部的偏导数来求得. 那么，对复变函数的积分是否也有类似结论呢？为

注 3.1　复积分的计算与实函数计算类似，需要转化为定积分来处理，这是计算各类积分的通用方法，但对于解析函数的复积分而言，后面会介绍更特别更适用的方法.

此，我们从复变函数积分的定义出发进行讨论，建立其与二元实函数对的联系.

设曲线 C 由参数方程

$$z = z(t) = x(t) + \mathrm{i}y(t), \quad t : \alpha \rightarrow \beta \tag{3.2}$$

给出，正方向为参数 t 增加的方向，参数 α，β 对应于起点 A 及终点 B.

设 $f(z) = u(x,y) + \mathrm{i}v(x,y)$，$\zeta_k = \xi_k + \mathrm{i}\eta_k$，则

$$f(\zeta_k) = u(\xi_k, \eta_k) + \mathrm{i}v(\xi_k, \eta_k),$$

$$\Delta z_k = z_k - z_{k-1} = (x_k - x_{k-1}) + \mathrm{i}(y_k - y_{k-1}) = \Delta x_k + \mathrm{i}\Delta y_k,$$

所以

$$\sum_{k=1}^{n} f(\zeta_k)\Delta z_k = \sum_{k=1}^{n}[u(\xi_k, \eta_k) + \mathrm{i}v(\xi_k, \eta_k)](\Delta x_k + \mathrm{i}\Delta y_k)$$

$$= \sum_{k=1}^{n}[u(\xi_k, \eta_k)\Delta x_k - v(\xi_k, \eta_k)\Delta y_k] +$$

$$\mathrm{i}\sum_{k=1}^{n}[v(\xi_k, \eta_k)\Delta x_k + u(\xi_k, \eta_k)\Delta y_k].$$

上式右端可看做两个线积分求和形式的组合，根据线积分的存在定理，如果都是连续函数，当 n 无限增加，且弧段长度的最大值趋于零时，不论对 C 的分法及（ξ_k，η_k）的取法如何，上式右端的两个和式的极限都存在，因而有

$$\int_C f(z)\mathrm{d}z = \int_C u\,\mathrm{d}x - v\,\mathrm{d}y + \mathrm{i}\int_C v\,\mathrm{d}x + u\,\mathrm{d}y \tag{3.3}$$

形式上可以看做 $f(z) = u + \mathrm{i}v$，$\mathrm{d}z = \mathrm{d}x + i\mathrm{d}y$ 相乘后得到，容易记忆. 由此我们得到如下定理.

定理 3.1.1　若函数 $w = f(z)$ 是区域 D 内的连续函数，C 为区域 D 内一条光滑或逐段光滑的曲线，则积分 $\int_C f(z)\mathrm{d}z$ 一定存在，而且可以通过两个二元实函数的线积分来计算

$$\int_C f(z)\mathrm{d}z = \int_C u\,\mathrm{d}x - v\,\mathrm{d}y + \mathrm{i}\int_C v\,\mathrm{d}x + u\,\mathrm{d}y.$$

定理 3.1.1 说明了复积分的计算问题可以化为其实部与虚部两个二元实函数对坐标的曲线积分的计算问题，从积分曲线的参数方程(3.2)着手可以得到计算复积分的定积分公式

$$\int_C f(z)\mathrm{d}z = \int_\alpha^\beta f(z(t))z'(t)\mathrm{d}t. \tag{3.4}$$

其中曲线 C 的参数方程是式(3.2). 由计算公式可以看出，复积分的计算需要通过积分曲线的参数化，经同时代换后化为定积分来计算. 因

此，写出积分曲线的参数方程是计算的关键.

【例 3.1】 如图 3.2 所示，设曲线 C 是正向圆周 $|z-z_0|=r(r>0)$，n 为整数，试证

$$I_n = \oint_C \frac{\mathrm{d}z}{(z-z_0)^{n+1}} = \begin{cases} 2\pi\mathrm{i}, n=0 \\ 0, n \neq 0 \end{cases}.$$

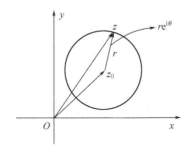

图 3.2

证 由题意 C 的参数方程为 $z=z_0+r\mathrm{e}^{\mathrm{i}\theta}$，$\theta: 0 \to 2\pi$，所以

$$\mathrm{d}z = r\mathrm{i}\mathrm{e}^{\mathrm{i}\theta}\,\mathrm{d}\theta$$

$$I_n = \oint_C \frac{\mathrm{d}z}{(z-z_0)^{n+1}} = \int_0^{2\pi} \frac{\mathrm{i}r\mathrm{e}^{\mathrm{i}\theta}}{r^{n+1}\mathrm{e}^{\mathrm{i}(n+1)\theta}}\,\mathrm{d}\theta = \frac{\mathrm{i}}{r^n}\int_0^{2\pi}\mathrm{e}^{-\mathrm{i}n\theta}\,\mathrm{d}\theta$$

当 $n=0$ 时，$I_n=2\pi\mathrm{i}$；当 $n\neq 0$ 时，$I_n = \frac{\mathrm{i}}{r^n}\cdot\frac{\mathrm{e}^{-\mathrm{i}n\theta}}{-\mathrm{i}n}\Big|_0^{2\pi} = 0$.

注 3.2 该结果表明该积分值与积分曲线的圆心和半径无关，在后面的积分计算中这一结果经常用到.

3.1.3 复变函数积分的基本性质

由于复积分的定义与一元实函数的定义形式上是相似的，因此复积分具有与实积分类似的性质. 若复变函数 $f(z)$ 和 $g(z)$ 沿其积分路径可积，则有如下性质.

(1) 线性性质：

① $f(z)$ 沿积分曲线 C 的反向曲线 C^- 积分，积分值改变符号，即

$$\int_{C^-} f(z)\mathrm{d}z = -\int_C f(z)\mathrm{d}z$$

② $k_1f(z)+k_2g(z)$ 沿积分曲线 C 可积，且满足可加性，即

$$\int_C [k_1f(z)+k_2g(z)]\mathrm{d}z = k_1\int_C f(z)\mathrm{d}z + k_2\int_C g(z)\mathrm{d}z$$

③ 若积分曲线 C 是 C_1，C_2，$\cdots$，C_n 等光滑曲线依次连接而成的分段光滑曲线，则积分值可通过依次求积分后相加得到，即

$$\int_C f(z)\mathrm{d}z = \sum_{k=1}^n \int_{C_k} f(z)\mathrm{d}z$$

(2) (积分估值性质) 若积分曲线 C 的长度为 L，$f(z)$ 在 C 上处

处有界$|f(z)|\leqslant M$，则$\left|\displaystyle\int_C f(z)\mathrm{d}z\right|\leqslant\displaystyle\int_C |f(z)|\,\mathrm{d}s\leqslant ML$.

以上性质请读者自行证明.

注 3.3　其中的 $\mathrm{d}s$ 是对弧长的积分.

【例 3.2】　用积分估值性质估计积分 $I=\displaystyle\oint_{|z+1|=1}\frac{z-1}{z+1}\mathrm{d}z$ 的值的范围.

解　在圆周 $|z+1|=1$ 上有

$$\left|\frac{z-1}{z+1}\right|=\frac{|z+1-2|}{|z+1|}\leqslant|z+1|+2=3,$$

而圆周长 $L=2\pi$，故由积分估值性质 $|I|\leqslant 3\times 2\pi=6\pi$.

【例 3.3】　计算 $\displaystyle\int_C z^2\mathrm{d}z$，其中 C 是：

(1) 从 $1+\mathrm{i}$ 到 $2+2\mathrm{i}$ 的直线段；

(2) 从 $1+\mathrm{i}$ 到 $2+\mathrm{i}$ 再到 $2+2\mathrm{i}$ 的折线段.

解　(1) C 的参数方程是 $z=t+\mathrm{i}t$，$t:1\to 2$，所以

$$I=\int_1^2 (t+\mathrm{i}t)^2(1+\mathrm{i})\mathrm{d}t=(1+\mathrm{i})^3\int_1^2 t^2\mathrm{d}t=\frac{7}{3}(1+\mathrm{i})^3\ .$$

(2) C 由两段曲线 C_1、C_2 构成，C_1 的参数方程是

$$z=t+\mathrm{i},\ t:1\to 2,$$

所以沿 C_1 积分的积分值 $I_1=\displaystyle\int_1^2 (t+\mathrm{i})^2\mathrm{d}t=\frac{1}{3}\big[(2+\mathrm{i})^3-(1+\mathrm{i})^3\big]$，

C_2 的参数方程是 $z=2+\mathrm{i}t$，$t:1\to 2$，所以沿 C_2 积分的积分值

$$I_2=\int_1^2 (2+\mathrm{i}t)^2\mathrm{i}\mathrm{d}t=\frac{1}{3}\big[(2+2\mathrm{i})^3-(2+\mathrm{i})^3\big],$$

所以　$I=I_1+I_2=\dfrac{7}{3}(1+\mathrm{i})^3$.

【例 3.4】　计算 $\displaystyle\int_C \bar{z}\mathrm{d}z$，其中 C 是：

(1) 从 $1+\mathrm{i}$ 到 $2+2\mathrm{i}$ 的直线段；

(2) 从 $1+\mathrm{i}$ 到 $2+\mathrm{i}$ 再到 $2+2\mathrm{i}$ 的折线段；

(3) 从 $1+\mathrm{i}$ 到 $2+2\mathrm{i}$ 的抛物线 $y=(x-1)^2+1$.

解　(1) C 的参数方程是 $z=t+\mathrm{i}t$，$t:1\to 2$，所以

$$I=\int_1^2 (t-\mathrm{i}t)(1+\mathrm{i})\mathrm{d}t=3\ .$$

(2) C 由两段曲线 C_1、C_2 构成，C_1 的参数方程是

$$z=t+\mathrm{i},\ t:1\to 2,$$

所以沿 C_1 积分的积分值　$I_1=\displaystyle\int_1^2 (t-\mathrm{i})\mathrm{d}t=\frac{3}{2}-\mathrm{i}$，

C_2的参数方程是 $z=2+\mathrm{i}t$，t：$1 \rightarrow 2$，所以沿 C_2 积分的积分值

$$I_2 = \int_1^2 (2-\mathrm{i}t)\mathrm{i}\mathrm{d}t = \frac{3}{2} + 2\mathrm{i},$$

所以 $I = I_1 + I_2 = 3 + \mathrm{i}$.

（3）C 的参数方程是 $z = 1+\mathrm{i}+t+\mathrm{i}t^2 = (t+1)+\mathrm{i}(t^2+1)$，$t$：$0 \rightarrow 1$，所以

$$I = \int_0^1 (t+1-\mathrm{i}t^2-\mathrm{i})(1+2t\mathrm{i})\mathrm{d}t = 3 + \frac{\mathrm{i}}{3}.$$

例 3.3 结果表明沿两条路径从起点到终点的积分值是相同的，例 3.4 结果表明积分值与积分路径有关，那么什么情况下积分值与路径无关？这正是下节课要考虑的问题.

习题 3.1

1. 沿下列路径计算积分 $\int_C (z^2+z)\mathrm{d}z$，其中 C 是：

（1）从原点到 $2+4\mathrm{i}$ 的直线段；

（2）从原点到 2 再到 $2+4\mathrm{i}$ 的折线段；

（3）从原点到 $2+4\mathrm{i}$ 的抛物线 $y=x^2$.

2. 计算积分 $\oint_C \dfrac{\bar{z}}{z}\mathrm{d}z$，其中 C 是：

（1）$|z|=2$；（2）$|z-1|=2$.

3. 沿下列路径计算积分 $\int_C (\mathrm{Re}z^2+z)\mathrm{d}z$，其中 C 是：

（1）从原点到 $1+\mathrm{i}$ 的直线段；

（2）从原点到 $1+\mathrm{i}$ 的抛物线 $y=x^2$.

4. 估计积分 $I = \oint_{|z-\mathrm{i}|=3} \dfrac{z}{z-1}\mathrm{d}z$ 的值的范围.

3.2 柯西（Cauchy）积分定理及应用

在上一节中，我们已经看到复积分与实积分联系密切，特别是由式（3.3）得到复积分由两个实的线积分来表示，如果其右端对坐标的曲线积分 $\int_C u\mathrm{d}x - v\mathrm{d}y$ 和 $\int_C v\mathrm{d}x + u\mathrm{d}y$ 都与路径无关，则可以得到复积分与积分路径无关. 由格林公式可知，若 u，v 具有一阶连续偏导数，则该曲线积分与路径无关的充要条件是在单连通域 B 内满足

$$-\frac{\partial v}{\partial x} = \frac{\partial u}{\partial y}, \frac{\partial u}{\partial x} = \frac{\partial v}{\partial y}$$

这恰好是函数在单连通区域解析的必要条件，因此我们猜测复积分与积

分路径无关与函数的解析性有密切关系, 我们得到在解析函数中最基本的定理.

3.2.1　柯西积分定理

定理 3.2.1（柯西积分定理）　若函数 $f(z)$ 在单连通区域 B 内处处解析, C 是 B 内的任意闭曲线, 则有 $\oint_C f(z)\mathrm{d}z = 0$.

该定理证明比较复杂可参考相关文献. 由此定理可以得到如下常用结论:

若函数 $f(z)$ 在闭曲线 C 及 C 的内部处处解析, 则有 $\oint_C f(z)\mathrm{d}z = 0$.

与实函数类似在单连通域内曲线积分与路径无关与沿闭曲线积分值为零是两个等价命题, 所以上述定理有可以描述为:

定理 3.2.2　若函数 $f(z)$ 在单连通区域 B 内处处解析, 则沿 B 内任意曲线 C 的积分 $\int_C f(z)\mathrm{d}z$ 只与曲线 C 的起点与终点有关, 而与积分路径无关.

此时积分可以写作

$$\int_C f(z)\mathrm{d}z = \int_{z_0}^{z_1} f(z)\mathrm{d}z ,$$

其中 z_0 和 z_1 分别称为积分的下限和上限, 当固定起点, 让终点在解析区域内自由变动时, 就得到关于积分上限的函数

$$F(z) = \int_{z_0}^{z} f(z)\mathrm{d}z . \tag{3.5}$$

该式给出了被积函数与原函数的关系, 并且提供了利用原函数来计算积分的依据.

3.2.2　解析函数的原函数与不定积分

定理 3.2.3　若函数 $f(z)$ 在单连通区域 B 内处处解析, 则 $F(z) = \int_{z_0}^{z} f(z)\mathrm{d}z$ 是 B 内的解析函数且 $F'(z) = f(z)$.

证　由导数的定义来证明. 如图 3.3 所示, 设 z 为 B 内任意一点, 以 z 为圆心作一含于 B 内的小圆周 K. 取 $|\Delta z|$ 充分小使 $z + \Delta z$ 在 K 内, 由题意知函数 $f(z)$ 在单连通区域 B 内的积分值仅与起点和终点有关而与积分路径无关.

故

$$F(z + \Delta z) - F(z) = \int_{z_0}^{z+\Delta z} f(\xi)\mathrm{d}\xi - \int_{z_0}^{z} f(\xi)\mathrm{d}\xi = \int_{z}^{z+\Delta z} f(\xi)\mathrm{d}\xi .$$

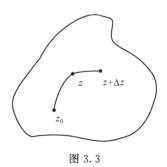

图 3.3

又因为

$$\int_z^{z+\Delta z} f(z)\mathrm{d}\xi = f(z)\Delta z \ ,$$

所以

$$\frac{F(z+\Delta z)-F(z)}{\Delta z}-f(z)=\frac{\int_z^{z+\Delta z}f(\xi)\mathrm{d}\xi-f(z)\Delta z}{\Delta z}$$

$$=\frac{1}{\Delta z}\int_z^{z+\Delta z}[f(\xi)-f(z)]\mathrm{d}\xi.$$

又函数 $f(z)$ 在单连通区域 B 内解析必连续，因此对任意 $\varepsilon>0$，必存在 $\delta(\varepsilon)>0$，使得当 $|\xi-z|<\delta$ 时，$|f(\xi)-f(z)|<\varepsilon$. 所以

$$\left|\frac{F(z+\Delta z)-F(z)}{\Delta z}-f(z)\right|=\left|\frac{1}{\Delta z}\int_z^{z+\Delta z}[f(\xi)-f(z)]\mathrm{d}\xi\right|$$

$$\leqslant\frac{1}{|\Delta z|}\int_z^{z+\Delta z}|f(\xi)-f(z)|\mathrm{d}s<\varepsilon$$

故

$$\lim_{\Delta z\to 0}\frac{F(z+\Delta z)-F(z)}{\Delta z}=f(z),$$

即 $F(z)$ 解析函数且 $F'(z)=f(z)$.

这个定理与实函数的变上限积分类似，因此与实函数一样我们也可以利用式(3.5)定义复函数的原函数，并得到计算此类复积分的方法.

定义 3.2.1 若函数 $\varphi(z)$ 在区域 B 内的导数等于 $f(z)$，即 $\varphi'(z)=f(z)$，则称 $\varphi(z)$ 是 $f(z)$ 在区域 B 内的**原函数**.

定理 3.2.3 表明 $F(z)=\int_{z_0}^z f(z)\mathrm{d}z$ 是 $f(z)$ 在 B 内的一个原函数. 由常数的导数为零易证 $F(z)+c$（其中 c 是任意复常数）都是 $f(z)$ 在 B 内的原函数. 由此可知，$f(z)$ 在 B 内的原函数有无穷多，彼此相差一个常数，这与实函数完全类似，因此我们把计算 $f(z)$ 的原函数的表

达式称为 $f(z)$ 的**不定积分**，记作 $\int f(z)\mathrm{d}z$，有

$$\int f(z)\mathrm{d}z = F(z) + c . \tag{3.6}$$

这样我们可以得到与 Newton-Leibniz 公式类似的计算方法.

定理 3.2.4　若函数 $f(z)$ 在单连通区域 B 内处处解析，$G(z)$ 是 $f(z)$ 在 B 内的一个原函数，则有

$$\int_{z_0}^{z} f(z)\mathrm{d}z = G(z) - G(z_0) . \tag{3.7}$$

证　因为 $F(z) = \int_{z_0}^{z} f(z)\mathrm{d}z$ 是 $f(z)$ 的一个原函数，所以 $\int_{z_0}^{z} f(z)\mathrm{d}z = G(z) + c$，令 $z = z_0$，由柯西积分定理 $G(z_0) + c = 0$，即 $c = -G(z_0)$，故

$$\int_{z_0}^{z} f(z)\mathrm{d}z = G(z) - G(z_0) .$$

利用该定理可以直接计算某些函数的复积分，而不必再转化为实积分.

【**例 3.5**】　求下列积分的值：

(1) $\oint_{|z|=2} \sin z\, \mathrm{e}^z \mathrm{d}z$；(2) $\int_{-i}^{i} \sin z\, \mathrm{d}z$；(3) $\int_{1}^{i} (z^3 + 1)\mathrm{d}z$.

解　(1) 由柯西积分定理，因为 $\sin z\, \mathrm{e}^z$ 在 $|z| = 2$ 内解析，故

$$\oint_{|z|=2} \sin z\, \mathrm{e}^z \mathrm{d}z = 0 .$$

(2) 因为 $\sin z$ 处处解析，由定理 3.2.4 $\int_{-i}^{i} \sin z\, \mathrm{d}z = \cos(-i) - \cos i = 0.$

(3) 因为 $z^3 + 1$ 处处解析，由定理 3.2.4

$$\int_{1}^{i} (z^3 + 1)\mathrm{d}z = \left(\frac{z^4}{4} + z \right) \Big|_{1}^{i} = i - 1 .$$

3.2.3　闭路变形原理与复合闭路定理

我们把柯西积分定理推广到多连通域 D 就得到本节结论. 当函数 $f(z)$ 在闭曲线 C 内部有不解析的区域时，不能保证 $\oint_C f(z)\mathrm{d}z$ 为零，如本章例 3.1 就说明了这一点. 为了把该定理推广到多连通域，我们需要实现解析区域从多连通域到单连通域的转化. 假设 C 及 C_1 是区域 D 内的两条简单闭曲线，若 $f(z)$ 在 C 及 C_1 所包含的区域内解析，则有 $\oint_C f(z)\mathrm{d}z = \oint_{C_1} f(z)\mathrm{d}z$，即如下定理.

定理 3.2.5（闭路变形原理）   一个解析函数沿闭曲线的积分，不因闭曲线在解析区域内作连续形变而改变.

注 3.4 闭路变形原理与复合闭路定理的实质是将多连通区域割破变成单连通区域，利用基本的柯西积分定理解决问题。

事实上，将函数的解析区域割破（分别在 C 及 C_1 取点 A 及 A_1）即可得到单连通域（$C+AA_1+C_1^-+A_1A$ 构成单连通域），再根据柯西积分定理即得结论. 如图 3.4 所示.

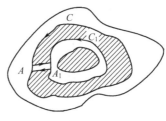

图 3.4

$$\oint_{C+AA_1+C_1^-+A_1A} f(z)\mathrm{d}z = 0 ,$$

即

$$\oint_C f(z)\mathrm{d}z + \int_{AA_1} f(z)\mathrm{d}z + \oint_{C_1^-} f(z)\mathrm{d}z + \int_{A_1A} f(z)\mathrm{d}z = 0 ,$$

又因为

$$\int_{AA_1} f(z)\mathrm{d}z + \int_{A_1A} f(z)\mathrm{d}z = 0,$$

所以

$$\oint_C f(z)\mathrm{d}z + \oint_{C_1^-} f(z)\mathrm{d}z = 0,$$

故

$$\oint_C f(z)\mathrm{d}z = \oint_{C_1} f(z)\mathrm{d}z .$$

所谓复合闭路是指一种特殊的有界多连通域的边界曲线，它由若干条简单闭曲线组成. 考虑 $n+1$ 条简单闭曲线 $C, C_1, C_2, \cdots, C_n$，其中 $C_1, C_2, \cdots, C_n$ 全在 C 的内部，而且 $C_1, C_2, \cdots, C_n$ 互不相交互不包含，则由 $C, C_1, C_2, \cdots, C_n$ 所围成的区域的边界曲线 Γ 称为复合闭路，可记为 $\Gamma = C + C_1^- + C_2^- + \cdots + C_n^-$，如图 3.5 所示.

定理 3.2.6（复合闭路定理）   设区域 D 是由复合闭路

$$\Gamma = C + C_1^- + C_2^- + \cdots + C_n^-$$

所围成，函数 $f(z)$ 在区域 D 内解析，且 $f(z)$ 在 $\overline{D}$ 上连续，则

(1) $\oint_\Gamma f(z)\mathrm{d}z = 0$；

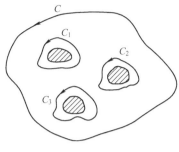

图 3.5

(2) $\displaystyle\oint_C f(z)\mathrm{d}z = \sum_{k=1}^{n}\oint_{C_k} f(z)\mathrm{d}z$．

与闭路变形原理证明相同的方法将多连通域割破转化为单连通域，再用柯西积分定理即可证得．

该定理与闭路变形原理一起通过简化积分曲线，实现了简化积分计算的目的．

【例 3.6】　设曲线 C 不经过 a 的任意简单闭曲线，试计算

$$I_n = \oint_C \frac{\mathrm{d}z}{(z-a)^{n+1}}.$$

解　由题意知 a 与 C 的关系分两种情况

(1) 当 a 在 C 的外部时，由柯西积分定理 $I_n = \displaystyle\oint_C \frac{\mathrm{d}z}{(z-a)^{n+1}} = 0$．

(2) 当 a 在 C 的内部时，在 C 的内部作以 a 为圆心以 r 为半径的圆周 C_1，则由闭路变形原理

$$I_n = \oint_C \frac{\mathrm{d}z}{(z-a)^{n+1}} = \oint_{C_1} \frac{\mathrm{d}z}{(z-a)^{n+1}},$$

由例 3.1 知

$$I_n = \oint_{C_1} \frac{\mathrm{d}z}{(z-a)^{n+1}} = \begin{cases} 2\pi\mathrm{i}, & n=0 \\ 0, & n\neq 0 \end{cases}.$$

【例 3.7】　计算积分 $\displaystyle\oint_C \frac{2z-1}{z^2-z}\mathrm{d}z$ 的值，其中曲线 C 是包含圆周 $|z|=1$ 的任意简单闭曲线．

解　由题意知 C 的内部包含被积函数的两个奇点，因此在 C 的内部分别作互不包含互不相交的两个小圆周 C_1：$|z|=\dfrac{1}{3}$，C_2：$|z-1|=\dfrac{1}{3}$，则由复合闭路定理及例 3.1 的结论知

$$\oint_C \frac{2z-1}{z^2-z}\mathrm{d}z = \oint_{C_1} \frac{1}{z}\mathrm{d}z + \oint_{C_2} \frac{1}{z-1}\mathrm{d}z = 2\pi\mathrm{i} + 2\pi\mathrm{i} = 4\pi\mathrm{i}.$$

1. 试计算下列积分的值.

(1) $\int_0^i \cos z \, \mathrm{d}z$;   (2) $\int_1^{1+i} \dfrac{1}{z} \mathrm{d}z$ 沿 1 到 1+i 的直线段;

(3) $\int_0^i z \mathrm{e}^z \mathrm{d}z$;   (4) $\int_1^2 (z^2 + \sec^2 z) \mathrm{d}z$.

2. 试用观察法得出下列积分的值,并说明观察时所依据的是什么? C 是正向圆周 $|z| = 2$.

(1) $\oint_C \dfrac{\mathrm{d}z}{(z-3)^2}$; (2) $\oint_C \dfrac{\mathrm{d}z}{(z-1)^2}$; (3) $\oint_C \dfrac{\mathrm{d}z}{z-1}$; (4) $\oint_C z \mathrm{e}^z \mathrm{d}z$.

3. 试沿指定路径计算下列积分的值.

(1) $\oint_{|z|=4} \dfrac{\mathrm{d}z}{z^2 + z - 6}$;   (2) $\oint_C \dfrac{\mathrm{d}z}{z^2}$ C 是包含 0 的任意简单闭曲线;

(3) $\oint_{|z+i|=1} \dfrac{\mathrm{d}z}{(z+i)(z+1)}$.

4. 计算 $\oint_C \dfrac{\mathrm{d}z}{z-i}$ 的值,其中 C 是以 $\pm \dfrac{1}{2}$, $\pm \dfrac{6}{5} i$ 为顶点的正向平行四边形.

3.3 柯西积分公式与解析函数的高阶导数

通过上一节的学习,我们了解到解析函数在单连通域内沿封闭曲线的积分值为零,当闭曲线内部有函数的奇点时,积分值不随积分曲线的连续变化而改变,那么,该积分值如何计算呢? 本节,我们将利用闭路变形原理得到计算沿闭曲线积分的有效方法——柯西积分公式及高阶导数公式.

3.3.1 柯西积分公式与均值定理

定理 3.3.1   若函数 $f(z)$ 在区域 D 内解析,z_0 是 D 内任意一点,C 是 D 内包含 z_0 的任意简单闭曲线,且 C 的内部完全含于 D 则有公式

$$f(z_0) = \frac{1}{2\pi \mathrm{i}} \oint_C \frac{f(z)}{z - z_0} \mathrm{d}z . \tag{3.8}$$

证   如图 3.6 所示,函数 $f(z)$ 在区域 D 内解析必连续,因此对任

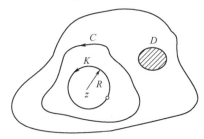

图 3.6

意 $\varepsilon>0$，必存在 $\delta(\varepsilon)>0$，使得当 $|z-z_0|<\delta$ 时，$|f(z)-f(z_0)|<\varepsilon$. 取 $R<\delta$，使正向圆周 K：$|z-z_0|=R$ 全部包含在 C 内，由闭路变形原理得

$$\oint_C \frac{f(z)}{z-z_0}\mathrm{d}z = \oint_K \frac{f(z)}{z-z_0}\mathrm{d}z$$
$$= \oint_K \frac{f(z_0)}{z-z_0}\mathrm{d}z + \oint_K \frac{f(z)-f(z_0)}{z-z_0}\mathrm{d}z$$
$$= 2\pi\mathrm{i}f(z_0) + \oint_K \frac{f(z)-f(z_0)}{z-z_0}\mathrm{d}z$$

由积分估值性质可得

$$\left|\oint_K \frac{f(z)-f(z_0)}{z-z_0}\mathrm{d}z\right| \leqslant \oint_K \frac{|f(z)-f(z_0)|}{|z-z_0|}\mathrm{d}s < \frac{\varepsilon}{r}2\pi r = 2\pi\varepsilon,$$

随着圆周 K 的半径不断缩小，该积分的模可以任意小，而由闭路变形原理该积分的值与圆周半径无关，所以只能为零. 故

$$f(z_0) = \frac{1}{2\pi\mathrm{i}}\oint_C \frac{f(z)}{z-z_0}\mathrm{d}z.$$

由柯西积分公式得到如下推论（请读者自行证明）

推论 3.1.1（均值定理）　C 是圆周 K：$|z-z_0|=R$，函数 $f(z)$ 在 C 及 C 内都解析，则

$$f(z_0) = \frac{1}{2\pi}\int_0^{2\pi} f(z_0+R\mathrm{e}^{\mathrm{i}\theta})\mathrm{d}\theta \tag{3.10}$$

该式表明，解析函数在圆心处的函数值等于它在圆周上的平均值.

【例 3.8】　求下列积分的值：

（1）$\oint_{|z|=2}\frac{\mathrm{e}^{\mathrm{i}z}}{z-\mathrm{i}}\mathrm{d}z$；（2）$\oint_{|z|=2}\frac{z\mathrm{e}^z}{z^2-1}\mathrm{d}z$；（3）$\oint_C\frac{\sin\pi z}{z-1}\mathrm{d}z$，$C$ 是包含 1 的简单闭曲线.

解　（1）函数 $\frac{\mathrm{e}^{\mathrm{i}z}}{z-\mathrm{i}}$ 在 $|z|=2$ 内有一个奇点 i，且 $\mathrm{e}^{\mathrm{i}z}$ 在 $|z|=2$ 内处处解析，由柯西积分公式 $\oint_{|z|=2}\frac{\mathrm{e}^{\mathrm{i}z}}{z-\mathrm{i}}\mathrm{d}z = 2\pi\mathrm{i}\mathrm{e}^{\mathrm{i}z}|_{z=\mathrm{i}} = 2\mathrm{e}^{-1}\pi\mathrm{i}$.

（2）与（1）类似，$\frac{z\mathrm{e}^z}{z^2-1}$ 在 $|z|=2$ 内有两个奇点 $1,-1$，所以在 $|z|=2$ 内做互不相交的两条闭曲线 C_1，C_2 分别仅包含 $1,-1$，由复合闭路定理及柯西积分公式

$$\oint_{|z|=2}\frac{z\mathrm{e}^z}{z^2-1}\mathrm{d}z = \oint_{C_1}\frac{z\mathrm{e}^z}{z^2-1}\mathrm{d}z + \oint_{C_2}\frac{z\mathrm{e}^z}{z^2-1}\mathrm{d}z$$

注 3.5　该积分公式不仅为我们计算闭路积分提供了有效的方法，而且给出了解析函数的一个本质特征：解析函数在任意闭曲线内的任意一点的值可以通过边界上的积分值得到. 即对于 C 内任意一点 z 有

$$f(z) = \frac{1}{2\pi\mathrm{i}}\oint_C \frac{f(\xi)}{\xi-z}\mathrm{d}\xi. \tag{3.9}$$

该积分也称为柯西型积分函数.

$$= \oint_{C_1} \frac{\dfrac{z\mathrm{e}^z}{z+1}}{z-1}\mathrm{d}z + \oint_{C_2} \frac{\dfrac{z\mathrm{e}^z}{z-1}}{z+1}\mathrm{d}z = 2\pi\mathrm{i}\left(\frac{\mathrm{e}+\mathrm{e}^{-1}}{2}\right) = (\mathrm{e}+\mathrm{e}^{-1})\pi\mathrm{i}$$

(3) 同理由柯西积分公式可得 $\oint_C \dfrac{\sin\pi z}{z-1}\mathrm{d}z = 2\pi\mathrm{i}\sin\pi z\mid_{z=1} = 0$.

3.3.2 解析函数的无穷可微性与高阶导数

一个解析函数的导数仍然是解析函数,因此解析函数具有漂亮的性质与广泛的应用,利用柯西积分公式,我们可以得到如下定理.

定理 3.3.2 若函数 $f(z)$ 在区域 D 内解析,则其导数仍然是 D 内的解析函数. z_0 是 D 内任意一点,C 是 D 内包含 z_0 的任意简单闭曲线,且 C 的内部完全含于 D 则有公式

$$f^{(n)}(z_0) = \frac{n!}{2\pi\mathrm{i}} \oint_C \frac{f(z)}{(z-z_0)^{n+1}}\mathrm{d}z . \tag{3.11}$$

证 采用数学归纳法. 先证明 $n=1$ 的情形.

设 z_0 是 D 内任意一点,由柯西积分公式

$$f(z_0) = \frac{1}{2\pi\mathrm{i}} \oint_C \frac{f(z)}{z-z_0}\mathrm{d}z , \quad f(z_0+\Delta z) = \frac{1}{2\pi\mathrm{i}} \oint_C \frac{f(z)}{z-(z_0+\Delta z)}\mathrm{d}z ,$$

从而有

$$\frac{f(z_0+\Delta z)-f(z_0)}{\Delta z} = \frac{1}{2\pi\mathrm{i}\Delta z} \oint_C \left[\frac{f(z)}{z-(z_0+\Delta z)} - \frac{f(z)}{z-z_0}\right]\mathrm{d}z$$

$$= \frac{1}{2\pi\mathrm{i}} \oint_C \frac{f(z)}{(z-z_0-\Delta z)(z-z_0)}\mathrm{d}z$$

$$= \frac{1}{2\pi\mathrm{i}} \oint_C \frac{f(z)}{(z-z_0)^2}\mathrm{d}z + \frac{1}{2\pi\mathrm{i}} \oint_C \frac{\Delta z f(z)}{(z-z_0-\Delta z)(z-z_0)^2}\mathrm{d}z$$

设后一项积分为 I,那么

$$|I| = \left| \frac{1}{2\pi\mathrm{i}} \oint_C \frac{\Delta z f(z)}{(z-z_0-\Delta z)(z-z_0)^2}\mathrm{d}z \right|$$

$$\leqslant \frac{1}{2\pi} \oint_C \frac{|\Delta z||f(z)|}{|z-z_0-\Delta z||z-z_0|^2}\mathrm{d}s ,$$

函数 $f(z)$ 在曲线 C 上解析必连续,因此存在 $M \geqslant 0$ 使得 $|f(z)| \leqslant M$,取 z_0 到曲线 C 上的最短距离为 d,则 $|z-z_0| \geqslant d$. 因为 Δz 是 z_0 的增量,可以任意小,不妨取 $|\Delta z| < \dfrac{d}{2}$,则

$$|z-z_0-\Delta z| \geqslant |z-z_0| - |\Delta z| > \frac{d}{2},$$

所以 $$\frac{1}{2\pi} \oint_C \frac{|\Delta z||f(z)|}{|z-z_0-\Delta z||z-z_0|^2}\mathrm{d}s < \frac{ML}{\pi d^3}|\Delta z| .$$

L 是曲线 C 的弧长，此时必有 $\lim\limits_{\Delta z \to 0} I = 0$，因此

$$f'(z_0) = \lim_{\Delta z \to 0} \frac{f(z_0 + \Delta z) - f(z_0)}{\Delta z} = \frac{1}{2\pi i} \oint_C \frac{f(z)}{(z - z_0)^2} dz .$$

$$(3.12)$$

式(3.12)表明 $f(z)$ 在 z_0 的导数可以由柯西积分公式直接在积分号下对 z_0 求导得到. 利用式(3.12)及上述方法

$$\frac{f'(z_0 + \Delta z) - f'(z_0)}{\Delta z}$$

$$= \frac{1}{2\pi i \Delta z} \oint_C \left[\frac{f(z)}{[z - (z_0 + \Delta z)]^2} - \frac{f(z)}{(z - z_0)^2} \right] dz$$

可得

$$f''(z_0) = \frac{2!}{2\pi i} \oint_C \frac{f(z)}{(z - z_0)^3} dz .$$

由数学归纳法可以证明

$$f^{(n)}(z_0) = \frac{n!}{2\pi i} \oint_C \frac{f(z)}{(z - z_0)^{n+1}} dz .$$

该定理表明解析函数可以有任意阶导数，导函数都是解析函数，这与实函数有本质的不同. 而且高阶导数公式为我们提供了另一计算闭曲线积分的有效方法.

【例 3.9】　求下列积分的值：

(1) $\oint_{|z|=2} \dfrac{e^{iz}}{(z-i)^{100}} dz$ ；　　(2) $\oint_{|z|=2} \dfrac{1}{z^2(z+1)} dz$.

解　(1) 函数 $\dfrac{e^{iz}}{z-i}$ 在 $|z|=2$ 内有一个奇点 i，且 e^{iz} 在 $|z|=2$ 内处处解析，其中 $n=99$，因为

$$(e^{iz})^{(n)} = (i)^n e^{iz} , (e^{iz})^{(99)}|_{z=i} = (i)^{99} e^{-1} = -e^{-1} i ,$$

由高阶导数公式　$\oint_{|z|=2} \dfrac{e^{iz}}{(z-i)^{100}} dz = \dfrac{2\pi i}{99!} (-e^{-1} i) = \dfrac{2\pi e^{-1}}{99!}$.

(2) 函数 $\dfrac{1}{z^2(z+1)}$ 在 $|z|=2$ 内有两个奇点 $0, -1$，所以在 $|z|=2$ 内做互不相交的两条闭曲线 C_1，C_2 分别仅包含 $0, -1$，由复合闭路定理及高阶导数公式

$$\oint_{|z|=2} \frac{1}{z^2(z+1)} dz = \oint_{C_1} \frac{\frac{1}{z+1}}{z^2} dz + \oint_{C_2} \frac{\frac{1}{z^2}}{z+1} dz$$

$$= 2\pi i \left[\left(\frac{1}{z+1} \right)' \Big|_{z=0} + \frac{1}{z^2} \Big|_{z=-1} \right] = 2\pi i (-1 + 1) = 0.$$

【例 3.10】（Morera 定理） 若函数 $f(z)$ 在单连通区域 B 内连续，且对于 B 内的任意闭曲线 C 都有 $\oint_C f(z)\mathrm{d}z = 0$，证明 $f(z)$ 在单连通区域 B 内解析.

证 在 B 内任取一点 z_0，z 是 B 内任意一点，则由已知条件积分值与路径无关，仅由起点和终点决定，所以确定一个单值函数

$$F(z) = \int_{z_0}^{z} f(\xi)\mathrm{d}\xi,$$

由定理 3.2.3 的证明方法可证

$$F'(z) = f(z),$$

即 $F(z)$ 解析，所以有高阶导数公式知 $f(z)$ 解析函数.

本节定理告诉我们，解析函数的性质需要通过积分的性质来证明，因此积分成为研究解析函数的重要工具，这是复变函数与实变函数的不同之处.

习题 3.3

1. 证明均值定理.

2. 沿指定曲线的正向计算下列各积分.

(1) $\oint_c \dfrac{\mathrm{e}^z}{z-1}\mathrm{d}z$，$C$：$|z-3|=3$；　(2) $\oint_c \dfrac{\sin z\,\mathrm{d}z}{z^2-a^2}$，$C$：$|z+a|=a$；

(3) $\oint_c \dfrac{\mathrm{e}^{\mathrm{i}z}}{z^2+1}\mathrm{d}z$，$C$：$|z-\mathrm{i}|=\dfrac{1}{2}$；　(4) $\oint_c \dfrac{z^2\mathrm{d}z}{z-3}$，$C$：$|z|=2$；

(5) $\oint_c \dfrac{z\cos z\,\mathrm{d}z}{(z^2+1)(z^3+\mathrm{i})}$，$C$：$|z|=r<1$；(6) $\oint_c z^n\cos z\,\mathrm{d}z$，$C$ 为包围 $z=0$ 的闭曲线.

3. 沿指定曲线的正向计算下列各积分.

(1) $\oint_c \dfrac{\mathrm{e}^z}{(z-1)^2}\mathrm{d}z$，$C$：$|z-3|=3$；　(2) $\oint_c \dfrac{\mathrm{d}z}{(z^2-a^2)^2}$，$C$：$|z+a|=a$；

(3) $\oint_c \dfrac{2z^2+1}{(z-1)^2}\mathrm{d}z$，$C$：$|z-1|=1$；　(4) $\oint_c \dfrac{\cos \pi z\,\mathrm{d}z}{(z-1)^5}$，$C$：$|z|=2$.

4. C：$|z|=3$ 表示一圆周，$f(z)=\oint_c \dfrac{3\xi^2+7\xi+1}{\xi-z}\mathrm{d}\xi$，求 $f'(z)$，$f'(1+\mathrm{i})$，$f(5)$.

3.4 解析函数与调和函数的关系

由前面的讨论可知解析函数的导数仍然是解析函数，所以 Cauchy-Reimann 方程将一直成立，因此可以得到解析函数的二元实函数的高阶导数之间的关系，本节我们来研究解析函数与调和函数的关系，调和函数在诸如流体力学、电磁场理论等实际问题中有重要应用.

定义 3.4.1 若二元实函数 $\varphi(x,y)$ 在区域 D 内具有二阶连续偏导数，且满足拉普拉斯(Laplace)方程

$$\frac{\partial^2 \varphi(x,y)}{\partial x^2} + \frac{\partial^2 \varphi(x,y)}{\partial y^2} = 0, \tag{3.13}$$

则称函数 $\varphi(x,y)$ 为区域 D 内的调和函数.

定理 3.4.1　若函数 $f(z) = u(x,y) + \mathrm{i}v(x,y)$ 在区域 D 内解析，则其实部和虚部 $u(x,y)$，$v(x,y)$ 均为区域 D 内的调和函数.

证　由于解析函数的导数仍然是解析函数，所以 $u(x,y)$，$v(x,y)$ 具有任意阶偏导数且满足柯西-黎曼（Cauchy-Riemann）方程

$$\frac{\partial u}{\partial x} = \frac{\partial v}{\partial y}, \quad \frac{\partial u}{\partial y} = -\frac{\partial v}{\partial x},$$

两边分别对 x，y 求偏导

$$\frac{\partial^2 u}{\partial x^2} = \frac{\partial^2 v}{\partial y \partial x}, \quad \frac{\partial^2 u}{\partial y^2} = -\frac{\partial^2 v}{\partial x \partial y}.$$

因为 $v(x,y)$ 具有任意阶偏导数，所以 $\dfrac{\partial^2 v}{\partial y \partial x} = \dfrac{\partial^2 v}{\partial x \partial y}$，故

$$\frac{\partial^2 u}{\partial x^2} + \frac{\partial^2 u}{\partial y^2} = 0.$$

同理可证

$$\frac{\partial^2 v}{\partial x^2} + \frac{\partial^2 v}{\partial y^2} = 0.$$

即 $u(x,y)$，$v(x,y)$ 都是调和函数.

该定理表明解析函数的实部与虚部都是调和函数；反过来，如果给定调和函数 $u(x,y)$，可以确定一个调和函数 $v(x,y)$ 使得函数 $u + \mathrm{i}v$ 解析，那么我们称 $v(x,y)$ 是 $u(x,y)$ 的共轭调和函数. 利用柯西-黎曼（Cauchy-Riemann）方程，如果已知一个调和函数我们可以构造以其为实部或虚部的解析函数，这样的方法有偏积分法、不定积分法.

由柯西-黎曼（Cauchy-Riemann）方程，如果已知一个调和函数 $u(x,y)$，则确定了所求调和函数 $v(x,y)$ 对 x，y 的偏导数，也就可以确定了函数 $v(x,y)$，下面通过例子说明其求法.

【例 3.11】　验证 $u(x,y) = x^2 - y^2$ 是调和函数，并求以 $u(x,y)$ 为实部的解析函数 $f(z)$，使 $f(0) = \mathrm{i}$.

解　因为

$$\frac{\partial u}{\partial x} = 2x, \frac{\partial^2 u}{\partial x^2} = 2, \frac{\partial u}{\partial y} = -2y, \frac{\partial^2 u}{\partial y^2} = -2,$$

所以

$$\frac{\partial^2 u}{\partial x^2} + \frac{\partial^2 u}{\partial y^2} = 0.$$

故 $u(x,y)=x^2-y^2$ 是调和函数. 由柯西-黎曼(Cauchy-Riemann)方程

$$\frac{\partial v}{\partial x}=-\frac{\partial u}{\partial y}=2y,\quad \frac{\partial v}{\partial y}=\frac{\partial u}{\partial x}=2x.$$

【解法 1】 由此可知

$$v=\int\frac{\partial v}{\partial x}\mathrm{d}x=\int 2y\mathrm{d}x=2xy+\varphi(y),$$

又

$$\frac{\partial v}{\partial y}=2x+\varphi'(y)=2x,$$

故 $\varphi'(y)=0$，$\varphi(y)=b$(其中 b 是任意实数)，所以 $v=2xy+b$，因此

$$f(z)=x^2-y^2+\mathrm{i}(2xy+b),$$

将 $f(0)=\mathrm{i}$ 代入得 $b=1$，所以所求解析函数

$$f(z)=x^2-y^2+\mathrm{i}(2xy+1).$$

该方法利用偏积分得到 $v(x,y)$，然后确定解析函数 $f(z)$，我们称之为**偏积分法**.

【解法 2】 先求出 $f(z)$ 的导函数

$$f'(z)=\frac{\partial u}{\partial x}-\mathrm{i}\frac{\partial u}{\partial y}=2x+2y\mathrm{i}=2(x+\mathrm{i}y)=2z,$$

故

$$f(z)=\int f'(z)\mathrm{d}z=z^2+c\ (c\ 是任意复常数),$$

因为实部是确定的已知函数，所以 c 为纯虚数或零，代入条件 $f(0)=\mathrm{i}$，得 $f(z)=z^2+\mathrm{i}$. 该方法首先由已知函数 $u(x,y)$ 求出 $f(z)$ 的导函数 $f'(z)$，并将导函数表示成 z 的函数，通过求不定积分得到解析函数 $f(z)$，此方法称为**不定积分法**.

【例 3.12】 验证 $v(x,y)=y^3-3x^2y$ 是调和函数，并求以 $v(x,y)$ 为虚部的解析函数 $f(z)$.

解 因为

$$\frac{\partial v}{\partial x}=-6xy,\ \frac{\partial^2 v}{\partial x^2}=-6y,\ \frac{\partial v}{\partial y}=3y^2-3x^2,\ \frac{\partial^2 v}{\partial y^2}=6y,$$

所以

$$\frac{\partial^2 v}{\partial x^2}+\frac{\partial^2 v}{\partial y^2}=0,$$

故 $v(x,y)=y^3-3x^2y$ 是调和函数. 由柯西-黎曼(Cauchy-Riemann)方程

$$\frac{\partial u}{\partial x}=\frac{\partial v}{\partial y}=3y^2-3x^2,\frac{\partial u}{\partial y}=-\frac{\partial v}{\partial x}=6xy.$$

【解法 1】　由此可知

$$u=\int\frac{\partial u}{\partial y}\mathrm{d}y=\int 6xy\mathrm{d}y=3xy^2+\varphi(x)\ ,$$

又　　　　　$$\frac{\partial u}{\partial x}=3y^2+\varphi'(x)=3y^2-3x^2,$$

故 $\varphi'(x)=-3x^2$，$\varphi(x)=-x^3+a$（其中 a 是任意实数），所以 $u=-x^3+3xy^2+a$，因此

$$f(z)=u+\mathrm{i}v=-x^3+3xy^2+a+\mathrm{i}(y^3-3x^2y)=-z^3+a.$$

【解法 2】　先求出 $f(z)$ 的导函数

$$f'(z)=\frac{\partial v}{\partial y}+\mathrm{i}\frac{\partial v}{\partial x}=-3(x^2-y^2)-6xy\mathrm{i}=-3z^2,$$

故　　　$$f(z)=\int f'(z)\mathrm{d}z=-z^3+c\ (c\ \text{是任意复常数}),$$

因为虚部是确定的已知函数，所以 c 为实数. 得 $f(z)=-z^3+c$.

习题 3.4

1. 验证 $u(x,y)=\dfrac{x}{x^2+y^2}$ 在右半平面是调和函数，并求以 $u(x,y)$ 为实部的解析函数 $f(z)$，使 $f(1+\mathrm{i})=\dfrac{1-\mathrm{i}}{2}$.

2. 设 u 为区域 D 内的调和函数，$f(z)=\dfrac{\partial u}{\partial x}-\mathrm{i}\dfrac{\partial u}{\partial y}$，问：$f(z)$ 是不是解析函数？

3. 若 u，v 都是调和函数，则 u，v 互为共轭调和函数，这句话对吗？

4. 验证 $u(x,y)=\dfrac{x}{x^2+y^2}$，$v(x,y)=x^2-y^2$ 是调和函数但 $f(z)=u+\mathrm{i}v$ 不是解析函数.

5. 已知调和函数 $u(x,y)=2xy-2y$ 求解析函数 $f(z)=u+\mathrm{i}v$.

小　结

本章与实函数的积分类似，我们研究了解析函数的积分定义、性质及计算问题. 介绍了最主要的结论柯西积分定理，在此基础上探讨了原函数于不定积分、闭路变形原理与复合闭路定理、柯西积分公式与高阶导数公式，不仅给出了计算解析函数沿闭曲线积分的有效方法，而且刻划了解析函数本质特征：函数值可以有边界上的积分值得到、解析函数的导数仍然是解析函数. 最后讨论解析函数与调和函数的关系. 主要结论有

(1) 若函数可积，则 $\displaystyle\int_C f(z)\mathrm{d}z=\int_\alpha^\beta f(z(t))z'(t)\mathrm{d}t$，$C$：$z=z(t)$，$t$：$\alpha\to\beta$；

(2) 若函数 $f(z)$ 在闭曲线 C 及内部处处解析，则 $\displaystyle\oint_C f(z)\mathrm{d}z=0$.

① 设区域 D 是由复合闭路 $\Gamma=C+C_1^-+C_2^-+\cdots+C_n^-$ 所围成，函数在区域 D 内解析函

数，则 $\oint_C f(z)\mathrm{d}z = \sum\limits_{k=1}^{n}\oint_{C_i} f(z)\mathrm{d}z$，当 $n=1$ 时便得到闭路变形原理.

② 若函数 $f(z)$ 在区域 D 内解析，z_0 是 D 内任意一点，C 是 D 内包含 z_0 的任意简单闭曲线，则有公式

$$f(z_0) = \frac{1}{2\pi\mathrm{i}} \oint_C \frac{f(z)}{z-z_0}\mathrm{d}z ;$$

$$f^{(n)}(z_0) = \frac{n!}{2\pi\mathrm{i}} \oint_C \frac{f(z)}{(z-z_0)^{n+1}}\mathrm{d}z .$$

③ 解析函数的导函数仍是解析函数，由此得到解析函数的实部与虚部都是调和函数，给定一个调和函数总可以构造一个解析函数，这在场论、电磁学、物理学等学科中有广泛应用.

总习题 3

1. 沿下列路径计算积分 $\int_C (\bar{z})^2\mathrm{d}z$，其中 C 是：

(1) 从 $A(0, 1)$ 到 $B(1, 2)$ 的抛物线 $y = x^2 + 1$；

(2) 从 $A(0, 1)$ 到 $N(1, 1)$ 再到 $B(1, 2)$ 的折线段.

2. 计算积分 $\oint_C \frac{\bar{z}}{z^2}\mathrm{d}z$，其中 C 是：(1) $|z-2|=1$；(2) $|z-1|=2$.

3. 若函数 $f(z)$ 在单连通区域 B 内处处解析，C 是 B 内的任意简单闭曲线，$\oint_C \mathrm{Re}[f(z)]\mathrm{d}z$，$\oint_C \mathrm{Im}[f(z)]\mathrm{d}z$ 是否为零？为什么？

4. 若函数 $f(z)$ 在单连通区域 B 内处处解析且不为零，C 是 B 内的任意简单闭曲线，试计算 $\oint_C \frac{f'(z)}{f(z)}\mathrm{d}z$.

5. 沿指定曲线的正向计算下列各积分.

(1) $\oint_{|z|=2} \frac{\mathrm{e}^z}{(z-\mathrm{i})^{10}}\mathrm{d}z$；(2) $\oint_C \frac{z\,\mathrm{d}z}{z^4-1}$，$C$ 是包含 $|z|=1$ 的任意简单闭曲线；

(3) $\oint_{|z|=2} \frac{1}{z^3(z+1)(z-1)}\mathrm{d}z$；(4) $\oint_{|z|=1} \frac{\sin z + \mathrm{ch}z}{z-3}\mathrm{d}z$.

6. 计算下列各积分.

(1) $\int_{\mathrm{i}}^{1+\mathrm{i}} z^2\mathrm{d}z$；(2) $\int_1^{\mathrm{i}} z\sin z\,\mathrm{d}z$；(3) $\int_1^{\mathrm{i}} z\mathrm{e}^z\mathrm{d}z$.

7. 若函数 $f(z)$ 与 $g(z)$ 在区域 D 内处处解析，C 是 D 内的任意简单闭曲线并且 C 的内部含于 D，试证若在曲线 C 上 $f(z) = g(z)$，则在 C 内部处处有 $f(z) = g(z)$.

8. 若函数 $f(z)$ 在区域 D 内处处解析且不为零，C 是 D 内的任意简单闭曲线并且 C 的内部含于 D，试证明对在区域 D 内不在 C 上的任意一点 z_0，有 $\oint_C \frac{f'(z)}{z-z_0}\mathrm{d}z = \oint_C \frac{f(z)}{(z-z_0)^2}\mathrm{d}z$.

9. 设区域 D 是圆环域，函数 $f(z)$ 在区域 D 内处处解析且 $f(z)$ 在 $\overline{D}$ 上连续，z_0 是 D 内的任意一点(如图 3.7 所示)，则柯西积分公式对 D 的边界曲线仍然成立，即

$$f(z_0) = \frac{1}{2\pi\mathrm{i}} \left[\oint_{c_1} \frac{f(z)}{z-z_0}\mathrm{d}z - \oint_{c_2} \frac{f(z)}{z-z_0}\mathrm{d}z \right] .$$

10. 设区域 D 为右半平面，z 为 D 内圆周 $|z|=1$ 上一点，用 D 内的任意一条曲线连接原点与点 z，试证明 $\mathrm{Re}\left[\int_0^z \frac{1}{1+\xi^2}\mathrm{d}\xi \right] = \frac{\pi}{4}$.

11. 由下列各已知调和函数，求解析函数 $f(z) = u + iv$.

(1) $u = x^2 + xy - y^2$，$f(i) = -1 + i$；

(2) $u = e^x(x\cos y - y\sin y)$，$f(0) = 0$；

(3) $v = \arctan\dfrac{y}{x}$，$f(1) = 0$.

12. 如果 $f(z) = u + iv$ 是解析函数，试证：

(1) $-u$ 是 v 的共轭调和函数；

(2) $i\overline{f(z)}$ 也是解析函数.

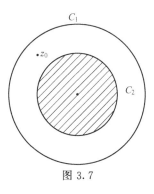

图 3.7

第 **4** 章

复 级 数

本章内容是高等数学级数理论在复数域上的推广，与研究实函数一样，复级数是研究和表示复变函数特别是解析函数的重要工具，因此学习本章时，要特别注意与实函数的联系与区别，明确复级数与实级数的转化关系.

本章首先介绍复数项级数的概念和审敛性，然后讨论幂级数，介绍了如何将解析函数展开成幂级数（泰勒级数）和洛朗级数，并为下一章留数理论的学习奠定基础.

4.1 复数项级数

4.1.1 复数列的极限

复数列与复级数是高等数学中实数列和实级数的自然推广，概念在形式上完全一样.

定义 4.1.1 设 $\{\alpha_n\} = \{a_n + ib_n\}(n = 1, 2, \cdots)$ 为一复数列，$\alpha = a + ib$ 为一确定的复数. 若对任意正数 ε，总存在正整数 $N(\varepsilon)$，使当 $n > N$ 时，$|\alpha_n - \alpha| < \varepsilon$ 恒成立，称 α 为复数列 $\{\alpha_n\}$ 当 $n \to \infty$ 时的**极限**，或称 $\{\alpha_n\}$ 收敛于 α，记作

$$\lim_{n \to \infty} \alpha_n = \alpha \quad \text{或} \quad \alpha_n \to \alpha (n \to \infty). \tag{4.1}$$

由复数可以通过有序实数对来表示这一联系实数与复数的关系，不难理解复数列的极限可以由两个实数列的极限来确定，我们有如下结论

定理 4.1.1 复数列 $\{\alpha_n\} = \{a_n + ib_n\}(n = 1, 2, \cdots)$ 收敛于 $\alpha = a + ib$ 的充要条件是有序实数列同时收敛，即 $\lim\limits_{n \to \infty} a_n = a$ 且 $\lim\limits_{n \to \infty} b_n = b$.

4.1.2 复数项级数的概念与审敛性

与实级数类似可得复级数的概念与审敛性判别法.

设有复数列 $\{\alpha_n\}=\{a_n+\mathrm{i}b_n\}(n=1,2,\cdots)$，将复数列各项依次累加所得无穷和式 $\alpha_1+\alpha_2+\cdots+\alpha_n+\cdots$ 称为**复数项无穷级数**，简称**复数项级数**，记作 $\sum\limits_{n=1}^{\infty}\alpha_n$，级数的前 n 项和记为 S_n，即 $S_n=\sum\limits_{k=1}^{n}\alpha_k$，称 S_n 为级数 $\sum\limits_{n=1}^{\infty}\alpha_n$ 的部分和.

定义 4.1.2　若级数 $\sum\limits_{n=1}^{\infty}\alpha_n$ 的部分和数列 $\{S_n\}$ 存在极限，即 $\lim\limits_{n\to\infty}S_n=S$，称复数项级数 $\sum\limits_{n=1}^{\infty}\alpha_n$ **收敛**，并称 S 为**级数的和**，记作 $\sum\limits_{n=1}^{\infty}\alpha_n=S$，否则称级数 $\sum\limits_{n=1}^{\infty}\alpha_n$ 是**发散的**. 另外若正项级数 $\sum\limits_{n=1}^{\infty}|\alpha_n|$ 收敛，称级数 $\sum\limits_{n=1}^{\infty}\alpha_n$ 是**绝对收敛**的.

由于复数项级数相关概念与实级数类似，由

$$S_n=\sum_{k=1}^{n}\alpha_k=\sum_{k=1}^{n}a_k+\mathrm{i}\sum_{k=1}^{n}b_k$$

及定理 4.1.1 不难得到判断复级数审敛性的结论：

定理 4.1.2　复级数 $\sum\limits_{k=1}^{\infty}\alpha_k=\sum\limits_{k=1}^{\infty}a_k+\mathrm{i}\sum\limits_{k=1}^{\infty}b_k$ 收敛的充要条件是其实部级数和虚部级数同时收敛，即

$$\sum_{k=1}^{\infty}a_k=S_1\text{ 且 }\sum_{k=1}^{\infty}b_k=S_2\Leftrightarrow\sum_{k=1}^{\infty}\alpha_k=S_1+\mathrm{i}S_2.$$

推论 4.1.1　复级数 $\sum\limits_{k=1}^{\infty}\alpha_k=\sum\limits_{k=1}^{\infty}a_k+\mathrm{i}\sum\limits_{k=1}^{\infty}b_k$ 收敛的必要条件是

$$\lim_{n\to\infty}\alpha_n=0.$$

推论 4.1.2　复级数 $\sum\limits_{k=1}^{\infty}\alpha_k$ 收敛的充分条件是其绝对收敛，即 $\sum\limits_{k=1}^{\infty}|\alpha_k|$ 收敛 $\Rightarrow\sum\limits_{k=1}^{\infty}\alpha_k$ 收敛，反之不真.

由以上判定级数收敛的定理和推论可以看出，复级数的审敛性可以通过两个实级数的审敛性来判定.

【例 4.1】　判定下列数列 $\{z_n\}$ 是否收敛？若收敛，求其极限.

(1) $z_n=\dfrac{1+n\mathrm{i}}{1-n\mathrm{i}}$；　(2) $z_n=\left(1+\dfrac{\mathrm{i}}{2}\right)^{-n}$；　(3) $z_n=(-1)^n+\dfrac{\mathrm{i}}{n+1}$；

(4) $z_n = e^{-\frac{n\pi i}{2}}$.

解 (1) $z_n = \dfrac{1+ni}{1-ni} = \dfrac{1-n^2+2ni}{1+n^2} = \dfrac{1-n^2}{1+n^2} + i\dfrac{2n}{1+n^2}$，当 $n \to \infty$ 时，

实部 $\dfrac{1-n^2}{1+n^2} \to -1$，虚部 $\dfrac{2n}{1+n^2} \to 0$，所以 $\{z_n\}$ 收敛于 -1.

(2) $z_n = \left(1+\dfrac{i}{2}\right)^{-n} = \left(\dfrac{\sqrt{5}}{2}\right)^{-n} e^{-in\theta}$，$\theta = \arctan\dfrac{1}{2}$，当 $n \to \infty$ 时，

$\left(\dfrac{\sqrt{5}}{2}\right)^{-n} \to 0$，所以 $\{z_n\}$ 收敛于 0.

(3) 当 $n \to \infty$ 时，实部 $(-1)^n$ 是发散的，所以 $\{z_n\}$ 发散.

(4) $z_n = e^{-\frac{n\pi i}{2}} = \cos\dfrac{n\pi}{2} - i\sin\dfrac{n\pi}{2}$，实部和虚部都发散，所以 $\{z_n\}$ 发散.

【例 4.2】 判断下列级数的收敛性与绝对收敛性：

(1) $\displaystyle\sum_{n=1}^{\infty}\left[\left(1+\dfrac{1}{n}\right)^n + i\dfrac{3}{n^2}\right]$；   (2) $\displaystyle\sum_{n=1}^{\infty}\dfrac{e^{-\frac{n\pi}{2}i}}{n^2}$.

解 (1) 记 $z_n = \left(1+\dfrac{1}{n}\right)^n + i\dfrac{3}{n^2}$，则当 $n \to \infty$ 时 $\mathrm{Re}(z_n) = \left(1+\dfrac{1}{n}\right)^n \to e$，

那么 z_n 不趋近于 0，所以级数发散.

(2) $\displaystyle\sum_{n=1}^{\infty}\left|\dfrac{e^{-\frac{n\pi}{2}i}}{n^2}\right| = \sum_{n=1}^{\infty}\dfrac{1}{n^2}$ 收敛，即级数 $\displaystyle\sum_{n=1}^{\infty}\dfrac{e^{-\frac{n\pi}{2}i}}{n^2}$ 绝对收敛，所以收敛.

习题 4.1

1. 证明定理 4.1.1.

2. 证明定理 4.1.2.

3. 判断下列级数的收敛性与绝对收敛性：

(1) $\displaystyle\sum_{n=1}^{\infty}\dfrac{(2i)^n}{n!}$；   (2) $\displaystyle\sum_{n=1}^{\infty}\left[\dfrac{(-1)^n}{n} + \dfrac{i}{2^n}\right]$.

4.2 幂级数

幂级数是一般函数项级数的特殊形式，与实函数类似可以得到复函数项级数的相应概念.

4.2.1 复变函数项级数的概念

复数列与复级数是高等数学中实数列和实级数的自然推广，概念在形式上完全一样.

定义 4.2.1 设 $\{f_n(z)\}(n=1,2,\cdots)$ 为一复变函数列，其中各项均在复平面区域 D 内有定义，则称表达式 $f_1(z)+f_2(z)+\cdots+f_n(z)+\cdots=\sum_{n=1}^{\infty}f_n(z)$ 为**复变函数项级数**，简称**函数项级数**，该级数的前面 n 项和 $f_1(z)+f_2(z)+\cdots+f_n(z)=s_n(z)$ 称为此级数的**部分和**.

显然，对区域 D 内任意一点 z_0 函数项级数 $\sum_{n=1}^{\infty}f_n(z)$ 确定一个复数项级数 $\sum_{n=1}^{\infty}f_n(z_0)$，如果该复数项级数收敛，则称 z_0 为 $\sum_{n=1}^{\infty}f_n(z)$ 的收敛点，其全体收敛点构成的集合称为该级数的收敛域. 这时，对收敛域内任意一点 z 有 $\sum_{n=1}^{\infty}f_n(z)=s(z)$，其中 $s(z)$ 称为级数 $\sum_{n=1}^{\infty}f_n(z)$ 的和函数.

常见的较为简单的函数项级数就是本节主要介绍的幂级数.

4.2.2 幂级数的概念与收敛性

复变量幂级数是实变量幂级数在复数域上的推广，它的一般形式是

$$\sum_{n=0}^{\infty}c_n(z-z_0)^n=c_0+c_1(z-z_0)+\cdots+c_n(z-z_0)^n+\cdots,$$
(4.2)

特别当 $z_0=0$ 时，得幂级数的标准形式

$$\sum_{n=0}^{\infty}c_nz^n=c_0+c_1z+\cdots+c_nz^n+\cdots,$$
(4.3)

式中，c_n 是复常数，称为幂级数的第 n 项系数. 作变换可将式 (4.2) 化为式 (4.3) 的形式，因此下面主要讨论幂级数标准形式的收敛域.

定理 4.2.1 （Abel 定理）若幂级数 $\sum_{n=0}^{\infty}c_nz^n$ 在点 $z_0(\neq 0)$ 收敛，则必在圆域 $|z|<|z_0|$ 内处处绝对收敛；若幂级数 $\sum_{n=0}^{\infty}c_nz^n$ 在点 z_1 $(\neq 0)$ 处发散，则必在圆外区域 $|z|>|z_1|$ 处处发散.

证 由题意可知 $\sum_{n=0}^{\infty}c_nz_0^n$ 收敛，由推论 4.1.1 知 $\lim_{n\to\infty}c_nz_0^n=0$，由极限性质可知，存在 $M>0$，使得 $|c_nz_0^n|\leqslant M$，而且对圆域 $|z|<|z_0|$ 内

任意一点总有 $\left|\dfrac{z}{z_0}\right|=q<1$ 成立，从而

$$|c_n z^n| = \left|c_n z_0^n \frac{z^n}{z_0^n}\right| = |c_n z_0^n|\left|\frac{z}{z_0}\right|^n \leqslant Mq^n.$$

等比级数 $\displaystyle\sum_{n=0}^{\infty} Mq^n$ 收敛，由正项级数的比较审敛法知 $\displaystyle\sum_{n=0}^{\infty}|c_n z^n|$ 收敛，即 $\displaystyle\sum_{n=0}^{\infty} c_n z^n$ 必在圆域 $|z|<|z_0|$ 内处处绝对收敛.

当级数在 $z_1(\neq 0)$ 发散时，可用反证法证明结论成立. 假设在圆外区域 $|z|>|z_1|$ 中存在一点 z_0 收敛，则由上面所证结论，在 $|z|<|z_0|$ 内处处绝对收敛，即 $\displaystyle\sum_{n=0}^{\infty}|c_n z_1^n|$ 收敛与已知条件矛盾，所以 $\displaystyle\sum_{n=0}^{\infty} c_n z^n$ 必在圆外区域 $|z|>|z_1|$ 处处发散.

利用定理 4.2.1，注意到幂级数(4.3)的收敛域可以由 $|z_0|$ 变大向外扩展，发散域也可以由 $|z_1|$ 变小向内收缩，故对于幂级数(4.3)的收敛情形有以下三种情况(如图 4.1 所示).

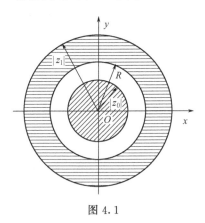

图 4.1

(1) 既存在正实数 $|z_0|$ 使级数收敛，又存在正实数 $|z_1|$ 使级数发散($|z_0|\leqslant|z_1|$)，则幂级数在圆周 C_1 内($|z|<|z_0|$)绝对收敛，在圆周 C_2 外($|z|>|z_1|$)发散，因此必存在分界点 $|z|=R$，使得在圆周 C_R 内($|z|<R$)绝对收敛，在圆周 C_R 外($|z|>R$)发散，而在圆周上各点的敛散性需要判定. 此时称临界圆周 C_R 为幂级数的收敛圆.

(2) 当幂级数对所有的正实数都收敛时，级数在复平面内处处绝对收敛，此时 $R=+\infty$.

（3）当幂级数对所有的正实数都发散时，级数在复平面内除原点外处处发散，此时 $R=0$.

定理 4.2.2 （比值法）对幂级数 $\sum\limits_{n=0}^{\infty} c_n z^n$，若 $\lim\limits_{n \to \infty} \left| \dfrac{c_{n+1}}{c_n} \right| = \lambda$，则幂级数的收敛半径

$$R = \begin{cases} 1/\lambda, & \lambda \neq 0 \\ +\infty, & \lambda = 0. \\ 0, & \lambda = +\infty \end{cases}$$

请读者自行证明（见课后习题）.

定理 4.2.3 （根值法）对幂级数 $\sum\limits_{n=0}^{\infty} c_n z^n$，若 $\lim\limits_{n \to \infty} \sqrt[n]{|c_n|} = \lambda$，则幂级数的收敛半径

$$R = \begin{cases} 1/\lambda, & \lambda \neq 0 \\ +\infty, & \lambda = 0. \\ 0, & \lambda = +\infty \end{cases}$$

证明略.

由计算收敛半径的两个定理可以看出，幂级数的收敛半径仅与幂级数的系数有关.

【例 4.3】 求等比级数

$$\sum_{n=0}^{\infty} z^n = 1 + z + \cdots + z^n + \cdots$$

的收敛域，并求其和函数.

解 因为收敛半径 $R = \lim\limits_{n \to \infty} \left| \dfrac{c_n}{c_{n+1}} \right| = 1$，所以级数在圆域 $|z| < 1$ 内绝对收敛，在 $|z| > 1$ 外处处发散，在圆周 $|z| = 1$ 上，因为 $\lim\limits_{n \to \infty} z^n \neq 0$，所以级数发散. 于是该级数的收敛域是 $|z| < 1$.

又等比级数的前 n 项和

$$s_n(z) = 1 + z + \cdots + z^{n-1} = \frac{1 - z^n}{1 - z},$$

当 $|z| < 1$ 时，$\lim\limits_{n \to \infty} s_n(z) = \dfrac{1}{1-z}$，所以幂级数的和函数为

$$s(z) = \frac{1}{1-z}, \quad 即 \sum_{n=0}^{\infty} z^n = \frac{1}{1-z}.$$

这一结论以后可以看作公式，基于此计算函数的级数或计算级数的和.

【例 4.4】 求下列幂级数的收敛半径与收敛圆.

(1) $\sum_{n=0}^{\infty} n!(z-i)^n$;　　　　(2) $\sum_{n=1}^{\infty} \frac{(z-1)^n}{n^p}(p \geqslant 1)$;

(3) $\sum_{n=0}^{\infty} (\sin in) z^n$.

解 (1) 因为 $R = \lim_{n \to \infty} \left| \frac{c_n}{c_{n+1}} \right| = \lim_{n \to \infty} \frac{n!}{(n+1)!} = 0$,所以除 $z=i$ 外处处发散.

(2) 因为 $R = \lim_{n \to \infty} \left| \frac{c_n}{c_{n+1}} \right| = \lim_{n \to \infty} \frac{(n+1)^p}{n^p} = 1$,所以收敛半径是 $R=1$,

收敛圆是 $|z-1|=1$,在收敛圆上,当 $p>1$ 时,$\sum_{n=1}^{\infty} \frac{1}{n^p}$ 收敛,故原级

数绝对收敛;当 $p=1$ 时,若 $z-1=-1$ 时,$\sum_{n=1}^{\infty} \frac{(-1)^n}{n}$ 收敛,若 $z-1=1$

时,$\sum_{n=1}^{\infty} \frac{1}{n}$ 发散;可以看出收敛圆上级数的敛散性不能确定.

(3) 因为 $c_n = \sin in = \frac{e^{-n} - e^n}{2i}$,所以

$$R = \lim_{n \to \infty} \left| \frac{c_n}{c_{n+1}} \right| = \lim_{n \to \infty} \frac{e^n - e^{-n}}{e^{n+1} - e^{-n-1}} = \frac{1}{e},$$

收敛半径是 $R = \frac{1}{e}$,收敛圆是 $|z| = \frac{1}{e}$.

4.2.3 幂级数的运算与性质

同实变量幂级数一样,两个收敛的复变量幂级数也具有如下运算性质.

1. 幂级数的四则运算

设 $f(z) = \sum_{n=0}^{\infty} a_n z^n$,收敛半径为 r_1,$g(z) = \sum_{n=0}^{\infty} b_n z^n$,收敛半径为 r_2,令 $r = \min\{r_1, r_2\}$,则当 $|z| < r$ 时,

$$\sum_{n=0}^{\infty} a_n z^n \pm \sum_{n=0}^{\infty} b_n z^n = \sum_{n=0}^{\infty} (a_n \pm b_n) z^n = f(z) \pm g(z),$$

$$\sum_{n=0}^{\infty} a_n z^n \cdot \sum_{n=0}^{\infty} b_n z^n = \sum_{n=0}^{\infty} (a_n b_0 + a_{n-1} b_1 + \cdots + a_0 b_n) z^n = f(z) \cdot g(z).$$

2. 幂级数的复合(代换)运算

设 $f(u) = \sum_{n=0}^{\infty} a_n u^n$,收敛半径为 r,$u = g(z)$,且当 $|z| < R$

时，有 $|g(z)|<r$，则当 $|z|<R$ 时，$f[g(z)]=\sum\limits_{n=0}^{\infty}a_n[g(z)]^n$.

幂级数的这一运算性质为幂级数的求和及函数展开提供了有效的方法.

注 4.1　幂级数的复合运算本质上是要凑出一种最简单的幂级数形式：
$$\frac{1}{1-g(z)}=\sum_{n=0}^{+\infty}[g(z)]^n$$

3. 幂级数在收敛圆内的性质

定理 4.2.4　幂级数在其收敛圆内绝对收敛，其和函数在收敛圆内解析，并且幂级数可以逐项求导、逐项求积分任意多次，所得新级数与原级数有相同的收敛圆，即

(1) 若 $f(z)=\sum\limits_{n=0}^{\infty}c_n(z-z_0)^n$ 在其收敛圆 $|z-z_0|<R$ 内是解析函数；

(2) $f'(z)=\sum\limits_{n=1}^{\infty}c_n n(z-z_0)^{n-1}$；

(3) $\int_C f(z)\mathrm{d}z=\sum\limits_{n=0}^{\infty}c_n\int_C(z-z_0)^n\mathrm{d}z(C\in|z-z_0|<R)$ 或

$\int_{z_0}^{z}f(z)\mathrm{d}z=\sum\limits_{n=0}^{\infty}\dfrac{c_n}{n+1}(z-z_0)^{n+1}$.

本性质为幂级数和函数的计算提供了有效的方法与依据.

【**例 4.5**】　设有幂级数 $\sum\limits_{n=0}^{\infty}z^n$ 与 $\sum\limits_{n=0}^{\infty}\dfrac{1}{1+a^n}z^n(0<a<1)$，求

$\sum\limits_{n=0}^{\infty}z^n-\sum\limits_{n=0}^{\infty}\dfrac{1}{1+a^n}z^n=\sum\limits_{n=0}^{\infty}\dfrac{a^n}{1+a^n}z^n$ 的收敛半径.

解　容易看出，$\sum\limits_{n=0}^{\infty}z^n$ 与 $\sum\limits_{n=0}^{\infty}\dfrac{1}{1+a^n}z^n$ 的收敛半径都是 1，而它们作差得到的级数的收敛半径不难计算是 $\dfrac{1}{a}>1$，因此新级数的收敛圆域包含级数的运算范围. 但必须注意使等式 $\sum\limits_{n=0}^{\infty}z^n-\sum\limits_{n=0}^{\infty}\dfrac{1}{1+a^n}z^n=\sum\limits_{n=0}^{\infty}\dfrac{a^n}{1+a^n}z^n$ 成立的范围仍然是 $|z|<1$.

【**例 4.6**】　把函数 $\dfrac{1}{z-b}$ 表示成幂级数 $\sum\limits_{n=0}^{\infty}c_n(z-z_0)^n$，其中 b 与 z_0 是不相等的复常数.

解　由例 4.1 知，当 $|z|<1$ 时，$\dfrac{1}{1-z}=\sum\limits_{n=0}^{\infty}z^n$，而

$$\frac{1}{z-b}=\frac{1}{(z-z_0)-(b-z_0)}=\frac{-1}{b-z_0}\cdot\frac{1}{1-\dfrac{z-z_0}{b-z_0}}$$

所以当 $\left|\dfrac{z-z_0}{b-z_0}\right|<1$ 时，

$$\frac{1}{1-\dfrac{z-z_0}{b-z_0}}=\sum_{n=0}^{\infty}\left(\frac{z-z_0}{b-z_0}\right)^n=\sum_{n=0}^{\infty}\frac{(z-z_0)^n}{(b-z_0)^n}.$$

所以 $\dfrac{1}{z-b}=\displaystyle\sum_{n=0}^{\infty}\dfrac{(z-z_0)^n}{-(b-z_0)^{n+1}}$ ，其收敛圆域是 $|z-z_0|<|b-z_0|$.

【例 4.7】 求幂级数 $\displaystyle\sum_{n=0}^{\infty}\dfrac{2^n}{n+1}z^{n+1}$ 的收敛半径与和函数.

解 $c_n=\dfrac{2^n}{n+1}$ ，由比值法 $R=\lim\limits_{n\to\infty}\dfrac{2^n}{(n+1)}\dfrac{(n+2)}{2^{n+1}}=\dfrac{1}{2}$

所以该幂级数的收敛半径为 $\dfrac{1}{2}$.

因为原级数 $=\dfrac{1}{2}\displaystyle\sum_{n=0}^{\infty}\dfrac{(2z)^{n+1}}{n+1}$

$$=\frac{1}{2}\sum_{n=0}^{\infty}\int_0^z(2z)^n\mathrm{d}(2z)$$

$$=\frac{1}{2}\int_0^z\Big[\sum_{n=0}^{\infty}(2z)^n\Big]\mathrm{d}(2z)$$

$$=\frac{1}{2}\int_0^z\frac{1}{1-2z}\mathrm{d}(2z)$$

$$=-\frac{1}{2}\ln(1-2z)$$

所以和函数 $s(z)=-\dfrac{1}{2}\ln(1-2z)$

习题 4.2

1. 证明定理 4.2.2.
2. 证明定理 4.2.3.
3. 求下列幂级数的收敛半径与收敛圆域：

(1) $\displaystyle\sum_{n=0}^{\infty}\dfrac{z^n}{n!}$ ；   (2) $\displaystyle\sum_{n=0}^{\infty}\dfrac{(z-1)^n}{2^{n+1}}$ ；   (3) $\displaystyle\sum_{n=1}^{\infty}nz^n$.

4. 幂级数 $\displaystyle\sum_{n=0}^{\infty}a_n(z+1)^n$ 能否在 $z=0$ 收敛而在 $z=-2$ 发散，为什么？

5. 设级数 $\displaystyle\sum_{n=0}^{\infty}c_n$ 收敛，而级数 $\displaystyle\sum_{n=0}^{\infty}|c_n|$ 发散，证明级数 $\displaystyle\sum_{n=0}^{\infty}c_nz^n$ 的收敛半径是 1.

4.3 泰勒（Taylor）级数

由上一节幂级数的性质知道幂级数的和函数在其收敛圆内是一个解析函数，因此该解析函数可以写成幂级数的形式. 那么，反过来，任何一个解析函数是否都能用幂级数来表示？这个问题泰勒给出了肯定的答

案. 本节主要介绍解析函数的泰勒展开定理及常用的展开方法，这为
4.4 节的学习奠定了基础.

4.3.1　解析函数的泰勒展开定理

定理 4.3.1　若函数 $f(z)$ 在区域 D 内解析，z_0 是 D 内任一点，R 是
z_0 到 D 的边界上的最短距离，则对圆域 $|z-z_0|<R$ 内的任意一点 z 有

$$f(z)=\sum_{n=0}^{\infty}c_n(z-z_0)^n. \tag{4.4}$$

该等式称为函数 $f(z)$ 在点 z_0 的泰勒展开式，其右端的级数称为
$f(z)$ 在点 z_0 的泰勒级数，其中 c_n 为展开式的泰勒系数，可表示为

$$c_n=\frac{1}{2\pi i}\oint_C\frac{f(\xi)}{(\xi-z_0)^{n+1}}d\xi=\frac{f^{(n)}(z_0)}{n!}(n=0,1,2\cdots)$$

其中 C 为圆域 $|z-z_0|<R$ 内的任意一条包围 z_0 的简单闭曲线.

证　如图 4.2 所示，在圆域 $|z-z_0|<R$ 内总可以做一个圆周
K：$|\xi-z_0|=r<R$，使得点 z 和闭曲线 C 都包含在内，而且 $f(z)$
在圆周 K 上及圆域 $|\xi-z_0|<r$ 内解析，容易看出在边界 K 上的变量
ξ 与圆内变量 z 满足 $\left|\dfrac{z-z_0}{\xi-z_0}\right|=q<1.$

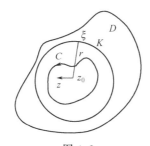

图 4.2

由柯西积分公式知

$$f(z)=\frac{1}{2\pi i}\oint_K\frac{f(\xi)}{\xi-z}d\xi.$$

而根据等比级数的求和公式及级数的复合运算知

$$\frac{1}{\xi-z}=\frac{1}{(\xi-z_0)-(z-z_0)}=\frac{1}{\xi-z_0}\cdot\frac{1}{1-\frac{z-z_0}{\xi-z_0}}=\sum_{n=0}^{\infty}\frac{(z-z_0)^n}{(\xi-z_0)^{n+1}}$$

故 $f(z)$ 可表示为

$$f(z)=\frac{1}{2\pi i}\oint_K\sum_{n=0}^{\infty}\frac{f(\xi)(z-z_0)^n}{(\xi-z_0)^{n+1}}d\xi$$

$$= \frac{1}{2\pi i}\sum_{n=0}^{N-1}\oint_K \frac{f(\xi)}{(\xi-z_0)^{n+1}}\mathrm{d}\xi(z-z_0)^n + \frac{1}{2\pi i}\oint_K \sum_{n=N}^{\infty}\frac{f(\xi)(z-z_0)^n}{(\xi-z_0)^{n+1}}\mathrm{d}\xi$$

$$= \sum_{n=0}^{N-1}\frac{f^{(n)}(z_0)}{n!}(z-z_0)^n + R_N(z) = \sum_{n=0}^{N-1}c_n(z-z_0)^n + R_N(z)$$

由闭路变形原理及高阶导数公式，其中

$$c_n = \frac{1}{2\pi i}\oint_C \frac{f(\xi)}{(\xi-z_0)^{n+1}}\mathrm{d}\xi = \frac{f^{(n)}(z_0)}{n!},$$

$$R_N(z) = \frac{1}{2\pi i}\oint_K \sum_{n=N}^{\infty}\frac{f(\xi)(z-z_0)^n}{(\xi-z_0)^{n+1}}\mathrm{d}\xi.$$

又 $f(z)$ 在圆周 K 上解析，故连续，因此 $f(z)$ 在圆周 K 上有界，即存在一个正常数 M，在 K 上 $|f(\xi)|\leqslant M$. 于是

$$\left|\frac{f(\xi)(z-z_0)^n}{(\xi-z_0)^{n+1}}\right| = \frac{|f(\xi)|}{|\xi-z_0|}\cdot\left|\frac{z-z_0}{\xi-z_0}\right|^n < \frac{M}{r}q^n.$$

所以

$$|R_N(z)|\leqslant \frac{1}{2\pi}\oint_K \sum_{n=N}^{\infty}\left|\frac{f(\xi)(z-z_0)^n}{(\xi-z_0)^{n+1}}\right|\mathrm{d}s < \frac{1}{2\pi}\cdot 2\pi r\sum_{n=N}^{\infty}\frac{Mq^n}{r}$$

$$= \sum_{n=N}^{\infty}Mq^n = \frac{Mq^N}{1-q}.$$

因为 $\lim\limits_{N\to\infty}q^N=0$，所以 $\lim\limits_{N\to\infty}R_N(z)=0$. 故

$$f(z) = \sum_{n=0}^{\infty}c_n(z-z_0)^n.$$

本定理告诉我们在区域 D 解析的函数总可以在 D 内的某圆域内展开成幂级数，保证函数解析的最大圆域可以计算，其半径 R 是 z_0 到不解析的点的最短距离.

与实函数类似可得解析函数的泰勒展开式唯一（供读者自行证明），而且解析函数的幂级数展开方法与实函数的幂级数展开方法类似，可以通过直接法与间接法两种方式展开.

4.3.2 函数的泰勒级数展开法

1. 直接展开法

从泰勒展开定理可以看出，若函数 $f(z)$ 在点 z_0 解析，则在该点的某个邻域内解析，因此可以通过泰勒系数计算公式直接得到泰勒级数，此方法称为直接展开法.

【例 4.8】 将函数 $f(z)=\mathrm{e}^z$ 在点 $z_0=0$ 处展开成幂级数.

解　因为 $f(z)=\mathrm{e}^z$ 在复平面内处处解析，所以它在 $z_0=0$ 处的泰勒级数的收敛半径 $R=+\infty$，又 $f^{(n)}(z)=\mathrm{e}^z$，所以 $f^{(n)}(0)=1$，由泰勒系数计算公式 $c_n=\dfrac{f^{(n)}(z_0)}{n!}=\dfrac{1}{n!}$，所以

$$\mathrm{e}^z=1+z+\frac{z^2}{2!}+\cdots+\frac{z^n}{n!}+\cdots=\sum_{n=0}^{+\infty}\frac{z^n}{n!}.\quad(|z|<+\infty)$$

$$(4.5)$$

用同样的方法可求得 $\sin z$ 在 $z_0=0$ 处的泰勒展开式，

$$\sin z=z-\frac{z^3}{3!}+\frac{z^5}{5!}-\cdots+(-1)^n\frac{z^{2n+1}}{(2n+1)!}+\cdots$$

$$=\sum_{n=0}^{+\infty}(-1)^n\frac{z^{2n+1}}{(2n+1)!}.\quad(|z|<+\infty)\qquad(4.6)$$

与实函数类似，我们将函数在点 $z_0=0$ 处的泰勒级数也称为麦克劳林级数。这一结论以后可以看作公式，基于此计算函数的级数或计算级数的和。

2. 间接展开法

直接展开法将解析函数展开成泰勒级数需要计算函数的高阶导数，当函数比较复杂时，展开比较麻烦有时候甚至难以计算。为了避免直接计算泰勒系数，我们可以根据几个常见已知函数的泰勒级数，通过幂级数的复合（代换）运算、四则运算、幂级数的性质（逐项微分、逐项积分）等，凑出已知泰勒展开式的形式，从而得到解析函数的泰勒展开式及收敛圆域，这种方法称为间接展开法。间接展开法是更为常用的解析函数展开成泰勒级数的有效方法。

常见函数的展开公式

$$\frac{1}{1-z}=1+z+\cdots+z^n+\cdots=\sum_{n=0}^{+\infty}z^n\quad(|z|<1).\qquad(4.7)$$

$$\mathrm{e}^z=1+z+\frac{z^2}{2!}+\cdots+\frac{z^n}{n!}+\cdots=\sum_{n=0}^{+\infty}\frac{z^n}{n!}\quad(|z|<+\infty)$$

$$\sin z=z-\frac{z^3}{3!}+\frac{z^5}{5!}-\cdots+(-1)^n\frac{z^{2n+1}}{(2n+1)!}+\cdots$$

$$=\sum_{n=0}^{+\infty}(-1)^n\frac{z^{2n+1}}{(2n+1)!}\quad(|z|<+\infty)$$

【例 4.9】　将函数 $f(z)=\cos z$ 在点 $z_0=0$ 处展开成幂级数。

解　因为 $\cos z=(\sin z)'$，所以它在 $z_0=0$ 处的泰勒展开式可以通过式(4.6)直接求导得到

$$\cos z = 1 - \frac{z^2}{2!} + \frac{z^4}{4!} - \cdots + (-1)^n \frac{z^{2n}}{(2n)!} + \cdots$$

$$= \sum_{n=0}^{+\infty} (-1)^n \frac{z^{2n}}{(2n)!} \quad (|z| < +\infty). \tag{4.8}$$

【例 4.10】 将函数 $f(z) = \frac{1}{1+z^2}$ 在点 $z_0 = 0$ 处展开成幂级数.

解 因为 $f(z) = \frac{1}{1+z^2} = \frac{1}{1-(-z^2)}$，所以它在 $z_0 = 0$ 处的泰勒展开式可以通过式(4.7)的复合运算得到，令 $g(z) = -z^2$，$|g(z)| < 1$ $\Rightarrow |z| < 1$

$$\frac{1}{1+z^2} = 1 - z^2 + z^4 - z^6 + \cdots + (-1)^n z^{2n} + \cdots$$

$$= \sum_{n=0}^{+\infty} (-1)^n z^{2n} \quad (|z| < 1) \tag{4.9}$$

容易看出

$$\frac{1}{1+z} = 1 - z + z^2 - \cdots + (-1)^n z^n + \cdots$$

$$= \sum_{n=0}^{+\infty} (-1)^n z^n \quad (|z| < 1) \tag{4.10}$$

【例 4.11】 将函数 $f(z) = \ln(1+z)$ 在点 $z_0 = 0$ 处展开成幂级数.

解 因为 $[\ln(1+z)]' = \frac{1}{1+z}$，所以它在 $z_0 = 0$ 处的泰勒展开式可以通过式(4.10)求积分得到

$$\ln(1+z) = \int_0^z \frac{1}{1+z} dz = z - \frac{z^2}{2} + \frac{z^3}{3} - \cdots + (-1)^n \frac{z^{n+1}}{n+1} + \cdots$$

$$= \sum_{n=0}^{+\infty} (-1)^n \frac{z^{n+1}}{n+1} (|z| < 1) \tag{4.11}$$

【例 4.12】 将函数 $f(z) = \frac{1}{(1-z)^2}$ 在点 $z_0 = 0$ 处展开成幂级数.

解 因为 $\frac{1}{(1-z)^2} = \left(\frac{1}{1-z}\right)'$，所以它在 $z_0 = 0$ 处的泰勒展开式可以通过式(4.7)直接求导得到

$$\frac{1}{(1-z)^2} = 1 + 2z + \cdots + nz^{n-1} + \cdots = \sum_{n=1}^{+\infty} nz^{n-1}$$

$$= \sum_{n=0}^{+\infty} (n+1)z^n \quad (|z| < 1) \tag{4.12}$$

【例 4.13】 将函数 $f(z)=\dfrac{1}{z-\mathrm{i}+2}$ 在点 $z_0=\mathrm{i}$ 处展开成幂级数.

解 因为 $f(z)=\dfrac{1}{z-\mathrm{i}+2}=\dfrac{1}{2}\dfrac{1}{1+\dfrac{z-\mathrm{i}}{2}}$，所以它在 $z_0=\mathrm{i}$ 处的泰勒

展开式可以通过式(4.10)的复合运算得到，令

$$g(z)=\frac{z-\mathrm{i}}{2},|g(z)|<1\Rightarrow|z-\mathrm{i}|<2,$$

$$\frac{1}{1+\dfrac{z-\mathrm{i}}{2}}=1-\frac{z-\mathrm{i}}{2}+\left(\frac{z-\mathrm{i}}{2}\right)^2-\cdots+(-1)^n\left(\frac{z-\mathrm{i}}{2}\right)^n+\cdots$$

$$=\sum_{n=0}^{+\infty}\frac{(-1)^n(z-\mathrm{i})^n}{2^n}\qquad(|z-\mathrm{i}|<2),$$

故

$$f(z)=\sum_{n=0}^{+\infty}\frac{(-1)^n(z-\mathrm{i})^n}{2^{n+1}}\qquad(|z-\mathrm{i}|<2).$$

习题 4.3

1. 将下列各函数展成麦克劳林级数，并指出它们的收敛半径.

(1) $\dfrac{1}{(1-z)^3}$；　　(2) $\arctan z$；　　(3) $\dfrac{1}{z-\mathrm{i}}$.

2. 将函数 $\dfrac{1}{z^2}$ 在指定点 $z_0=-1$ 处展成泰勒级数，并指出它的收敛半径.

3. 将函数 $\dfrac{1}{2z-\mathrm{i}}$ 在指定点 $z_0=\mathrm{i}$ 处展成泰勒级数，并指出它的收敛半径.

4. 将函数 $\dfrac{1}{(z+1)(z+2)}$ 在指定点 $z_0=1$ 处展成泰勒级数，并指出它的收敛半径.

5. 将函数 $\ln(3+z)$ 在指定点 $z_0=1$ 处展成泰勒级数，并指出它的收敛半径.

4.4　洛朗（Laurent）级数

由上一节泰勒级数知道解析函数在解析区域内可以展开成幂级数，如果 z_0 是函数的奇点，是否也能将函数展开成 $z-z_0$ 的幂级数呢？为了解决这个问题我们先来介绍双边幂级数.

4.4.1　双边幂级数

首先讨论下列形式的级数

$$\sum_{n=-\infty}^{+\infty}c_n(z-z_0)^n=\cdots+c_{-n}(z-z_0)^{-n}+\cdots$$

$$+ c_{-1}(z-z_0)^{-1} + c_0 + c_1(z-z_0) + \cdots c_n(z-z_0)^n + \cdots$$

$$(4.13)$$

显然该级数有两部分组成,包括正幂项

$$\sum_{n=0}^{+\infty} c_n(z-z_0)^n = c_0 + c_1(z-z_0) + \cdots + c_n(z-z_0)^n + \cdots,$$

$$(4.14)$$

和负幂项

$$\sum_{n=-1}^{-\infty} c_n(z-z_0)^n = \sum_{n=1}^{+\infty} c_{-n}(z-z_0)^{-n}$$
$$= \cdots + c_{-n}(z-z_0)^{-n} + \cdots + c_{-1}(z-z_0)^{-1},$$

$$(4.15)$$

级数(4.13)收敛意味着正幂项级数(4.14)和负幂项级数(4.15)同时收敛,而正幂项级数(4.14)是普通的幂级数,其收敛范围是 $|z-z_0| < R_2$. 负幂项级数(4.15)是一个新型的级数,可以做变量代换 $\xi = \dfrac{1}{z-z_0}$,则该级数等于普通级数 $\sum\limits_{n=1}^{+\infty} c_{-n}\xi^n$,因此可以确定其收敛范围 $|\xi| < R$,即 $\left| \dfrac{1}{z-z_0} \right| < R$,$|z-z_0| > \dfrac{1}{R} = R_1$,容易看出,当 $R_1 < R_2$ 时,级数(4.13)收敛,且收敛范围是 $R_1 < |z-z_0| < R_2$. 由式(4.13)所表示的级数称为**双边幂级数**,其收敛范围是圆环域 $R_1 < |z-z_0| < R_2$,在收敛域内具有与幂级数相同的性质,收敛于解析函数,可逐项求导、逐项求积分. 我们把正幂项(4.14)称为**双边幂级数的解析部分**,负幂项(4.15)称为**双边幂级数的主要部分**.

4.4.2 洛朗级数展开定理

定理 4.4.1 若函数 $f(z)$ 在圆环域 $R_1 < |z-z_0| < R_2$ 内解析,则对圆环域内的任意一点 z 有

$$f(z) = \sum_{n=-\infty}^{+\infty} c_n(z-z_0)^n.$$

$$(4.16)$$

该等式称为函数 $f(z)$ 在圆环域内的**洛朗级数展开式**,其右端的级数称为 $f(z)$ 在圆环域的**洛朗级数**,其中 c_n 为展开式的**洛朗系数**,可表示为

$$c_n = \frac{1}{2\pi i} \oint_C \frac{f(\xi)}{(\xi-z_0)^{n+1}} d\xi \quad (n = 0, \pm 1, \pm 2 \cdots),$$

$$(4.17)$$

式中,C 为圆环域内的任意一条包围 z_0 的正向简单闭曲线.

证 对圆环域内的任意一点 z,做以 z_0 为圆心的正向圆周 K_1:

注 4.2 此处展开范围是某一点的某圆环域,而研究留数时,需注意是在孤立奇点的邻域内。

$|\xi-z_0|=r$ 和 K_2：$|\xi-z_0|=R$，$(R_1<r<R<R_2)$使得点 z 和闭曲线 C 都包含在该圆环域内(如图 4.3 所示).

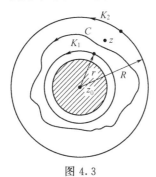

图 4.3

由多连通域的柯西积分公式知

$$f(z)=\frac{1}{2\pi i}\oint_{K_2}\frac{f(\xi)}{\xi-z}d\xi-\frac{1}{2\pi i}\oint_{K_1}\frac{f(\xi)}{\xi-z}d\xi.$$

容易看出在边界 K_2 上的变量 ξ 与圆内变量 z 满足 $\left|\dfrac{z-z_0}{\xi-z_0}\right|<1.$

由泰勒展开定理证明过程可以得到

$$\frac{1}{2\pi i}\oint_{K_2}\frac{f(\xi)}{\xi-z}d\xi=\sum_{n=0}^{\infty}\left[\frac{1}{2\pi i}\oint_{K_2}\frac{f(\xi)}{(\xi-z_0)^{n+1}}d\xi\right](z-z_0)^n$$

在边界 K_1 上的变量 ξ 与圆外变量 z 满足 $\left|\dfrac{\xi-z_0}{z-z_0}\right|=q<1.$ 而根据等比级数的求和公式及级数的复合运算知

$$\frac{1}{\xi-z}=\frac{1}{(\xi-z_0)-(z-z_0)}=-\frac{1}{z-z_0}\cdot\frac{1}{1-\dfrac{\xi-z_0}{z-z_0}}$$

$$=-\sum_{n=1}^{\infty}\frac{(z-z_0)^{-n}}{(\xi-z_0)^{-n+1}}.$$

故

$$-\frac{1}{2\pi i}\oint_{K_1}\frac{f(\xi)}{\xi-z}d\xi=\frac{1}{2\pi i}\oint_{K_1}\sum_{n=1}^{+\infty}\frac{f(\xi)(z-z_0)^{-n}}{(\xi-z_0)^{-n+1}}d\xi$$

$$=\frac{1}{2\pi i}\sum_{n=1}^{N-1}\oint_{K_1}\frac{f(\xi)}{(\xi-z_0)^{-n+1}}d\xi(z-z_0)^{-n}$$

$$+\frac{1}{2\pi i}\oint_{K_1}\sum_{n=N}^{\infty}\frac{f(\xi)(\xi-z_0)^{n-1}}{(z-z_0)^n}d\xi$$

$$=\sum_{n=1}^{N-1}\left[\frac{1}{2\pi i}\oint_{K_1}\frac{f(\xi)}{(\xi-z_0)^{-n+1}}d\xi\right](z-z_0)^{-n}+R_N(z)$$

其中

$$R_N(z) = \frac{1}{2\pi i} \oint_{K_1} \sum_{n=N}^{\infty} \frac{f(\xi)(\xi - z_0)^{n-1}}{(z-z_0)^n} d\xi .$$

又 $f(z)$ 在圆周 K_1 上解析，故连续，因此 $f(z)$ 在圆周 K_1 上有界，即存在一个正常数 M，在 K_1 上 $|f(\xi)| \leqslant M$. 于是

$$\left| \frac{f(\xi)(\xi - z_0)^{n-1}}{(z-z_0)^n} \right| = \frac{|f(\xi)|}{|\xi - z_0|} \cdot \left| \frac{\xi - z_0}{z - z_0} \right|^n < \frac{M}{r} q^n ,$$

所以

$$|R_N(z)| \leqslant \frac{1}{2\pi} \oint_{K_1} \sum_{n=N}^{\infty} \frac{|f(\xi)||\xi - z_0|^n}{|\xi - z_0||z - z_0|^n} ds$$

$$< \frac{1}{2\pi} \cdot 2\pi r \sum_{n=N}^{\infty} \frac{Mq^n}{r} = \sum_{n=N}^{\infty} Mq^n = \frac{Mq^N}{1-q} .$$

因为 $\lim_{N\to\infty} q^N = 0$，所以 $\lim_{N\to\infty} R_N(z) = 0$. 故

$$-\frac{1}{2\pi i} \oint_{K_1} \frac{f(\xi)}{\xi - z} d\xi = \sum_{n=1}^{+\infty} \left[\frac{1}{2\pi i} \oint_{K_1} \frac{f(\xi)}{(\xi - z_0)^{-n+1}} d\xi \right] (z - z_0)^{-n}$$

$$= \sum_{n=-1}^{-\infty} \left[\frac{1}{2\pi i} \oint_{K_1} \frac{f(\xi)}{(\xi - z_0)^{n+1}} d\xi \right] (z - z_0)^n$$

所以

$$f(z) = \frac{1}{2\pi i} \oint_{K_2} \frac{f(\xi)}{\xi - z} d\xi - \frac{1}{2\pi i} \oint_{K_1} \frac{f(\xi)}{\xi - z} d\xi$$

$$= \sum_{n=0}^{\infty} \left[\frac{1}{2\pi i} \oint_{K_2} \frac{f(\xi)}{(\xi - z_0)^{n+1}} d\xi \right] (z - z_0)^n$$

$$+ \sum_{n=-1}^{-\infty} \left[\frac{1}{2\pi i} \oint_{K_1} \frac{f(\xi)}{(\xi - z_0)^{n+1}} d\xi \right] (z - z_0)^n$$

由闭路变形原理

$$\frac{1}{2\pi i} \oint_{K_2} \frac{f(\xi)}{(\xi - z_0)^{n+1}} d\xi = \frac{1}{2\pi i} \oint_{K_1} \frac{f(\xi)}{(\xi - z_0)^{n+1}} d\xi$$

$$= \frac{1}{2\pi i} \oint_C \frac{f(\xi)}{(\xi - z_0)^{n+1}} d\xi = c_n .$$

故

$$f(z) = \sum_{n=0}^{+\infty} c_n(z - z_0)^n + \sum_{n=-1}^{-\infty} c_n(z - z_0)^n = \sum_{-\infty}^{+\infty} c_n(z - z_0)^n ,$$

其中

$$c_n = \frac{1}{2\pi i} \oint_C \frac{f(\xi)}{(\xi - z_0)^{n+1}} d\xi (n = 0, \pm 1, \pm 2, \cdots) .$$

与泰勒展开式类似可得函数在确定圆环域内的洛朗级数展开式唯一（供读者自行证明）．而且洛朗级数展开法与泰勒级数展开法类似，可

以通过直接法与间接法两种方式展开.

4.4.3 函数的洛朗级数展开法

从洛朗级数展开定理可以看出,利用式(4.17)可以直接得到洛朗级数展开式,但这非常麻烦,与泰勒级数展开法类似通常用间接展开法得到洛朗级数. 我们可以根据几个常见已知函数的泰勒级数,通过幂级数的复合(代换)运算、四则运算、幂级数的性质(逐项微分、逐项积分)等,凑出已知泰勒展开式的形式,从而在给定圆环域内得到函数的洛朗级数展开式. 不仅如此,依据洛朗系数计算公式,当 $n=-1$ 时,可以得到计算闭曲线上复积分的方法

$$c_{-1} = \frac{1}{2\pi i} \oint_C f(z) \mathrm{d}z .$$

【例 4.14】 将函数 $\dfrac{1}{z(1-z)^2}$,在圆环域:(1)$0<|z|<1$;
(2)$1<|z-1|<+\infty$ 内展开成洛朗级数.

解 (1) 在 $0<|z|<1$ 内,由于 $\dfrac{1}{1-z} = \sum\limits_{n=0}^{\infty} z^n$,且

$$\frac{1}{(1-z)^2} = \left(\frac{1}{1-z}\right)',$$

所以

$$\frac{1}{(1-z)^2} = \sum_{n=0}^{\infty}(n+1)z^n,$$

从而

$$\frac{1}{z(1-z)^2} = \sum_{n=-1}^{\infty}(n+2)z^n.$$

(2) 在 $1<|z-1|<+\infty$ 内,由于 $\left|\dfrac{1}{z-1}\right|<1$,所以

$$\frac{1}{z} = \frac{1}{1+(z-1)} = \frac{1}{z-1} \cdot \frac{1}{1+\dfrac{1}{z-1}} = \frac{1}{z-1} \cdot \sum_{n=0}^{\infty}\left(-\frac{1}{z-1}\right)^n,$$

从而

$$\frac{1}{z(1-z)^2} = \sum_{n=0}^{\infty} \frac{(-1)^n}{(z-1)^{n+3}}.$$

【例 4.15】 将函数 $\dfrac{1}{(z-2)(z-3)}$,在圆环域:(1) $2<|z|<3$;
(2) $2<|z-1|<+\infty$ 内展开成洛朗级数.

解 由于 $\dfrac{1}{(z-2)(z-3)} = \dfrac{1}{z-3} - \dfrac{1}{z-2}$,

（1）在 $2<|z|<3$ 内，$|\frac{2}{z}|<1$ 且 $|\frac{z}{3}|<1$，所以

$$\frac{1}{z-2}=\frac{1}{z}\frac{1}{1-\frac{2}{z}}=\sum_{n=0}^{\infty}\frac{2^n}{z^{n+1}}.$$

$$\frac{1}{z-3}=-\frac{1}{3}\frac{1}{1-\frac{z}{3}}=-\sum_{n=0}^{\infty}\frac{z^n}{3^{n+1}}.$$

从而

$$\frac{1}{(z-2)(z-3)}=-\sum_{n=0}^{\infty}\frac{z^n}{3^{n+1}}-\sum_{n=0}^{\infty}\frac{2^n}{z^{n+1}}.$$

（2）在 $2<|z-1|<+\infty$ 内，由于 $\left|\frac{1}{z-1}\right|<1$，$\left|\frac{2}{z-1}\right|<1$，所以

$$\frac{1}{z-2}=\frac{1}{z-1}\frac{1}{1-\frac{1}{z-1}}=\sum_{n=0}^{\infty}\frac{1}{(z-1)^{n+1}}.$$

$$\frac{1}{z-3}=\frac{1}{z-1}\frac{1}{1-\frac{2}{z-1}}=\sum_{n=0}^{\infty}\frac{2^n}{(z-1)^{n+1}}.$$

从而

$$\frac{1}{(z-2)(z-3)}=\sum_{n=0}^{\infty}\frac{2^n}{(z-1)^{n+1}}-\sum_{n=0}^{\infty}\frac{1}{(z-1)^{n+1}}=\sum_{n=1}^{\infty}(2^{n-1}-1)(z-1)^{-n}.$$

【例 4.16】 利用洛朗级数展开式计算积分 $\oint_{|z|=2}\frac{z\mathrm{e}^{\frac{1}{z}}}{z-1}\mathrm{d}z$.

解 因为函数 $\frac{z\mathrm{e}^{\frac{1}{z}}}{z-1}$ 在 $1<|z|<+\infty$ 内解析，所以将它在 $1<|z|<+\infty$ 展开成洛朗级数，可得

$$\mathrm{e}^{\frac{1}{z}}=1+\frac{1}{z}+\frac{1}{2z^2}+\cdots,$$

$$\frac{z}{z-1}=1+\frac{1}{z}+\frac{1}{z^2}+\cdots,$$

从而

$$\frac{z\mathrm{e}^{\frac{1}{z}}}{z-1}=\left(1+\frac{1}{z}+\frac{1}{z^2}+\cdots\right)\left(1+\frac{1}{z}+\frac{1}{2z^2}+\cdots\right)=1+\frac{2}{z}+\cdots.$$

所以 $c_{-1}=2$，$\oint_{|z|=2}\frac{z\mathrm{e}^{\frac{1}{z}}}{z-1}\mathrm{d}z=2\pi\mathrm{i}c_{-1}=4\pi\mathrm{i}$.

习题 4.4

1. 确定双边幂级数 $\sum\limits_{n=-\infty}^{+\infty} \dfrac{1}{2^n}(z-1)^n$ 的收敛范围.

2. 将函数 $z^3 e^{\frac{1}{z}}$ 在圆环域 $0<|z|<+\infty$ 内展开成洛朗级数.

3. 将函数 $\dfrac{1}{z(z-i)}$ 在圆环域 $0<|z-i|<1$ 内展开成洛朗级数.

4. 将函数 $\dfrac{1}{(z-2)(z^2+1)}$ 在圆环域 $2<|z|<+\infty$ 内展开成洛朗级数.

5. 利用洛朗级数展开式计算积分 $\oint_{|z|=2} z e^{\frac{1}{z}} \mathrm{d}z$.

小 结

本章介绍了复数项级数收敛的判定方式（可以通过转化为实级数来判定）、幂级数的收敛范围（收敛圆域）、幂级数收敛的性质，以此为基础建立了函数与级数之间的等式关系，即函数展开成级数，这为进一步研究函数提供了重要工具. 其中 4.3 节建立了解析函数在解析区域内与级数的关系，即泰勒级数展开式；4.4 节建立了在圆环域内的解析函数与级数的关系，即洛朗级数展开式. 该结论为孤立奇点的分类、留数的定义与计算奠定了基础.

主要结论有：

(1) 幂级数在其收敛圆 $|z-z_0|<R$ 内绝对收敛，其和函数在收敛圆内解析，并且幂级数可以逐项求导、逐项求微分任意多次；

(2) 若函数 $f(z)$ 在区域 D 内解析，z_0 是 D 内任一点，R 是 z_0 到 D 的边界上的最短距离，则对圆域 $|z-z_0|<R$ 内的任意一点 z 有

$$f(z)=\sum_{n=0}^{\infty} c_n(z-z_0)^n=\sum_{n=0}^{\infty} \frac{f^{(n)}(z_0)}{n!}(z-z_0)^n \quad (n=0,1,2\cdots).$$

(3) 若函数 $f(z)$ 在圆环域 $R_1<|z-z_0|<R_2$ 内解析，则对圆环域内的任意一点 z 有

$$f(z)=\sum_{n=-\infty}^{+\infty} c_n(z-z_0)^n=\sum_{n=-\infty}^{+\infty} \frac{1}{2\pi i}\oint_C \frac{f(\xi)}{(\xi-z_0)^{n+1}}\mathrm{d}\xi(z-z_0)^n \quad (n=0,\pm 1,\pm 2\cdots).$$

总习题 4

1. 下列数列 $\{z_n\}$ 是否收敛？若收敛，求其极限.

(1) $z_n=\left(1+\dfrac{i}{3}\right)^{-n}$；   (2) $z_n=(-1)^n+\dfrac{i}{n}$；   (3) $z_n=e^{n\pi i}$.

2. 判断下列级数的收敛性与绝对收敛性：

(1) $\sum\limits_{n=1}^{\infty}\left[\left(1+\dfrac{1}{n}\right)^n+i\dfrac{3}{n^2}\right]$；   (2) $\sum\limits_{n=1}^{\infty}\dfrac{e^{-\frac{n\pi}{2}i}}{n^2}$.

3. 求下列幂级数的收敛半径与收敛圆域：

(1) $\sum\limits_{n=0}^{\infty}\dfrac{z^n}{n!}$；   (2) $\sum\limits_{n=0}^{\infty}\dfrac{(z-1)^n}{2^{n+1}}$；   (3) $\sum\limits_{n=1}^{\infty} nz^n$.

4. 设级数 $\sum\limits_{n=0}^{\infty} c_n 2^n$ 收敛，而级数 $\sum\limits_{n=0}^{\infty}|c_n|2^n$ 发散，证明级数 $\sum\limits_{n=0}^{\infty} c_n z^n$ 的收敛半径是 2.

5. 将函数 $\cos z^2$ 展成 z 的幂级数，并指出它的收敛半径.

6. 将函数 $\dfrac{z^2}{2-iz}$ 展成 z 的幂级数，并指出它的收敛半径.

7. 将函数 $\dfrac{1}{4-3z}$ 在指定点 $z_0=1+i$ 处展成泰勒级数，并指出它的收敛半径.

8. 将函数 $\dfrac{\sin z}{z}$ 在圆环域 $0<|z|<+\infty$ 内展开成洛朗级数.

9. 将函数 $\dfrac{z^2-z+1}{(z-2)(1-z^2)}$ 在圆环域：(1) $0<|z|<1$；(2) $2<|z|<+\infty$ 内展开成洛朗级数.

10. 利用洛朗级数展开式计算积分 $\displaystyle\oint_{|z|=2}\dfrac{1}{z(z+1)(z+4)}\mathrm{d}z$.

第 5 章

留数及其应用

留数理论是复变函数的一个重要组成部分,本章首先以洛朗级数为工具,对函数的孤立奇点进行分类,然后引进留数的概念,介绍留数的计算方法以及留数定理. 应用留数定理可以把计算沿闭曲线的复积分转化为计算在孤立奇点的留数,应用留数定理还可以计算一些一元实函数的定积分. 最后介绍辐角原理以供有关专业选用.

5.1 函数的孤立奇点

5.1.1 孤立奇点

如果函数 $f(z)$ 在 z_0 点不解析,则称 z_0 为 $f(z)$ 的奇点.

定义 5.1.1 如果函数 $f(z)$ 在 z_0 点不解析,但在 z_0 的某个去心邻域 $0 < |z - z_0| < \delta$ 内处处解析,则称 z_0 为 $f(z)$ 的孤立奇点.

例如,函数 $\dfrac{1}{z}$,$e^{\frac{1}{z}}$,$\dfrac{\sin z}{z}$ 等都是以 $z = 0$ 为孤立奇点,函数 $\dfrac{1}{z^2 + 1}$ 是以 $z = i$,$z = -i$ 为孤立奇点.

应当注意,函数的奇点并不一定都是孤立的. 例如函数 $f(z) = \dfrac{1}{\sin \frac{1}{z}}$,易知 $z_0 = 0$,$z_n = \dfrac{1}{n\pi}(n = \pm 1, \pm 2, \cdots)$ 都是它的奇点. 对于任意固定的非零整数 n,$z_n = \dfrac{1}{n\pi}$ 都是 $f(z)$ 的孤立奇点,但是 $z_0 = 0$ 不是 $f(z)$ 的孤立奇点. 因为当 n 的绝对值逐渐增大时,$\dfrac{1}{n\pi}$ 可以任意的接近 $z_0 = 0$,即无论 $z_0 = 0$ 的去心邻域有多小,该邻域内总有形如 $\dfrac{1}{n\pi}$ 的奇点存在.

如果 z_0 是 $f(z)$ 的孤立奇点，则在 z_0 的某个去心邻域 $0<|z-z_0|<\delta$ 内函数 $f(z)$ 可展开为洛朗级数

$$f(z)=\sum_{n=-\infty}^{+\infty}c_n(z-z_0)^n \qquad (5.1)$$

根据上述洛朗级数中负幂项是否存在，若存在是有限项还是无限项，可对孤立奇点 z_0 进行如下分类：

1. 可去奇点

定义 5.1.2 若函数 $f(z)$ 在孤立奇点 z_0 的去心邻域 $0<|z-z_0|<\delta$ 内的洛朗级数展开式(5.1)中不含 $z-z_0$ 的负幂项，即对一切 $n<0$ 有 $c_n=0$，则称 z_0 是 $f(z)$ 的可去奇点.

这时洛朗级数(5.1)简化为一般的幂级数：

$$f(z)=c_0+c_1(z-z_0)+c_2(z-z_0)^2+\cdots+c_n(z-z_0)^n+\cdots(0<|z-z_0|<\delta)$$

显然，右端的幂级数在圆域 $|z-z_0|<\delta$ 内处处收敛，其和函数 $F(z)$ 在该圆域内解析，因此，若补充定义 $f(z_0)=F(z_0)=c_0$，那么在圆域 $|z-z_0|<\delta$ 内恒有 $f(z)=F(z)=\sum_{n=0}^{+\infty}c_n(z-z_0)^n$，从而使 $f(z)$ 在 z_0 点解析. 正因如此，称 z_0 为可去奇点.

【例 5.1】 判断 $z=0$ 是函数 $\dfrac{\sin z}{z}$ 的可去奇点.

解 由于 $\dfrac{\sin z}{z}$ 在 $z=0$ 的去心邻域 $0<|z|<+\infty$ 内的洛朗级数展开式为

$$\frac{\sin z}{z}=\frac{1}{z}\left(z-\frac{z^3}{3!}+\frac{z^5}{5!}-\cdots+(-1)^n\frac{z^{2n+1}}{(2n+1)!}+\cdots\right)$$

$$=1-\frac{z^2}{3!}+\frac{z^4}{5!}-\cdots+(-1)^n\frac{z^{2n}}{(2n+1)!}+\cdots$$

上式右端的级数中不含 z 的负幂项，所以 $z=0$ 是函数 $\dfrac{\sin z}{z}$ 的可去奇点.

下面的定理给出了判断可去奇点的另一种方法.

定理 5.1.1 设函数 $f(z)$ 在 $0<|z-z_0|<\delta$ 内解析，则 z_0 为 $f(z)$ 的可去奇点的充要条件是极限 $\lim\limits_{z\to z_0}f(z)$ 存在且有限.

证 （必要性）设 z_0 是 $f(z)$ 的可去奇点，从而在 $0<|z-z_0|<\delta$ 内有

$$f(z)=c_0+c_1(z-z_0)+c_2(z-z_0)^2+\cdots+c_n(z-z_0)^n+\cdots$$

因为上式右端幂级数的和函数 $F(z)$ 在 $|z-z_0|<\delta$ 内解析，特别在

$z=z_0$ 处连续. 又当 $z\neq z_0$ 时 $f(z)=F(z)$，则 $\lim\limits_{z\to z_0}f(z)=\lim\limits_{z\to z_0}F(z)=c_0$.

（充分性）由于 $\lim\limits_{z\to z_0}f(z)$ 存在且有限，故存在正数 M 和 $\rho(<\delta)$ 使得 $0<|z-z_0|<\rho$ 时 $|f(z)|\leqslant M$.

设在 $0<|z-z_0|<\delta$ 内 $f(z)$ 的洛朗级数展开式为(5.1)，其系数 c_n 的直接计算公式中的积分路径 C 取为正向圆周 $|z-z_0|=r(0<r<\rho)$，即

$$c_n=\frac{1}{2\pi i}\oint_{|z-z_0|=r}\frac{f(\xi)}{(\xi-z_0)^{n+1}}\mathrm{d}\xi\qquad(n=0,\pm 1,\pm 2,\cdots)$$

则有

$$|c_n|\leqslant\frac{1}{2\pi}\frac{M\cdot 2\pi r}{r^{n+1}}=\frac{M}{r^n}\qquad(n=0,\pm 1,\pm 2,\cdots),$$

当 $n<0$ 时，令 $r\to 0$ 得 $c_n=0$，于是 z_0 是 $f(z)$ 的可去奇点.

2. 极点

定义 5.1.3　若函数 $f(z)$ 在孤立奇点 z_0 的去心邻域 $0<|z-z_0|<\delta$ 内的洛朗级数展开式(5.1)中只有有限多个 $z-z_0$ 的负幂项，即有正整数 m，$c_{-m}\neq 0$，而当 $n<-m$ 时 $c_n=0$，则称 z_0 是 $f(z)$ 的 m **级极点**.

由定义 5.1.3 可知，若 z_0 是 $f(z)$ 的 m 级极点，则在 z_0 的去心邻域 $0<|z-z_0|<\delta$ 内的洛朗级数展开式为

$$f(z)=c_{-m}(z-z_0)^{-m}+c_{-m+1}(z-z_0)^{-m+1}+\cdots+c_{-1}(z-z_0)^{-1}+$$
$$c_0+c_1(z-z_0)+\cdots$$

其中 $m\geqslant 1$，$c_{-m}\neq 0$.

上式又可改写为

$$f(z)=\frac{1}{(z-z_0)^m}\varphi(z),\qquad(5.2)$$

式中，$\varphi(z)=c_{-m}+c_{-m+1}(z-z_0)+c_{-m+2}(z-z_0)^2+\cdots$，显然 $\varphi(z)$ 在圆域 $|z-z_0|<\delta$ 内解析且 $\varphi(z_0)=c_{-m}\neq 0$.

实际上，上述条件也是充分的，即关于极点的判定有如下定理.

定理 5.1.2　设函数 $f(z)$ 在 $0<|z-z_0|<\delta$ 内解析，则 z_0 是 $f(z)$ 的 m 级极点的充要条件是 $f(z)$ 在 $0<|z-z_0|<\delta$ 内可表示为 $f(z)=\dfrac{1}{(z-z_0)^m}\varphi(z)$ 的形式，其中 $\varphi(z)$ 在 z_0 解析且 $\varphi(z_0)\neq 0$.

证　只需证明充分性.

设 $f(z) = \dfrac{1}{(z-z_0)^m}\varphi(z), 0 < |z-z_0| < \delta$

把 $\varphi(z)$ 在 z_0 的邻域内展开成幂级数 $\varphi(z) = \displaystyle\sum_{n=0}^{+\infty} b_n(z-z_0)^n$，其中 $b_0 = \varphi(z_0) \neq 0$，把 $\varphi(z)$ 的幂级数展开式代入式(5.2)可得到 $f(z)$ 在 $0 < |z-z_0| < \delta$ 的洛朗级数展开式 $f(z) = b_0(z-z_0)^{-m} + b_1(z-z_0)^{-m+1} + \cdots + b_{m-1}(z-z_0)^{-1} + b_m + b_{m+1}(z-z_0) + \cdots (b_0 \neq 0)$，于是 z_0 是 $f(z)$ 的 m 级极点.

由定理 5.1.2 还可得出极点的另一特征，其缺点是不能指出极点的级数.

定理 5.1.3 z_0 是 $f(z)$ 的极点的充要条件是 $\displaystyle\lim_{z \to z_0} f(z) = \infty$.

【例 5.2】 研究函数 $f(z) = \dfrac{1}{(z-1)^2(z+i)}$ 的孤立奇点的类型.

解 显然 $z = 1, z = -i$ 是 $f(z)$ 的两个孤立奇点.

$z = 1$ 是 $f(z)$ 的二级极点，因为存在 $\varphi(z) = \dfrac{1}{z+i}$ 在 $|z-1| < \delta$ 内解析且 $\varphi(1) \neq 0$ 使 $f(z) = \dfrac{1}{(z-1)^2}\varphi(z)$.

同理可知 $z = -i$ 是 $f(z)$ 的一级极点.

3. 本性奇点

定义 5.1.4 若函数 $f(z)$ 在孤立奇点 z_0 的去心邻域 $0 < |z-z_0| < \delta$ 内的洛朗级数展开式(5.1)中有无穷多个 $z-z_0$ 的负幂项，即有无穷多个 $n < 0$ 使 $c_n \neq 0$，则称 z_0 是 $f(z)$ 的**本性奇点**.

由函数孤立奇点的分类定义可以看出，若 $f(z)$ 的孤立奇点不是它的可去奇点和极点，则一定是 $f(z)$ 的本性奇点；反之亦然.

从而由定理 5.1.1 及定理 5.1.3 可得出本性奇点的特征.

定理 5.1.4 z_0 是 $f(z)$ 的本性奇点的充要条件是 $\displaystyle\lim_{z \to z_0} f(z)$ 不存在且不为 ∞.

【例 5.3】 研究函数 $e^{\frac{1}{z}}$ 的孤立奇点的类型.

解 $z = 0$ 是 $e^{\frac{1}{z}}$ 的唯一的孤立奇点，将 $e^{\frac{1}{z}}$ 在 $0 < |z| < +\infty$ 内展开成洛朗级数为

$$e^{\frac{1}{z}} = 1 + \frac{1}{z} + \frac{1}{2!z^2} + \cdots + \frac{1}{n!z^n} + \cdots$$

由于其含有无穷多个 z 的负幂项，所以 $z = 0$ 是 $e^{\frac{1}{z}}$ 的本性奇点.

事实上，当沿正实轴 $z = x \to 0$ 时，有 $f(z) \to \infty$；

当沿负实轴 $z=x \rightarrow 0$ 时，有 $f(z) \rightarrow 0$，

于是当 $z \rightarrow 0$ 时，$f(z)$ 极限不存在，也不为 ∞.

5.1.2　函数的零点与极点的关系

定义 5.1.5　若函数 $f(z)$ 在 z_0 点解析且 $f(z_0)=0$，则称 z_0 为 $f(z)$ 的零点，且若 $f(z)$ 在 z_0 的邻域内可表示成

$$f(z)=(z-z_0)^m \varphi(z), \tag{5.3}$$

其中 $\varphi(z)$ 在 z_0 解析且 $\varphi(z_0) \neq 0$，m 是一正整数，则称 z_0 为 $f(z)$ 的 m 级零点.

【例 5.4】　$z=0$，$z=1$ 分别是 $f(z)=z(z-1)^3$ 的一级与三级零点.

关于零点级数的判定还有一个比较实用的定理.

定理 5.1.5　若函数 $f(z)$ 在 z_0 点解析，则 z_0 为 $f(z)$ 的 m 级零点的充要条件是 $f^{(n)}(z_0)=0(n=0, 1, 2, \cdots, m-1)$，$f^{(m)}(z_0) \neq 0$.

证　(必要性)设 z_0 为 $f(z)$ 的 m 级零点，则 $f(z)$ 可表示成式 (5.3) 的形式. 设 $\varphi(z)$ 在 z_0 的泰勒级数展开式为

$\varphi(z)=b_0+b_1(z-z_0)+b_2(z-z_0)^2+\cdots$，其中 $b_0=\varphi(z_0) \neq 0$，

从而 $f(z)$ 在 z_0 的泰勒级数展开式为 $f(z)=b_0(z-z_0)^m+b_1(z-z_0)^{m+1}+\cdots$，此式表明 $f(z)$ 在 z_0 的泰勒级数展开式的前 m 项系数都为零. 又由 $f(z)$ 的泰勒级数的系数公式 $c_n=\dfrac{f^{(n)}(z_0)}{n!}$ 可知，当 $n=0, 1, 2, \cdots$，$m-1$ 时有 $c_n=\dfrac{f^{(n)}(z_0)}{n!}=0$，即

$$f^{(n)}(z_0)=0(n=0, 1, 2, \cdots, m-1),$$

而 $c_m=\dfrac{f^{(m)}(z_0)}{m!}=b_0 \neq 0$，即 $f^{(m)}(z_0)=m! \, b_0 \neq 0$.

(充分性)由已知条件及泰勒级数的系数公式有 $\alpha_0=\alpha_1=\cdots=\alpha_{m-1}=0$，$\alpha_m \neq 0$，所以 $f(z)$ 在 z_0 的泰勒级数展开式为

$$\begin{aligned}
f(z) &= \alpha_m(z-z_0)^m+\alpha_{m+1}(z-z_0)^{m+1}+\cdots \\
&= (z-z_0)^m[\alpha_m+\alpha_{m+1}(z-z_0)+\alpha_{m+2}(z-z_0)^2+\cdots] \\
&= (z-z_0)^m \varphi(z)
\end{aligned}$$

其中 $\varphi(z)=\alpha_m+\alpha_{m+1}(z-z_0)+\alpha_{m+2}(z-z_0)^2+\cdots$ 在 z_0 解析且 $\varphi(z_0)=\alpha_m \neq 0$，此说明 z_0 为 $f(z)$ 的 m 级零点.

【例 5.5】　$z=1$ 是 $f(z)=z^3-1$ 的零点，由于 $f'(1)=3z^2 \big|_{z=1}=3 \neq 0$，故 $z=1$ 是 $f(z)$ 的一级零点.

【例 5.6】 讨论 $f(z)=z-\sin z$ 在 $z=0$ 的性质.

解 $z=0$ 是 $f(z)$ 的零点, 由于 $f'(0)=1-\cos z\,|_{z=0}=0$, $f''(0)=\sin z\,|_{z=0}=0$, 而 $f'''(0)=\cos z\,|_{z=0}=1\neq0$, 所以 $z=0$ 是 $f(z)$ 的三级零点.

还需指出, 一个不恒为零的解析函数的零点是孤立的.

事实上, 由式(5.3), $\varphi(z)$ 在 z_0 解析且 $\varphi(z_0)\neq0$, 从而必在 z_0 连续, 所以对于给定的 $\varepsilon=\frac{1}{2}\,|\varphi(z_0)|>0$, 必存在 $\delta>0$, 当 $|z-z_0|<\delta$ 时, 有

$$|\varphi(z)-\varphi(z_0)|<\varepsilon=\frac{1}{2}\,|\varphi(z_0)|,$$

由此 $|\varphi(z)|>\frac{1}{2}\,|\varphi(z_0)|>0$, 即 $\varphi(z)$ 在 z_0 的邻域内恒不为零, 从而 $f(z)=(z-z_0)^m\varphi(z)$ 在 z_0 的去心邻域内恒不为零, 只在 z_0 点等于零.

函数的零点与极点有下面关系.

定理 5.1.6 z_0 为 $f(z)$ 的 m 级极点($m\geq1$)的充要条件是 z_0 为 $\frac{1}{f(z)}$ 的 m 级零点.

证 由式(5.3)和函数的 m 级极点的等价条件式(5.2)易得证.

由零点的定义和关于极点的定理 5.1.2 容易得到如下事实(证明略).

推论 5.1.1 设函数 $\varphi(z)$ 与 $\psi(z)$ 分别以 z_0 为 m 级零点和 n 级零点, 则 z_0 是 $\varphi(z)\psi(z)$ 的 $m+n$ 级零点.

推论 5.1.2 设函数 $\varphi(z)$ 与 $\psi(z)$ 分别以 z_0 为 m 级零点和 n 级零点, $f(z)=\frac{\varphi(z)}{\psi(z)}$, 则(1) 当 $m>n$ 时, z_0 是 $f(z)$ 的 $m-n$ 级零点;

(2) 当 $m<n$ 时, z_0 是 $f(z)$ 的 $n-m$ 级极点;

(3) 当 $m=n$ 时, z_0 是 $f(z)$ 的可去奇点.

注 5.1 定理 5.1.6 和推论 5.1.2 为我们判别函数的极点提供了更简便的方法.

【例 5.7】 判别下列函数孤立奇点的类型, 对极点, 指出它的级.

(1) $f(z)=\frac{1}{\sin z}$; (2) $f(z)=\frac{e^z-1}{z^3}$;

(3) $f(z)=\frac{(z^2-1)(z-2)^3}{(\sin\pi z)^3}$.

解 (1) 令 $\sin z=0$ 得 $\sin z$ 的零点为 $z=k\pi(k=0,\pm1,\pm2,\cdots)$, 又 $(\sin z)'\,|_{z=k\pi}=\cos z\,|_{z=k\pi}=(-1)^k\neq0$, 故 $z=k\pi$ 是 $\sin z$ 的一级零

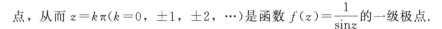

点，从而 $z=k\pi(k=0,\pm1,\pm2,\cdots)$ 是函数 $f(z)=\dfrac{1}{\sin z}$ 的一级极点.

(2) $z=0$ 是 z^3 的三级零点，又是 e^z-1 的一级零点，所以 $z=0$ 是

$f(z)=\dfrac{e^z-1}{z^3}$ 的二级极点.

(3) $\sin\pi z$ 的零点是 $z=k(k=0,\pm1,\pm2,\cdots)$，由于
$$(\sin\pi z)'|_{z=k}=\pi\cos\pi z|_{z=k}=\pi(-1)^k\neq0,$$
故 $z=k$ $(k=0,\pm1,\pm2,\cdots)$ 均是 $\sin\pi z$ 的一级零点，从而是
$(\sin\pi z)^3$ 的三级零点.

又 $z=\pm1$ 是分子 (z^2-1) $(z-2)^3$ 的一级零点，$z=2$ 是分子
$(z^2-1)(z-2)^3$ 的三级零点，所以 $z=\pm1$ 是 $f(z)=\dfrac{(z^2-1)\ (z-2)^3}{(\sin\pi z)^3}$ 的

二级极点，$z=2$ 是 $f(z)=\dfrac{(z^2-1)\ (z-2)^3}{(\sin\pi z)^3}$ 的可去奇点，$z=k$ $(k\neq$

$\pm1, 2)$ 是 $f(z)=\dfrac{(z^2-1)\ (z-2)^3}{(\sin\pi z)^3}$ 的三级极点.

注 5.2 此例题充分显示出
推论 5.1.1 与推论 5.1.2 的
优越性及简便性.

5.1.3 函数在无穷远点的性态

前面讨论函数 $f(z)$ 的孤立奇点时，都假定 z 为复平面内的有限远
点，下面在扩充复平面上讨论函数在无穷远点的性态.

定义 5.1.6 设函数 $f(z)$ 在无穷远点 $z=\infty$ 的去心邻域：$R<|z|<$
$+\infty(R\geqslant0)$ 内解析，则称 $z=\infty$ 为 $f(z)$ 的孤立奇点.

设 $z=\infty$ 为函数 $f(z)$ 的孤立奇点，为了研究 $f(z)$ 在 $z=\infty$ 的去心
邻域的性态，作变换 $t=\dfrac{1}{z}$，该变换将扩充 z 平面上的区域 $R<|z|$
$<+\infty$ 映射成扩充 t 平面上的区域 $0<|t|<\dfrac{1}{R}$，此外，它还把扩充 z
平面上的无穷远点 $z=\infty$ 映射成扩充 t 平面上的原点 $t=0$.

记 $\varphi(t)=f(z)=f\left(\dfrac{1}{t}\right)$，则 $\varphi(t)$ 在 $0<|t|<\dfrac{1}{R}$ 内解析，$t=0$ 是
其孤立奇点，这样就可以把研究 $f(z)$ 在 $z=\infty$ 的去心邻域内的性态转
化为研究 $\varphi(t)$ 在 $t=0$ 的去心邻域内的性质.

规定：如果 $t=0$ 是 $\varphi(t)$ 的可去奇点、m 级极点或本性奇点，那么
就称 $z=\infty$ 是 $f(z)$ 的可去奇点、m 级极点或本性奇点.

为了从 $f(z)$ 的洛朗展开式本身来给出孤立奇点 $z=\infty$ 的类型，我
们先把 $f(z)$ 在 $R<|z|<+\infty$ 内展开成洛朗级数

$$f(z) = \sum_{n=-\infty}^{+\infty} \alpha_n z^n = \sum_{n=1}^{+\infty} \alpha_{-n} z^{-n} + \alpha_0 + \sum_{n=1}^{+\infty} \alpha_n z^n \qquad (5.4)$$

其中 $\alpha_n = \dfrac{1}{2\pi i}\oint_C \dfrac{f(\xi)}{\xi^{n+1}}\mathrm{d}\xi$ $(n=0, \pm 1, \pm 2, \cdots)$，$C$ 为圆环域 $R <$ $|z| < +\infty$ 内绕原点的任一条正向简单闭曲线，因此 $\varphi(t)$ 在圆环域 $0 < |t| < \dfrac{1}{R}$ 内的洛朗级数为

$$\varphi(t) = \sum_{n=1}^{+\infty} \alpha_{-n} t^n + \alpha_0 + \sum_{n=1}^{+\infty} \alpha_n t^{-n}, \qquad (5.5)$$

$\varphi(t)$ 在 $0 < |t| < \dfrac{1}{R}$ 中洛朗级数展式的负幂项系数与 $f(z)$ 在 $R < |z| < +\infty$ 中的洛朗级数展开式中的相应正幂项系数相等. 我们知道，如果在级数(5.5)中①不含负幂项；②含有有限多的负幂项且 t^{-m} 为最高负幂；③含有无穷多的负幂项，那么 $t=0$ 是 $\varphi(t)$ 的：①可去奇点，②m 级极点，③本性奇点. 因此，根据前面的规定，我们得出如下结论.

定义 5.1.7 设 $z=\infty$ 为 $f(z)$ 的孤立奇点，级数(5.4)是 $f(z)$ 在 $R < |z| < +\infty$ 内的洛朗级数展式，如果在级数(5.4)中

① 不含 z 的正幂项，

② 含有有限多的 z 的正幂项且 z^m 为最高正幂，

③ 含有无穷多的 z 的正幂项，

则称 $z=\infty$ 是 $f(z)$ 的：①可去奇点，②m 级极点，③本性奇点.

于是，我们立即可以把函数在有限孤立奇点的有关结果转移到无穷远点的情形.

类似于定理 5.1.1、定理 5.1.3、定理 5.1.4，有如下结论.

定理 5.1.7 设 $z=\infty$ 为 $f(z)$ 的孤立奇点，则 $z=\infty$ 是 $f(z)$ 的①可去奇点，②m 级极点，③本性奇点的充分必要条件分别是 $\lim\limits_{z\to\infty} f(z)$ 存在且有限，为无穷大，不存在且不为 ∞.

【例 5.8】 判断 $z=\infty$ 是下列函数的什么类型的奇点，对于极点，指出它的级.

(1) $f(z) = \dfrac{z}{z-2}$；

(2) $f(z) = \dfrac{1}{z} + 1 + z + z^2$；

(3) $f(z) = \cos z^2$.

解 (1) $f(z)$ 在 ∞ 的邻域 $2 < |z| < +\infty$ 内解析且洛朗级数为

$$f(z) = \frac{z}{z-2} = \frac{1}{1-\dfrac{2}{z}} = 1 + \frac{2}{z} + \left(\frac{2}{z}\right)^2 + \cdots,$$

它不含 z 的正幂项, 所以 ∞ 为它的可去奇点.

(2) $f(z)$ 在 $0<|z|<+\infty$ 内解析, 所以 ∞ 为孤立奇点. 由于 $f(z)$ 本身已经是洛朗级数展开的形式且最高正幂为 2 次, 所以 ∞ 为二级极点.

(3) $f(z)$ 在 $|z|<+\infty$ 内解析, 所以 ∞ 为孤立奇点. 在 $|z|<+\infty$ 内

$$\cos z^2 = \sum_{n=0}^{+\infty} (-1)^n \frac{(z^2)^{2n}}{(2n)!}$$

含有无穷个正幂项, 所以 ∞ 为本性奇点.

【例 5.9】 $f(z) = \dfrac{1}{\sin \pi z}$ 是否以 $z=\infty$ 为孤立奇点?

解 令 $\sin \pi z = 0$, $z = k (k \in Z)$ 均为 $f(z)$ 的孤立奇点. 又 $k \to \infty$ 时, $z \to \infty$, 从而 $z \to \infty$ 不是 $f(z)$ 的孤立奇点.

习题 5.1

1. 下列函数有哪些有限的孤立奇点? 判断孤立奇点的类型, 如果是极点, 指出它的级.

(1) $\dfrac{1}{z(z^2+1)^3}$;   (2) $\dfrac{\sin z}{z^5}$;

(3) $\dfrac{1}{z^2(e^z-1)}$;   (4) $\dfrac{\cos z}{\sin z}$.

2. 判断下列函数在扩充复平面上各有什么类型的奇点, 对于极点, 指出它的级.

(1) $e^{\frac{1}{z}}$;   (2) $\dfrac{1-\cos z}{z^4}$;

(3) $\dfrac{z}{e^z-1}$;   (4) $\dfrac{\sin \pi z}{(z^2-1)^3}$.

3. 设 $z=z_0$ 分别是函数 $\varphi(z)$ 与 $\psi(z)$ 的 m 级极点和 n 级极点, 则 z_0 是 $\varphi(z)+\psi(z)$, $\varphi(z)\psi(z)$, $\dfrac{\varphi(z)}{\psi(z)}(\psi(z)\neq 0)$ 的什么类型的奇点?

5.2 留数

5.2.1 留数的定义和计算

设函数 $f(z)$ 在 z_0 点的邻域内解析, 则对于这邻域内围绕 z_0 的任一条简单闭曲线 C, 由柯西积分定理有 $\oint_C f(z)\mathrm{d}z = 0$, 但是, 如果 z_0 为 $f(z)$ 的孤立奇点, 也就是 $f(z)$ 在 z_0 的某个去心邻域 $0<|z-z_0|<R$ 内解析, 则沿该去心邻域内围绕 z_0 的任一条简单闭曲线 C 的积分 $\oint_C f(z)\mathrm{d}z$ 一般不等于零. 因为此时 $f(z)$ 在 $0<|z-z_0|<R$ 内的洛朗级数展开式为 $f(z) = \sum_{n=-\infty}^{+\infty} c_n(z-z_0)^n$, 对此展开式两端沿 C 逐项

积分，利用积分

$$\oint_C \frac{1}{(z-z_0)^n}\mathrm{d}z = \begin{cases} 2\pi\mathrm{i}, & n=1 \\ 0, & n \text{ 为其他整数} \end{cases}$$

可以得到 $\oint_C f(z)\mathrm{d}z = 2\pi\mathrm{i}c_{-1}$，这表明将 $f(z)$ 的洛朗级数展开式沿围绕孤立奇点 z_0 的正向简单闭曲线 C 逐项积分后只留下 $(z-z_0)$ 的负一次幂项的积分不为零，其余所有项的积分均为零. 负一次幂项的系数 c_{-1} 在研究函数的积分中占有特别重要的地位，$c_{-1} = \frac{1}{2\pi\mathrm{i}}\oint_C f(z)\mathrm{d}z$，因此，我们有如下定义.

定义 5.2.1 设 z_0 是 $f(z)$ 的一个孤立奇点，即 $f(z)$ 在 z_0 的去心邻域 $0 < |z-z_0| < R$ 内解析，则称积分 $\frac{1}{2\pi\mathrm{i}}\oint_C f(z)\mathrm{d}z$ 的值为 $f(z)$ 在 z_0 的留数，记作

$$\mathrm{Res}[f(z),\, z_0] = \frac{1}{2\pi\mathrm{i}}\oint_C f(z)\mathrm{d}z$$

式中，C 为 $0 < |z-z_0| < R$ 内围绕 z_0 的任一条简单正向闭曲线.

如上所述，从而有 $\mathrm{Res}[f(z),\, z_0] = c_{-1}$，也就是说，$f(z)$ 在孤立奇点 z_0 的留数就是 $f(z)$ 在以 z_0 为心的圆环域内洛朗级数展式中 $(z-z_0)$ 的负一次幂项的系数 c_{-1}.

【例 5.10】 求下列函数在孤立奇点处的留数：

(1) $f(z) = \dfrac{\sin z}{z}$，$z_0 = 0$，　　(2) $f(z) = \dfrac{1}{(z-1)(z-2)}$，$z_0 = 1$.

(3) $f(z) = \mathrm{e}^{\frac{1}{z}}$，$z_0 = 0$.

解 (1) $f(z) = \dfrac{\sin z}{z}$ 在 $z = 0$ 的去心邻域 $0 < |z| < +\infty$ 内的洛朗级数展开式为

$$\frac{\sin z}{z} = 1 - \frac{z^2}{3!} + \frac{z^4}{5!} - \cdots + (-1)^n \frac{z^{2n}}{(2n+1)!} + \cdots,$$

其中 $c_{-1} = 0$，所以 $\mathrm{Res}[f(z),\, 0] = 0$.

(2) $f(z) = \dfrac{1}{(z-1)(z-2)}$ 在 $0 < |z-1| < 1$ 内的洛朗级数展开式为

$$\frac{1}{(z-1)(z-2)} = -\frac{1}{z-1} - 1 - (z-1) - \cdots - (z-1)^n - \cdots,$$

其中 $c_{-1} = -1$，所以 $\mathrm{Res}[f(z),\, 1] = -1$.

（3）$f(z)=\mathrm{e}^{\frac{1}{z}}$ 在 $0<|z|<+\infty$ 内展开成洛朗级数为

$$\mathrm{e}^{\frac{1}{z}}=1+\frac{1}{z}+\frac{1}{2!z^{2}}+\cdots+\frac{1}{n!z^{n}}+\cdots,$$

式中，$c_{-1}=1$，所以 $\mathrm{Res}[f(z),0]=1$.

在一般情况下，计算留数可直接求 $f(z)$ 在以 z_{0} 为中心的圆环域内的洛朗级数展开式中的负一次幂项的系数 c_{-1}，但是有时求洛朗级数展开式是比较麻烦的，因此，如果能预先知道奇点的类型，对求留数会更为有利. 下面根据孤立奇点的不同类型，分别建立留数计算的一些简便方法.

（1）可去奇点的留数，由可去奇点的定义，$c_{-1}=0$，因此
$$\mathrm{Res}[f(z),z_{0}]=0.$$

（2）极点的留数.

准则 1　如果 z_{0} 是 $f(z)$ 的一级极点，则
$$\mathrm{Res}[f(z),z_{0}]=\lim_{z\to z_{0}}(z-z_{0})f(z).$$

准则 2　如果 z_{0} 是 $f(z)$ 的 m 级极点 $(m\geqslant1)$，则.

$$\mathrm{Res}[f(z),z_{0}]=\frac{1}{(m-1)!}\lim_{z\to z_{0}}\frac{d^{m-1}}{dz^{m-1}}\{(z-z_{0})^{m}f(z)\}.$$

准则 1 和准则 2 可以利用洛朗级数展开式以及留数定义得到. 准则 1 是准则 2 当 $m=1$ 时的特例.

准则 3　设 $f(z)=\dfrac{P(z)}{Q(z)}$，其中 $P(z)$，$Q(z)$ 在 z_{0} 解析，如果 $P(z_{0})\neq0$，$Q(z_{0})=0$，$Q'(z_{0})\neq0$，则 z_{0} 为 $f(z)$ 的一级极点，且

$$\mathrm{Res}[f(z),z_{0}]=\frac{P(z_{0})}{Q'(z_{0})}.$$

证　由于 $Q(z_{0})=0$，$Q'(z_{0})\neq0$，所以 z_{0} 为 $Q(z)$ 的一级零点，从而 z_{0} 为 $\dfrac{1}{Q(z)}$ 的一级极点. 又因为 $P(z)$ 在 z_{0} 解析且 $P(z_{0})\neq0$，所以 z_{0} 为 $f(z)=\dfrac{P(z)}{Q(z)}$ 的一级极点，由准则 1 知

$$\mathrm{Res}[f(z),z_{0}]=\lim_{z\to z_{0}}(z-z_{0})f(z)=\lim_{z\to z_{0}}\frac{P(z)}{\dfrac{Q(z)-Q(z_{0})}{z-z_{0}}}=\frac{P(z_{0})}{Q'(z_{0})}.$$

【**例 5.11**】　求下列函数在孤立奇点处的留数：

(1) $f(z) = \dfrac{z\,\mathrm{e}^z}{z^2-1}$;　　　　　　　(2) $f(z) = \dfrac{\mathrm{e}^z}{z\,(z-1)^2}$;

(3) $f(z) = \dfrac{z-\sin z}{z^6}$.

解 (1) $f(z) = \dfrac{z\,\mathrm{e}^z}{z^2-1}$ ，其中 $z = \pm 1$ 为 $f(z)$ 的一级极点，

由准则 1 知

$$\mathrm{Res}[f(z),1] = \lim_{z\to 1}(z-1)\cdot\frac{z\,\mathrm{e}^z}{z^2-1} = \lim_{z\to 1}\frac{z\,\mathrm{e}^z}{z+1} = \frac{\mathrm{e}}{2}.$$

由准则 3 知

$$\mathrm{Res}[f(z),-1] = \frac{z\,\mathrm{e}^z}{(z^2-1)'}\bigg|_{z=-1} = \frac{z\,\mathrm{e}^z}{2z}\bigg|_{z=-1} = \frac{\mathrm{e}^{-1}}{2}.$$

(2) $f(z) = \dfrac{\mathrm{e}^z}{z(z-1)^2}$ ，其中 $z = 0$ 为 $f(z)$ 的一级极点，$z = 1$ 为 $f(z)$ 的二级极点，

由准则 1 知

$$\mathrm{Res}[f(z),0] = \lim_{z\to 0} z\cdot\frac{\mathrm{e}^z}{z(z-1)^2} = \lim_{z\to 0}\frac{\mathrm{e}^z}{(z-1)^2} = 1.$$

由准则 2 知

$$\mathrm{Res}[f(z),1] = \frac{1}{(2-1)!}\lim_{z\to 1}\frac{\mathrm{d}}{\mathrm{d}z}\left\{(z-1)^2\cdot\frac{\mathrm{e}^z}{z(z-1)^2}\right\}$$

$$= \lim_{z\to 1}\frac{\mathrm{d}}{\mathrm{d}z}\left(\frac{\mathrm{e}^z}{z}\right) = \lim_{z\to 1}\frac{\mathrm{e}^z(z-1)}{z^2} = 0.$$

(3) $f(z) = \dfrac{z-\sin z}{z^6}$ ，其中 $z = 0$ 为 $f(z)$ 的三级极点，（由于 $z = 0$ 为 $z-\sin z$ 的三级零点，$z = 0$ 为 z^6 的六级零点，因此 $z = 0$ 为 $\dfrac{z-\sin z}{z^6}$ 的三级极点）．

在 $z = 0$ 的去心邻域 $0 < |z| < +\infty$ 内将 $f(z) = \dfrac{z-\sin z}{z^6}$ 展开成洛朗级数为

$$\frac{z-\sin z}{z^6} = \frac{1}{z^6}\left\{z - \left[z - \frac{z^3}{3!} + \frac{z^5}{5!} - \cdots + (-1)^n\frac{z^{2n+1}}{(2n+1)!} + \cdots\right]\right\}$$

$$= \frac{1}{3!\,z^3} - \frac{1}{5!\,z} + \frac{z}{7!} - \cdots,$$

所以 $\mathrm{Res}[f(z),0] = c_{-1} = -\dfrac{1}{5!}.$

注 5.3 若用准则 2 来计算留数将很麻烦，可自己试一下．

5.2.2　留数定理

引入留数概念的目的是计算积分，因此我们有下面的定理.

定理 5.2.1 （留数定理）设函数 $f(z)$ 在区域 D 内除去有限个孤立奇点 z_1，z_2，$\cdots$，z_n 外处处解析，C 是 D 内包含这些奇点的一条正向简单闭曲线，则

$$\oint_C f(z)\mathrm{d}z = 2\pi\mathrm{i}\sum_{k=1}^{n}\mathrm{Res}[f(z),z_k].$$

证　把在闭曲线 C 内的孤立奇点 $z_k(k=1$，2，$\cdots$，$n)$ 用互不相交，互不包含的正向简单闭曲线 C_k 围绕起来(图 5.1)，由复合闭路原理得

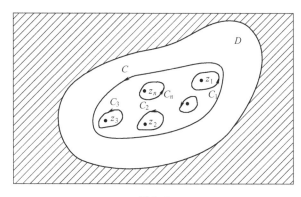

图 5.1

$$\oint_C f(z)\mathrm{d}z = \sum_{k=1}^{n}\oint_{C_k} f(z)\mathrm{d}z.$$

再由留数的定义 $\oint_{C_k} f(z)\mathrm{d}z = 2\pi\mathrm{i}\mathrm{Res}[f(z),z_k]$ ，因此

$$\oint_C f(z)\mathrm{d}z = 2\pi\mathrm{i}\sum_{k=1}^{n}\mathrm{Res}[f(z),z_k].$$

利用这个定理，可把沿封闭曲线 C 的积分归结为求 C 内各孤立奇点处的留数.

【例 5.12】 计算积分 $\oint_C \dfrac{3z+2}{z(z-1)^2}\mathrm{d}z$ ，其中 C 为正向圆周 $|z|=2$.

解　因为 $f(z)=\dfrac{3z+2}{z(z-1)^2}$ 有一个一级极点 $z=0$ 和一个二级极点 $z=1$，且均在圆周 $|z|=2$ 内，所以由留数定理

$$\oint_C \frac{3z+2}{z(z-1)^2}\mathrm{d}z = 2\pi\mathrm{i}\{\mathrm{Res}[f(z),0]+\mathrm{Res}[f(z),1]\}.$$

由准则 1，得

$$\text{Res}[f(z),0]=\lim_{z\to 0}z\cdot\frac{3z+2}{z(z-1)^2}=\lim_{z\to 0}\frac{3z+2}{(z-1)^2}=2.$$

由准则 2，得

$$\text{Res}[f(z),1]=\frac{1}{(2-1)!}\lim_{z\to 1}\frac{\mathrm{d}}{\mathrm{d}z}\left[(z-1)^2\cdot\frac{3z+2}{z(z-1)^2}\right]$$

$$=\lim_{z\to 1}\frac{\mathrm{d}}{\mathrm{d}z}\left(\frac{3z+2}{z}\right)=\lim_{z\to 1}\frac{-2}{z^2}=-2.$$

因此

$$\oint_C\frac{3z+2}{z(z-1)^2}\mathrm{d}z=2\pi\mathrm{i}\{\text{Res}[f(z),0]+\text{Res}[f(z),1]\}=2\pi\mathrm{i}(2-2)=0.$$

【例 5.13】 计算积分 $\oint_C\frac{z}{z^4-1}\mathrm{d}z$ ，其中 C 为正向圆周 $|z|=2$.

解 在圆周 $|z|=2$ 内，$f(z)=\frac{z}{z^4-1}$ 有四个一级极点 $z=\pm 1$，$\pm\mathrm{i}$.

由准则 3，得 $\frac{P(z)}{Q'(z)}=\frac{z}{4z^3}=\frac{1}{4z^2}.$

所以

$$\oint_C\frac{z}{z^4-1}\mathrm{d}z=2\pi\mathrm{i}\{\text{Res}[f(z),1]+\text{Res}[f(z),-1]+$$

$$\text{Res}[f(z),\mathrm{i}]+\text{Res}[f(z),-\mathrm{i}]\}$$

$$=2\pi\mathrm{i}\left(\frac{1}{4}+\frac{1}{4}-\frac{1}{4}-\frac{1}{4}\right)=0.$$

5.2.3 函数在无穷远点的留数

定义 5.2.2 设函数 $f(z)$ 在圆环域 $R<|z|<+\infty$ 内解析，C 为该圆环内绕原点的任一条正向简单闭曲线，则称积分 $\frac{1}{2\pi\mathrm{i}}\oint_{C^-}f(z)\mathrm{d}z$ 为 $f(z)$ 在无穷远点 ∞ 的留数，记作

$$\text{Res}[f(z),\infty]=\frac{1}{2\pi\mathrm{i}}\oint_{C^-}f(z)\mathrm{d}z$$

即有 $\text{Res}[f(z),\infty]=-c_{-1}$，也就是说，$f(z)$ 在无穷远点 ∞ 的留数等于它在无穷远点的去心邻域 $R<|z|<+\infty$ 内的洛朗级数展开式中 z^{-1} 的系数的相反数.

关于无穷远点的留数计算，有以下准则（证明从略）.

准则 4 $\text{Res}[f(z),\infty]=-\text{Res}\left[f\left(\frac{1}{z}\right)\cdot\frac{1}{z^2},0\right]$

定理 5.2.2 如果 $f(z)$ 在扩充复平面内只有有限个孤立奇点（包

括无穷远点在内），则 $f(z)$ 在所有各奇点（包含无穷远点）的留数的总和必为零.

证　不妨设 $f(z)$ 的有限个孤立奇点为 $z_1, z_2, \cdots, z_n, \infty$.

设 C 为围绕原点且包含所有有限孤立奇点 $z_1, z_2, \cdots, z_n$ 的正向简单闭曲线，于是由定理 5.2.1 得

$$\frac{1}{2\pi i} \oint_C f(z) \mathrm{d}z = \sum_{k=1}^{n} \text{Res}[f(z), z_k].$$

又由无穷远点留数的定义，有

$$\frac{1}{2\pi i} \oint_{C^-} f(z) \mathrm{d}z = \text{Res}[f(z), \infty].$$

于是有

$$\sum_{k=1}^{n} \text{Res}[f(z), z_k] + \text{Res}[f(z), \infty]$$
$$= \frac{1}{2\pi i} \oint_C f(z) \mathrm{d}z + \frac{1}{2\pi i} \oint_{C^-} f(z) \mathrm{d}z = 0.$$

定理 5.2.2 与准则 4 为我们提供了计算函数沿闭曲线积分的又一种方法.

【例 5.14】（例 5.13 另解）　计算积分 $\oint_C \dfrac{z}{z^4 - 1} \mathrm{d}z$，其中 C 为正向圆周 $|z| = 2$.

解　在圆周 $|z| = 2$ 外，$f(z) = \dfrac{z}{z^4 - 1}$ 除无穷远点外没有其他奇点，因此

$$\oint_C \frac{z}{z^4 - 1} \mathrm{d}z = -2\pi i \text{Res}[f(z), \infty]$$
$$= 2\pi i \text{Res}\left[f\left(\frac{1}{z}\right) \cdot \frac{1}{z^2}, 0 \right]$$
$$= 2\pi i \text{Res}\left[\frac{z}{1 - z^4}, 0 \right] = 0.$$

【例 5.15】　计算积分 $\oint_C \dfrac{z}{(z^4 + 1)^3 (z - 3)} \mathrm{d}z$，其中 C 为正向圆周 $|z| = 2$.

解　设 $f(z) = \dfrac{z}{(z^4 + 1)^3 (z - 3)}$，则 $f(z)$ 在扩充复平面上一共有 6 个孤立奇点：

$$z_k = \mathrm{e}^{\frac{\pi + 2k\pi}{4} i} \ (k = 0, 1, 2, 3), \ z_4 = 3, \ z_5 = \infty.$$

在圆周 $|z|=2$ 的内部有 4 个三级极点 $z_k(k=0,1,2,3)$，应用留数定理，有

$$\oint_C \frac{z}{(z^4+1)^3(z-3)}\,\mathrm{d}z = 2\pi\mathrm{i}\sum_{k=0}^{3}\mathrm{Res}[f(z),z_k].$$

计算上式右端的留数比较麻烦，从而可以利用定理 5.2.2，可把其转化为计算 $f(z)$ 在孤立奇点 $z_4=3$，$z_5=\infty$ 的留数.

由于 $\mathrm{Res}[f(z),3]=\lim\limits_{z\to 3}(z-3)\cdot\dfrac{z}{(z^4+1)^3(z-3)}=\dfrac{3}{82^3}$,

又由准则 4，$\mathrm{Res}[f(z),\infty]=-\mathrm{Res}\left[f\left(\dfrac{1}{z}\right)\cdot\dfrac{1}{z^2},0\right]$

$$=-\mathrm{Res}\left[\frac{z^{10}}{(1+z^4)^3(1-3z)},0\right]=0.$$

所以

$$\oint_C \frac{z}{(z^4+1)^3(z-3)}\,\mathrm{d}z = -2\pi\mathrm{i}\{\mathrm{Res}[f(z),3]+\mathrm{Res}[f(z),\infty]\}$$

$$=-2\pi\mathrm{i}\cdot\frac{3}{82^3}=-\frac{6\pi\mathrm{i}}{82^3}.$$

习题 5.2

1. 求函数 $f(z)=\dfrac{z+1}{z^2-3z}$ 在有限孤立奇点处的留数.

2. 求函数 $f(z)=\dfrac{\sin z}{z^5-1}$ 在 $z=1$ 处的留数.

3. 用留数计算下列各积分

(1) $\oint_C \dfrac{z^7}{(z-2)(z^2+1)}\mathrm{d}z$，$C$：$|z|=\dfrac{3}{2}$；

(2) $\oint_C \dfrac{\mathrm{e}^z}{z^2(z^2+9)}\mathrm{d}z$，$C$：$|z|=2$；

(3) $\oint_C (1+z+z^2)\,\mathrm{e}^{\frac{1}{z}}\mathrm{d}z$，$C$：$|z|=1$.

4. 利用无穷远点 ∞ 的留数计算下列各积分：

(1) $\oint_C \dfrac{z^2}{z+1}\mathrm{e}^{\frac{1}{z}}\mathrm{d}z$，$C$：$|z|=\dfrac{3}{2}$；

(2) $\oint_C \dfrac{1}{z(z-1)^4(z-4)}\mathrm{d}z$，$C$：$|z|=2$；

(3) $\oint_C \dfrac{1}{(z-1)(z+\mathrm{i})^8(z-3)}\mathrm{d}z$，$C$：$|z|=2$.

5.3 留数在定积分计算中的应用

在一元实函数的定积分和反常积分中，许多被积函数的原函数是不能

用初等函数表示出来，这就使得计算其积分值会遇到困难. 留数定理为这类积分的计算提供了一种新的简便方法. 但是，该方法要受到很大的限制，因为要使用留数定理计算实积分需要把所求积分转化为解析函数沿某条闭曲线的积分. 下面就几种特殊类型的定积分来说明如何用留数进行计算.

5.3.1　形如 $\int_0^{2\pi} R(\cos\theta,\ \sin\theta)\mathrm{d}\theta$ 的积分

这里讨论的被积函数 $R(\cos\theta,\ \sin\theta)$ 为 $\cos\theta$，$\sin\theta$ 的有理函数.

令 $z=\mathrm{e}^{\mathrm{i}\theta}$，$0\leqslant\theta\leqslant 2\pi$，则 $\mathrm{d}z=\mathrm{i}\mathrm{e}^{\mathrm{i}\theta}\mathrm{d}\theta$，

$$\sin\theta=\frac{1}{2\mathrm{i}}(\mathrm{e}^{\mathrm{i}\theta}-\mathrm{e}^{-\mathrm{i}\theta})=\frac{z^2-1}{2\mathrm{i}z},\quad \cos\theta=\frac{1}{2}(\mathrm{e}^{\mathrm{i}\theta}+\mathrm{e}^{-\mathrm{i}\theta})=\frac{z^2+1}{2z},$$

当 θ 从 0 变化到 2π 时，满足 $z=\mathrm{e}^{\mathrm{i}\theta}$ 的 z 恰好沿单位圆周 $|z|=1$ 正向绕行一周，于是，所求积分化为沿单位圆周的积分

$$\int_0^{2\pi} R(\cos\theta,\sin\theta)\mathrm{d}\theta=\oint_{|z|=1} R\left(\frac{z^2+1}{2z},\frac{z^2-1}{2\mathrm{i}z}\right)\frac{1}{\mathrm{i}z}\mathrm{d}z .$$

令 $f(z)=R\left(\dfrac{z^2+1}{2z},\dfrac{z^2-1}{2\mathrm{i}z}\right)\dfrac{1}{\mathrm{i}z}$，则 $f(z)$ 为 z 的有理函数. 若 $f(z)$ 在单位圆周 $|z|=1$ 上无奇点，在单位圆周内的孤立奇点为 z_1，z_2，$\cdots$，z_n，则由留数定理有

$$\int_0^{2\pi} R(\cos\theta,\ \sin\theta)\mathrm{d}\theta=\oint_{|z|=1} f(z)\mathrm{d}z=2\pi\mathrm{i}\sum_{k=1}^n \mathrm{Res}[f(z),z_k] .$$

$$(5.6)$$

【例 5.16】　计算积分 $I=\displaystyle\int_0^{2\pi}\frac{1}{3+\cos\theta}\mathrm{d}\theta$.

解　令 $z=\mathrm{e}^{\mathrm{i}\theta}$，则 $\mathrm{d}\theta=\dfrac{\mathrm{d}z}{\mathrm{i}z}$，$\cos\theta=\dfrac{z^2+1}{2z}$.

于是

$$I=\oint_{|z|=1}\frac{1}{3+\dfrac{z^2+1}{2z}}\cdot\frac{1}{\mathrm{i}z}\mathrm{d}z=\frac{2}{\mathrm{i}}\oint_{|z|=1}\frac{1}{z^2+6z+1}\mathrm{d}z .$$

由于被积函数 $f(z)=\dfrac{1}{z^2+6z+1}$ 在 $|z|<1$ 内只有一个一级极点 $z=-3+2\sqrt{2}$，所以

$$I=\frac{2}{\mathrm{i}}\oint_{|z|=1}\frac{1}{z^2+6z+1}\mathrm{d}z=\frac{2}{\mathrm{i}}\cdot 2\pi\mathrm{i}\cdot\mathrm{Res}[f(z),-3+2\sqrt{2}]$$

$$=4\pi\cdot\frac{1}{2z+6}\bigg|_{z=-3+2\sqrt{2}}=\frac{\pi}{\sqrt{2}}=\frac{\sqrt{2}\pi}{2} .$$

5.3.2 形如 $\int_{-\infty}^{+\infty} R(x)\mathrm{d}x$ 的积分

这里讨论的被积函数 $R(x)$ 是 x 的有理分式函数 $R(x) = \dfrac{x^n + a_1 x^{n-1} + \cdots + a_n}{x^m + b_1 x^{m-1} + \cdots + b_m}$，分母的次数至少比分子的次数高两次，即 $m - n \geqslant 2$，并且作为复变量 z 的函数 $R(z)$ 在实轴上没有孤立奇点.

取积分路径如图 5.2 所示，其中 C_R 是以原点为心，R 为半径的上半圆周，它与实轴上从 $-R$ 到 R 的线段一同构成了一个闭路 C. 取半径 R 充分大，使 $R(z)$ 所有的在上半平面内的极点 z_k 都包含在 C 内，由留数定理，

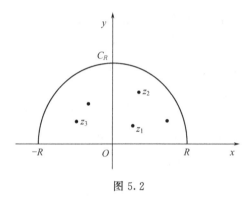

图 5.2

$$\int_{-R}^{R} R(x)\mathrm{d}x + \int_{C_R} R(z)\mathrm{d}z = 2\pi\mathrm{i}\sum_k \mathrm{Res}[R(z), z_k]$$

因为

$$|R(z)| = \frac{1}{|z|^{m-n}} \cdot \frac{|1 + a_1 z^{-1} + \cdots + a_n z^{-n}|}{|1 + b_1 z^{-1} + \cdots + b_m z^{-m}|}$$

$$\leqslant \frac{1}{|z|^{m-n}} \cdot \frac{1 + |a_1 z^{-1} + \cdots + a_n z^{-n}|}{1 - |b_1 z^{-1} + \cdots + b_m z^{-m}|},$$

当 $|z|$ 充分大时，总可使

$$|a_1 z^{-1} + \cdots + a_n z^{-n}| < \frac{1}{10}, \quad |b_1 z^{-1} + \cdots + b_m z^{-m}| < \frac{1}{10},$$

又 $m - n \geqslant 2$，故当 $|z|$ 充分大时，有

$$|R(z)| \leqslant \frac{1}{|z|^{m-n}} \cdot \frac{1 + |a_1 z^{-1} + \cdots + a_n z^{-n}|}{1 - |b_1 z^{-1} + \cdots + b_m z^{-m}|}$$

$$< \frac{1}{|z|^{m-n}} \cdot \frac{1 + \dfrac{1}{10}}{1 - \dfrac{1}{10}} < \frac{2}{|z|^2},$$

因此，在半径 R 充分大的 C_R 上，有

$$\left| \int_{C_R} R(z)\mathrm{d}z \right| \leqslant \frac{2}{R^2} \cdot \pi R = \frac{2\pi}{R}.$$

于是，当 $R \to +\infty$ 时，$\int_{C_R} R(z)\mathrm{d}z \to 0$，从而

$$\int_{-\infty}^{+\infty} R(x)\mathrm{d}x = 2\pi\mathrm{i} \sum_k \mathrm{Res}[R(z), z_k]. \tag{5.7}$$

式中，z_k 是函数 $R(z)$ 在上半平面内所有的孤立奇点.

特别，当 $R(x)$ 为偶函数时，有

$$\int_0^{+\infty} R(x)\mathrm{d}x = \pi\mathrm{i} \sum_k \mathrm{Res}[R(z), z_k], \tag{5.8}$$

其中 z_k 是函数 $R(z)$ 在上半平面内所有的孤立奇点.

【例 5.17】 计算积分 $I = \displaystyle\int_{-\infty}^{+\infty} \frac{1}{(3+x^2)^2}\mathrm{d}x$.

解　$R(x) = \dfrac{1}{(3+x^2)^2}$，$R(z) = \dfrac{1}{(3+z^2)^2}$ 在上半平面内只有一个二

级极点 $z = \sqrt{3}\,\mathrm{i}$，且

$$\begin{aligned}
\mathrm{Res}[R(z), \sqrt{3}\,\mathrm{i}] &= \lim_{z \to \sqrt{3}\,\mathrm{i}} \frac{\mathrm{d}}{\mathrm{d}z}\left[(z-\sqrt{3}\,\mathrm{i})^2 \cdot \frac{1}{(3+z^2)^2} \right] \\
&= \lim_{z \to \sqrt{3}\,\mathrm{i}} -\frac{2}{(z+\sqrt{3}\,\mathrm{i})^3} = \frac{\sqrt{3}}{36\mathrm{i}}.
\end{aligned}$$

由式(5.7) 得

$$I = \int_{-\infty}^{+\infty} \frac{1}{(3+x^2)^2}\mathrm{d}x = 2\pi\mathrm{i} \cdot \mathrm{Res}[R(z), \sqrt{3}\,\mathrm{i}] = \frac{\sqrt{3}}{18}\pi.$$

5.3.3　形如 $\displaystyle\int_{-\infty}^{+\infty} R(x)\mathrm{e}^{\mathrm{i}ax}\mathrm{d}x (a>0)$ 的积分

被积函数中，$R(x)$ 是 x 的有理分式函数

$$R(x) = \frac{x^n + a_1 x^{n-1} + \cdots + a_n}{x^m + b_1 x^{m-1} + \cdots + b_m},$$

其中分母的次数至少比分子的次数高一次，即 $m-n \geqslant 1$，并且作为复变量 z 的函数 $R(z)$ 在实轴上没有孤立奇点. 则积分存在，且

$$\int_{-\infty}^{+\infty} R(x)\mathrm{e}^{\mathrm{i}ax}\mathrm{d}x = 2\pi\mathrm{i} \sum_k \mathrm{Res}[R(z)\mathrm{e}^{\mathrm{i}az}, z_k], \tag{5.9}$$

式中，z_k 是函数 $R(z)\mathrm{e}^{\mathrm{i}az}$ 在上半平面内所有的孤立奇点.

事实上，和类型 5.3.2 类似，当 $|z|$ 充分大时，由于 $m-n \geqslant 1$，故有 $|R(z)| \leqslant \dfrac{2}{|z|}$. 同理，在半径 R 充分大的 C_R 上，当 $R \to +\infty$ 时，

$\int_{C_R} R(z) e^{iaz} dz \to 0$，从而

$$\int_{-\infty}^{+\infty} R(x) e^{iax} dx = 2\pi i \sum_k \text{Res}[R(z) e^{iaz}, z_k],$$

由于 $e^{iax} = \cos ax + i\sin ax$，所以式(5.9) 又可改写成

$$\int_{-\infty}^{+\infty} R(x) \cos ax \, dx + i\int_{-\infty}^{+\infty} R(x) \sin ax \, dx = 2\pi i \sum_k \text{Res}[R(z) e^{iaz}, z_k].$$

$$(5.10)$$

【例 5.18】 计算积分 $I = \int_{-\infty}^{+\infty} \dfrac{\cos x}{x^2 + 4x + 5} dx$.

解 $R(z) = \dfrac{1}{z^2 + 4z + 5}$ 在上半平面内只有一个一级极点 $z = -2 + i$，

且 $\text{Res}\left[\dfrac{e^{iz}}{z^2 + 4z + 5}, -2 + i\right] = \dfrac{e^{iz}}{2z + 4}\bigg|_{z = -2 + i} = \dfrac{e^{-1 - 2i}}{2i}$.

由式(5.10) 得

$$I = \int_{-\infty}^{+\infty} \frac{\cos x}{x^2 + 4x + 5} dx = \text{Re}\left[\int_{-\infty}^{+\infty} \frac{e^{ix}}{x^2 + 4x + 5} dx\right]$$

$$= \text{Re}\left[2\pi i \cdot \frac{e^{-1 - 2i}}{2i}\right] = \pi e^{-1} \cos 2.$$

5.3.4 被积函数在实轴上有孤立奇点的积分

在形如 $\int_{-\infty}^{+\infty} R(x) dx$ 和 $\int_{-\infty}^{+\infty} R(x) e^{iax} dx (a > 0)$ 的积分中，都要求被积函数中的 $R(z)$ 在实轴上没有孤立奇点，如果 $R(z)$ 在实轴上有孤立奇点，则可适当改变上面的方法，采取挖奇点取极限的办法来处理，下面举例说明.

【例 5.19】 计算积分 $I = \int_0^{+\infty} \dfrac{\sin x}{x} dx$.

解 因为 $\dfrac{\sin x}{x}$ 是偶函数，所以 $\int_0^{+\infty} \dfrac{\sin x}{x} dx = \dfrac{1}{2} \int_{-\infty}^{+\infty} \dfrac{\sin x}{x} dx$.

又由于 $\dfrac{\sin x}{x}$ 是函数 $\dfrac{e^{ix}}{x}$ 的虚部，所以与类型 5.3.3 类似，可从 $\dfrac{e^{iz}}{z}$ 沿某条闭曲线的积分来求之. 但是 $\dfrac{e^{iz}}{z}$ 的一级极点 $z = 0$ 在实轴上，为使积分路径不通过该奇点，可取图 5.3 所示的路径.

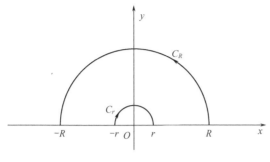

图 5.3

于是 $\dfrac{\mathrm{e}^{\mathrm{i}z}}{z}$ 在图 5.3 示的闭曲线内解析, 由柯西积分定理, 有

$$\int_{C_R}\frac{\mathrm{e}^{\mathrm{i}z}}{z}\mathrm{d}z+\int_{-R}^{-r}\frac{\mathrm{e}^{\mathrm{i}x}}{x}\mathrm{d}x+\int_{C_r}\frac{\mathrm{e}^{\mathrm{i}z}}{z}\mathrm{d}z+\int_{r}^{R}\frac{\mathrm{e}^{\mathrm{i}x}}{x}\mathrm{d}x=0.$$

令 $x=-t$, 则有

$$\int_{-R}^{-r}\frac{\mathrm{e}^{\mathrm{i}x}}{x}\mathrm{d}x=\int_{R}^{r}\frac{\mathrm{e}^{-\mathrm{i}t}}{t}\mathrm{d}t=-\int_{r}^{R}\frac{\mathrm{e}^{-\mathrm{i}x}}{x}\mathrm{d}x.$$

代入上式得

$$\int_{r}^{R}\frac{\mathrm{e}^{\mathrm{i}x}-\mathrm{e}^{-\mathrm{i}x}}{x}\mathrm{d}x+\int_{C_R}\frac{\mathrm{e}^{\mathrm{i}z}}{z}\mathrm{d}z+\int_{C_r}\frac{\mathrm{e}^{\mathrm{i}z}}{z}\mathrm{d}z=0.$$

即

$$2\mathrm{i}\int_{r}^{R}\frac{\sin x}{x}\mathrm{d}x+\int_{C_R}\frac{\mathrm{e}^{\mathrm{i}z}}{z}\mathrm{d}z+\int_{C_r}\frac{\mathrm{e}^{\mathrm{i}z}}{z}\mathrm{d}z=0. \qquad (5.11)$$

因此, 要算出所求积分的值, 只需求出极限 $\lim\limits_{R\to\infty}\int_{C_R}\dfrac{\mathrm{e}^{\mathrm{i}z}}{z}\mathrm{d}z$ 与 $\lim\limits_{r\to0}\int_{C_r}\dfrac{\mathrm{e}^{\mathrm{i}z}}{z}\mathrm{d}z$ 的值即可.

由于

$$\left|\int_{C_R}\frac{\mathrm{e}^{\mathrm{i}z}}{z}\mathrm{d}z\right|\leqslant\int_{C_R}\left|\frac{\mathrm{e}^{\mathrm{i}z}}{z}\right|\mathrm{d}s=\frac{1}{R}\int_{C_R}\mathrm{e}^{-y}\mathrm{d}s$$

$$=\int_{0}^{\pi}\mathrm{e}^{-R\sin\theta}\mathrm{d}\theta=2\int_{0}^{\frac{\pi}{2}}\mathrm{e}^{-R\sin\theta}\mathrm{d}\theta$$

$$\leqslant2\int_{0}^{\frac{\pi}{2}}\mathrm{e}^{-R\frac{2\theta}{\pi}}\mathrm{d}\theta=\frac{\pi}{R}(1-\mathrm{e}^{-R})$$

所以

$$\lim_{R\to\infty}\int_{C_R}\frac{\mathrm{e}^{\mathrm{i}z}}{z}\mathrm{d}z=0. \qquad (5.12)$$

又因

$$\frac{\mathrm{e}^{\mathrm{i}z}}{z}=\frac{1}{z}+\mathrm{i}-\frac{z}{2!}+\cdots+\frac{\mathrm{i}^nz^{n-1}}{n!}+\cdots=\frac{1}{z}+\varphi(z),$$

其中 $\varphi(z) = \mathrm{i} - \dfrac{z}{2!} + \cdots + \dfrac{\mathrm{i}^n z^{n-1}}{n!} + \cdots$ 在 $z = 0$ 解析，且 $\varphi(0) = \mathrm{i}$，因而当 $|z|$ 充分小时，可使 $|\varphi(z)| \leqslant 2$. 由于

$$\int_{C_r} \frac{\mathrm{e}^{\mathrm{i}z}}{z} \mathrm{d}z = \int_{C_r} \frac{1}{z} \mathrm{d}z + \int_{C_r} \varphi(z) \mathrm{d}z \,,$$

而

$$\int_{C_r} \frac{1}{z} \mathrm{d}z = \int_{\pi}^{0} \frac{\mathrm{i}r\mathrm{e}^{\mathrm{i}\theta}}{r\mathrm{e}^{\mathrm{i}\theta}} \mathrm{d}\theta = -\mathrm{i}\pi \,,$$

且在 r 充分小时，$\left| \int_{C_r} \varphi(z) \mathrm{d}z \right| \leqslant \int_{C_r} |\varphi(z)| \mathrm{d}s \leqslant 2 \int_{C_r} \mathrm{d}s = 2\pi r \,,$

从而有 $\lim\limits_{r \to 0} \int_{C_r} \varphi(z) \mathrm{d}z = 0$，因此得到

$$\lim_{r \to 0} \int_{C_r} \frac{\mathrm{e}^{\mathrm{i}z}}{z} \mathrm{d}z = -\pi\mathrm{i}. \tag{5.13}$$

所以由式(5.11)～式(5.13) 可求得

$$2\mathrm{i} \int_{0}^{+\infty} \frac{\sin x}{x} \mathrm{d}x = \pi\mathrm{i} \,,$$

即

$$\int_{0}^{+\infty} \frac{\sin x}{x} \mathrm{d}x = \frac{\pi}{2} \,.$$

习题 5.3

1. 计算积分 $I = \int_{0}^{2\pi} \dfrac{1}{5 + 3\cos\theta} \mathrm{d}\theta$.

2. 计算积分 $I = \int_{0}^{+\infty} \dfrac{x^2}{(x^2 + 1)(x^2 + 4)} \mathrm{d}x$.

3. 计算积分 $I = \int_{-\infty}^{+\infty} \dfrac{x\sin x}{x^2 + 1} \mathrm{d}x$.

*5.4 辐角原理及其应用

本节仍以留数理论为依据介绍对数留数和辐角原理的有关概念及其定理，讨论它们在判断方程 $f(z) = 0$ 各个根所在的范围的应用.

5.4.1 对数留数

定义 5.4.1 设函数 $\dfrac{f'(z)}{f(z)}$ 在简单闭曲线 C 上解析，则下列形式的积分

$$\frac{1}{2\pi\mathrm{i}} \oint_C \frac{f'(z)}{f(z)} \mathrm{d}z$$

称为 $f(z)$ 关于简单闭曲线 C 的对数留数.

事实上, 对数留数就是函数 $f(z)$ 的对数的导数 $\dfrac{f'(z)}{f(z)}$ 在它位于闭曲线 C 内的孤立奇点处的留数的代数和.

函数 $f(z)$ 关于简单闭曲线 C 的对数留数与它在 C 内部的零点与极点的个数有密切的联系.

引理 5.4.1　设 $f(z)$ 在 $0<|z-z_0|<R$ 内解析, 不恒等于常数, 没有零点, $z=z_0$ 是 $f(z)$ 的零点或极点,

(1) 若 z_0 是 $f(z)$ 的 n 级零点, 则 z_0 为函数 $\dfrac{f'(z)}{f(z)}$ 的一级极点且
$\mathrm{Res}\left[\dfrac{f'(z)}{f(z)},z_0\right]=n$;

(2) 若 z_0 是 $f(z)$ 的 m 级极点, 则 z_0 为函数 $\dfrac{f'(z)}{f(z)}$ 的一级极点且
$\mathrm{Res}\left[\dfrac{f'(z)}{f(z)},z_0\right]=-m$.

证　(1) 因为 z_0 是 $f(z)$ 的 n 级零点, 所以 $f(z)=(z-z_0)^n\varphi(z)$, 其中 $\varphi(z)$ 在 $|z-z_0|<R$ 内解析, 并且不等于零. 则
$$f'(z)=n(z-z_0)^{n-1}\varphi(z)+(z-z_0)^n\varphi'(z),$$

因此在 $0<|z-z_0|<R$ 内, $\dfrac{f'(z)}{f(z)}=\dfrac{n(z-z_0)^{n-1}\varphi(z)+(z-z_0)^n\varphi'(z)}{(z-z_0)^n\varphi(z)}=\dfrac{n}{z-z_0}+\dfrac{\varphi'(z)}{\varphi(z)}.$

由于 $\dfrac{\varphi'(z)}{\varphi(z)}$ 在 $|z-z_0|<R$ 解析, 所以 z_0 为函数 $\dfrac{f'(z)}{f(z)}$ 的一级极点且
$$\mathrm{Res}\left[\dfrac{f'(z)}{f(z)},z_0\right]=n.$$

(2) 若 z_0 是 $f(z)$ 的 m 级极点, 所以 $f(z)=\dfrac{1}{(z-z_0)^m}h(z)$, 其中 $h(z)$ 在 $|z-z_0|<R$ 内解析, 并且不等于零. 因此在 $0<|z-z_0|<R$ 内, $\dfrac{f'(z)}{f(z)}=\dfrac{-m}{z-z_0}+\dfrac{h'(z)}{h(z)}.$

由于 $\dfrac{h'(z)}{h(z)}$ 在 $|z-z_0|<R$ 解析, 所以 z_0 为函数 $\dfrac{f'(z)}{f(z)}$ 的一级极点且

$$\text{Res}\left[\frac{f'(z)}{f(z)},z_0\right]=-m.$$

我们有下面的重要定理：

定理 5.4.1 若函数 $f(z)$ 在简单闭曲线 C 上解析且不为零，在 C 的内部除去有限个极点外也处处解析，则有

$$\frac{1}{2\pi i}\oint_C \frac{f'(z)}{f(z)}\mathrm{d}z=N-P \tag{5.14}$$

式中，N 为 $f(z)$ 在 C 内零点的总个数；P 为 $f(z)$ 在 C 内极点的总个数. 在计算零点和极点的个数时，m 级的零点（极点）算作 m 个零点（极点）.

证略.

【例 5.20】 计算积分 $\oint_{|z|=2} \frac{z^4}{z^5-1}\mathrm{d}z$.

解 设 $f(z)=z^5-1$，则 $f(z)$ 在正向圆周 $|z|=2$ 上解析且不为零. $f(z)=z^5-1$ 在圆周内部也解析，且有 5 个零点，即 $N=5$，$P=0$. 由定理 5.4.1 得

$$\oint_{|z|=2} \frac{z^4}{z^5-1}\mathrm{d}z=\frac{1}{5}\oint_{|z|=2} \frac{(z^5-1)'}{z^5-1}\mathrm{d}z=\frac{1}{5}\cdot 2\pi i(5-0)=2\pi i.$$

5.4.2 辐角原理

下面来解释式(5.14)左端对数留数的几何意义.

考虑变换 $w=f(z)$，当 z 沿 C 的正向绕行一周，对应的 w 在 w 平面内就画出一条连续的封闭曲线 Γ，它不一定是简单的，既可以按正向绕原点若干圈，也可以按负向绕原点若干圈. 由于 $f(z)$ 在 C 上不为零，所以 Γ 不经过原点，如图 5.4 所示.

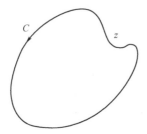 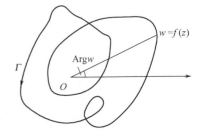

图 5.4

因为

$$\mathrm{d}(\mathrm{Ln}f(z))=\frac{f'(z)}{f(z)}\mathrm{d}z$$

所以

$$\frac{1}{2\pi i}\oint_C \frac{f'(z)}{f(z)}\mathrm{d}z$$

$$=\frac{1}{2\pi i}\oint_C \mathrm{d}(\mathrm{Ln}f(z))$$

$$=\frac{1}{2\pi i}[\text{当 } z \text{ 沿 } C \text{ 的正向绕行一周 } \mathrm{Ln}f(z) \text{ 的改变量}]$$

$$=\frac{1}{2\pi i}[\text{当 } z \text{ 沿 } C \text{ 的正向绕行一周 } \ln|f(z)| \text{ 的改变量}+\mathrm{i}\mathrm{Arg}f(z) \text{ 的}$$

改变量].

由于 $\ln|f(z)|$ 是单值函数，因此当 z 从 C 上某点 z_0 出发沿 C 的正向绕行一周回到 z_0 时，$\ln|f(z)|$ 的值也回到原来的值 $\ln|f(z_0)|$，所以方括号中的第一项为零. 但是方括号中的第二项，即 $\mathrm{i}\mathrm{Arg}f(z)$ 的改变量，当 z 从 C 上某点 z_0 出发沿 C 的正向绕行一周回到 z_0 时，如果 z 的对应点 $w=f(z)$ 从 $w_0=f(z_0)$ 出发沿不包含原点的 Γ 绕行回到 w_0，那么改变量为零；如果 Γ 包含原点，那么改变量等于 $\pm 2k\pi\mathrm{i}$，其中 k 为 w 沿 Γ 围绕原点的圈数，而 $\pm$ 号取法是逆时针围绕时带正号，反之带负号（见图 5.5）.

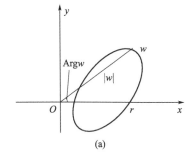 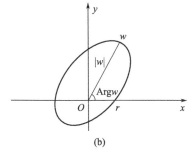

图 5.5

由此可见，对数留数的几何意义是 Γ 绕原点的回转次数 k，它总是一个整数.

如果把 z 沿 C 的正向绕行一周，$f(z)$ 的辐角的改变量记作 $\Delta_{C^+}\mathrm{Arg}f(z)$，那么式(5.14)可以写成

$$N-P=\frac{1}{2\pi}\Delta_{C^+}\mathrm{Arg}f(z) \tag{5.15}$$

当 $f(z)$ 在 C 内解析时，$P=0$，上式成为

$$N=\frac{1}{2\pi}\Delta_{C^+}\mathrm{Arg}f(z) \tag{5.16}$$

我们可以利用这个公式来计算 $f(z)$ 在 C 内零点的个数，这个结果称为辐角原理.

定理 5.4.2（辐角原理） 如果 $f(z)$ 在简单闭曲线 C 上与 C 内解析，且在 C 上不为零，那么 $f(z)$ 在 C 内零点的个数等于 $\dfrac{1}{2\pi}$ 乘以当 z 沿 C 的正向绕行一周 $f(z)$ 的辐角的改变量.

5.4.3 儒歇定理

利用辐角原理可以讨论函数在某一区域内的零点个数或极点个数，而在具体应用时，下面的定理更为方便. 利用这个定理可以对两个函数的零点的个数进行比较.

定理 5.4.3（儒歇定理） 设函数 $f(z)$ 与 $g(z)$ 在简单闭曲线 C 上与 C 内解析，且在 C 上满足条件 $|f(z)| > |g(z)|$，那么在 C 内 $f(z)$ 与 $f(z)+g(z)$ 的零点的个数相同.

（证明从略，可参见相关文献）.

【例 5.21】 试确定方程 $z^4 - 6z + 1 = 0$ 在圆 $|z| < 1$ 内以及圆环 $1 < |z| < 2$ 内根的个数.

解 （1）令 $f(z) = -6z$，$g(z) = z^4 + 1$，因为在 $|z| = 1$ 上有
$$|f(z)| = 6|z| = 6 > 2 \geqslant |z^4 + 1| = |g(z)|$$
由儒歇定理，函数 $f(z) = -6z$ 与 $f(z)+g(z) = z^4 - 6z + 1$ 在 $|z| < 1$ 内有相同个数的零点. 由于 $f(z)$ 在 $|z| < 1$ 内仅以 $z = 0$ 为 1 级零点，从而方程 $z^4 - 6z + 1 = 0$ 在 $|z| < 1$ 内有且仅有一个根.

（2）令 $f(z) = z^4$，$g(z) = -6z + 1$，因为在 $|z| = 2$ 上有
$$|f(z)| = |z|^4 = 16 > 13 \geqslant |-6z + 1| = |g(z)|$$
由儒歇定理，函数 $f(z) = z^4$ 与 $f(z)+g(z) = z^4 - 6z + 1$ 在 $|z| < 2$ 内有相同个数的零点. 由于 $f(z)$ 在 $|z| < 2$ 内仅以 $z = 0$ 为 4 级零点，从而方程 $z^4 - 6z + 1 = 0$ 在 $|z| < 2$ 内有 4 个根.

又因为当 $|z| = 1$ 时，有 $|z^4 - 6z + 1| \geqslant |1 - |z^4 - 6z|| \geqslant 4 > 0$，所以在圆周 $|z| = 1$ 上，$z^4 - 6z + 1 = 0$ 无根，因此在圆环 $1 < |z| < 2$ 内方程 $z^4 - 6z + 1 = 0$ 有 3 个根.

＊习题 5.4

1. 利用对数留数求下列积分：

(1) $\oint_{|z|=3} \dfrac{z^3}{z^4 - 1} \mathrm{d}z$；

(2) $\oint_{|z|=2} \dfrac{3z^2 + 1}{z(z^2 + 1)} \mathrm{d}z$.

2. 证明方程 $z^7 - z^3 + 12 = 0$ 的所有根都在圆环 $1 \leqslant |z| \leqslant 2$ 内.

3. 求方程 $z^4 - 8z + 10 = 0$ 在 $|z| \leqslant 1$ 和 $1 \leqslant |z| \leqslant 3$ 内各有几个根.

1. 函数的孤立奇点的分类

(1) 有限点　设函数 $f(z)$ 在 z_0 点不解析，但在 z_0 的某个去心邻域 $0<|z-z_0|<\delta$ 内处处解析，则 z_0 为 $f(z)$ 的孤立奇点. 从而按照 $f(z)$ 在 $0<|z-z_0|<\delta$ 内的洛朗级数展开式：

$$f(z)=\sum_{n=-\infty}^{+\infty}c_n(z-z_0)^n$$

式中 $z-z_0$ 的负幂项是否存在，若存在是有限项还是无限项，可对孤立奇点 z_0 进行如下分类：不含、只含有限个、含有无穷多个 $z-z_0$ 的负幂项时，z_0 分别为 $f(z)$ 的可去奇点、极点、本性奇点.

(2) 无穷远点　设函数 $f(z)$ 在无穷远点 $z=\infty$ 的去心邻域：$R<|z|<+\infty(R\geqslant0)$ 内解析，则 $z=\infty$ 为 $f(z)$ 的孤立奇点.

通过变换 $t=\dfrac{1}{z}$，把研究 $f(z)$ 在 $z=\infty$ 的去心邻域内的性态转化为研究 $\varphi(t)$ 在 $t=0$ 的去心邻域内的性质.

规定：如果 $t=0$ 是 $\varphi(t)$ 的可去奇点、m 级极点或本性奇点，那么就称 $z=\infty$ 是 $f(z)$ 的可去奇点、m 级极点或本性奇点. 进而按照 $f(z)$ 在 $R<|z|<+\infty$ 内的洛朗级数展开式：

$$f(z)=\sum_{n=-\infty}^{+\infty}c_n z^n$$

式中，z 的正幂项是否存在，若存在是有限项还是无限项，可对孤立奇点 $z=\infty$ 进行如下分类：不含、只含有限个、含有无穷多个 z 的正幂项时，$z=\infty$ 分别为 $f(z)$ 的可去奇点、极点、本性奇点.

2. 留数

(1) 设 z_0 是 $f(z)$ 的孤立奇点，则 $f(z)$ 在 z_0 的留数为

$$\mathrm{Res}[f(z),z_0]=\frac{1}{2\pi\mathrm{i}}\oint_C f(z)\mathrm{d}z=c_{-1}$$

式中，C 为 $0<|z-z_0|<R$ 内围绕 z_0 的任一条正向简单闭曲线.

(2) 设 $z=\infty$ 为 $f(z)$ 的孤立奇点，则 $f(z)$ 在无穷远点 ∞ 的留数为

$$\mathrm{Res}[f(z),\infty]=\frac{1}{2\pi\mathrm{i}}\oint_{C^{-1}} f(z)\mathrm{d}z=-c_{-1}$$

式中，C 为圆环 $R<|z|<+\infty$ 内绕原点的任一条正向简单闭曲线.

以上两种情形都是看函数 $f(z)$ 在相应的圆环域内洛朗级数展开式中的系数 c_{-1}，只不过相差一个负号.

3. 留数的计算

基本方法是求出洛朗级数展开式中负一次幂项的系数 c_{-1}. 如果能预先知道孤立奇点的类型，那么计算留数就有一些简便方法：

(1) 可去奇点的留数　如果 z_0(有限复数)是可去奇点，$c_{-1}=0$，因此 $\mathrm{Res}[f(z),z_0]=0$. 如果 ∞ 是可去奇点，那么 c_{-1} 不一定等于 0，因此 $\mathrm{Res}[f(z),\infty]=-c_{-1}$.

(2) 极点的留数.

准则 1　如果 z_0 是 $f(z)$ 的一级极点，则

$$\mathrm{Res}[f(z),z_0]=\lim_{z\to z_0}(z-z_0)f(z).$$

准则 2　如果 z_0 是 $f(z)$ 的 m 级极点 c，则

$$\mathrm{Res}[f(z),z_0]=\frac{1}{(m-1)!}\lim_{z\to z_0}\frac{\mathrm{d}^{m-1}}{\mathrm{d}z^{m-1}}\{(z-z_0)^m f(z)\}.$$

准则 3 设 $f(z)=\dfrac{P(z)}{Q(z)}$，其中 $P(z)$，$Q(z)$ 在 z_0 解析，如果 $P(z_0)\neq 0$，$Q(z_0)=0$，$Q'(z_0)\neq 0$，则 z_0 为 $f(z)$ 的一级极点，且 $\mathrm{Res}[f(z),z_0]=\dfrac{P(z_0)}{Q'(z_0)}$.

(3) 无穷远点的留数.

准则 4 $\mathrm{Res}[f(z),\infty]=-\mathrm{Res}\left[f\left(\dfrac{1}{z}\right)\cdot\dfrac{1}{z^2},0\right]$.

4. 留数定理及其应用

留数定理把求封闭曲线 C 的积分转化为求被积函数在 C 内部的各孤立奇点的留数和.

如果函数在扩充复平面上只有有限个孤立奇点，则其所有的孤立奇点(包括无穷远点)处的留数之和为零. 此定理为计算无穷远点处的留数提供了方法，也可以反过来用.

利用留数定理可以求解实函数的广义积分.

总习题 5

1. 下列函数有些什么奇点(不考虑无穷远点)？如果是极点，指出它的级.

(1) $\dfrac{z}{(1+z^2)(1+\mathrm{e}^{\pi z})}$；(2) $\dfrac{1}{z^3-z^2-z+1}$；(3) $\mathrm{e}^{\frac{1}{z-1}}$；(4) $\dfrac{\sin z-z}{z^3}$.

2. 如果 z_0 是 $f(z)$ 的 m 级 $(m\geqslant 2)$ 零点，证明 z_0 是 $f'(z)$ 的 $m-1$ 级零点.

3. 求下列函数在 $z=\infty$ 处的留数：

(1) $\dfrac{1}{z-z^3}$；(2) $\dfrac{z^4}{z^4+1}$；(3) $\mathrm{e}^{\frac{1}{z^2}}$；(4) $\dfrac{\mathrm{e}^z}{z^2-1}$.

4. 利用留数计算下列积分：

(1) $\displaystyle\oint_C\dfrac{\mathrm{e}^z}{z^2(2z+1)}\mathrm{d}z$，$C$：$|z+1|=2$；

(2) $\displaystyle\oint_C\tan\pi z\,\mathrm{d}z$，$C$：$|z|=n(n$ 为给定的正整数$)$；

(3) $\displaystyle\oint_C\dfrac{1-\cos z}{z^m}\mathrm{d}z$ $(m$ 为整数$)$，C：$|z|=\dfrac{3}{2}$.

5. 计算下列积分：

(1) $\displaystyle\oint_C\dfrac{(z^2+1)^2}{(z-1)^2(z^3-8)}\mathrm{d}z$，$C$：$|z|=3$；

(2) $\displaystyle\oint_C\dfrac{z^3}{z^4-1}\mathrm{d}z$，$C$：$|z|=2$；

(3) $\displaystyle\oint_C\dfrac{z^{2n}}{1+z^n}\mathrm{d}z$ $(n$ 为给定的正整数$)$，C：$|z|=r>1$.

6. 计算积分 $\displaystyle\oint_C\dfrac{2\mathrm{i}}{z^2+2az+1}\mathrm{d}z$，$a>1$，$C$：$|z|=1$.

7. 计算积分 $I=\displaystyle\int_{-\infty}^{+\infty}\dfrac{x^2}{x^4+x^2+1}\mathrm{d}x$.

8. 计算积分 $I=\displaystyle\int_0^{2\pi}\dfrac{1}{a+\cos\theta}\mathrm{d}\theta(a>1)$.

9. 证明方程 $z^4+7z+1=0$ 有三个根位于圆环 $1<|z|<2$ 内.

10. 求多项式 $2z^5-6z^2+z+1$ 在圆环 $1<|z|<2$ 内的零点的个数.

第 6 章

保 形 映 射

前面几章主要是通过导数、积分、级数等概念以及它们的性质与运算来讨论解析函数的性质与应用. 在这一章中，我们将从几何的角度来讨论解析函数的性质.

本章中我们先分析解析函数所构成的映射的特性，引出保形映射的概念，然后重点讨论分式线性映射和一些初等函数构成的保形映射的性质.

6.1 保形映射的概念

6.1.1 导数的几何意义

1. 旋转角不变性

设函数 $w=f(z)$ 在区域 D 内解析，$z_0 \in D$ 且 $f'(z_0) \neq 0$，通过 z_0 任意引一条有向光滑曲线 C，其参数方程为 $z=z(t)$，$\alpha \leqslant t \leqslant \beta$，取其正方向为 t 增大时点 z 的移动方向.

若 $z_0=z(t_0)$ 为曲线 C 上的一点，$z'(t_0)$ 存在且 $z'(t_0) \neq 0 (\alpha < t_0 < \beta)$，则 C 上点 z_0 处有切线，它与实轴正向的夹角为 $\varphi=\operatorname{Arg} z'(t_0)$ (图 6.1).

若规定 C 上过两点 P_0 与 P 的割线 $P_0 P$ 的正向对应于 t 增大的方向，则割线 $P_0 P$ 的方向向量为

$$\frac{z(t_0+\Delta t)-z(t_0)}{\Delta t},$$

因此，当 P 沿着曲线 C 趋于 P_0 时，$P_0 P$ 的极限位置 $P_0 T$ 就是曲线 C 在 P_0 点的切线，所以

$$z'(t_0)=\lim_{\Delta t \to 0} \frac{z(t_0+\Delta t)-z(t_0)}{\Delta t},$$

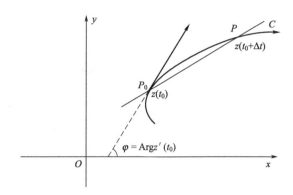

图 6.1

就是曲线 C 在 P_0 处的切线向量 P_0T，方向与 C 的正向相同.

经过映射 $w=f(z)$，C 的像曲线 Γ 为通过 $w_0=f(z_0)$ 的光滑曲线，其参数方程为

$$w=f(z)=f(z(t)), \alpha \leqslant t \leqslant \beta$$

由于函数 $w=f(z)$ 在区域 D 内解析且 $f'(z_0) \neq 0$，所以 Γ 在点 $w_0=w(t_0)$ 的邻域内是光滑的且 $w'(t_0)=f'(z_0)z'(t_0) \neq 0$，故 Γ 在点 $w_0=f(z_0)$ 处也有切线，其与实轴正向的夹角为

$$\Phi=\mathrm{Arg}w'(t_0)=\mathrm{Arg}f'(z_0)+\mathrm{Arg}z'(t_0)$$

即

$$\Phi=\mathrm{Arg}\,f'(z_0)+\varphi$$

所以

$$\Phi-\varphi=\mathrm{Arg}w'(t_0)-\mathrm{Arg}z'(t_0)=\mathrm{Arg}f'(z_0) \tag{6.1}$$

式(6.1)表明像曲线 Γ 在 $w_0=f(z_0)$ 处的切线方向，可由原像曲线 C 在 z_0 处的切线方向旋转一个角度 $\mathrm{Arg}\,f'(z_0)$ 得到. $\mathrm{Arg}\,f'(z_0)$ 称为映射 $w=f(z)$ 在点 z_0 处的**旋转角**. 这就是映射函数 $w=f(z)$ 的导数辐角的几何意义. 旋转角 $\mathrm{Arg}\,f'(z_0)$ 仅与 z_0 有关，而与曲线 C 的选择无关，这一性质称为**旋转角不变性**.

设 C_1，C_2 是两条经过 z_0 的光滑曲线 [图 6.2(a)]，经映射 $w=f(z)$ 后的像 Γ_1，Γ_2 为经过 $w_0=f(z_0)$ 的两条光滑曲线 [图 6.2(b)]，φ_1，φ_2 分别为 C_1，C_2 在 z_0 处切线与正实轴的夹角，Φ_1，Φ_2 分别为 Γ_1，Γ_2 在 w_0 处切线与正实轴的夹角.

根据式(6.1)可得

$$\Phi_1-\varphi_1=\mathrm{Arg}f'(z_0), \quad \Phi_2-\varphi_2=\mathrm{Arg}f'(z_0)$$

因此

$$\Phi_1-\varphi_1=\Phi_2-\varphi_2$$

或

$$\varphi_2-\varphi_1=\Phi_2-\Phi_1 \tag{6.2}$$

这里 $\varphi_2-\varphi_1$ 表示曲线 C_1，C_2 在 z_0 处切线之间的夹角，$\Phi_2-\Phi_1$ 表

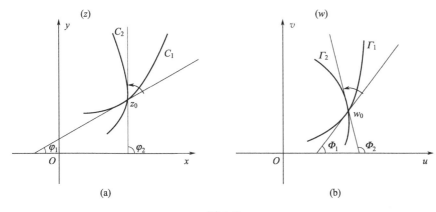

图 6.2

示曲线 Γ_1，Γ_2 在 w_0 处切线之间的夹角. 式(6.2)表明，若 $f'(z_0)\neq 0$，那么在经过映射 $w=f(z)$ 作用后，两条曲线之间的夹角，其大小和旋转方向都保持不变. 解析函数所构成的映射的这种性质称为**保角性**.

　　2. 伸缩率不变性

　　下面讨论导数的模的几何意义.

　　由于 $f(z)$ 在 z_0 处可导，则由导数的定义有

$$|f'(z_0)|=\lim_{z\to z_0}\frac{|f(z)-f(z_0)|}{|z-z_0|} \tag{6.3}$$

由于 $|f'(z_0)|$ 是比值 $\dfrac{|f(z)-f(z_0)|}{|z-z_0|}$ 的极限，所以它可以近似地表示这种比值. 在 $w=f(z)$ 所作的映射下，$|z-z_0|$ 和 $|f(z)-f(z_0)|$ 分别表示 z 平面上向量 $z-z_0$ 和 w 平面上向量 $f(z)-f(z_0)$ 的长度. 当 $|z-z_0|$ 较小时，$|f'(z_0)|$ 近似地表示 $|f(z)-f(z_0)|$ 对 $|z-z_0|$ 的伸缩倍数，并且这一倍数仅与 z_0 有关，而与曲线 C 的形状与方向无关. 称 $|f'(z_0)|$ 为 $f(z)$ 在点 z_0 的伸缩率，并称映射 $w=f(z)$ 具有伸缩率不变性.

　　综上，有下述结论.

　　定理 6.1.1　设函数 $w=f(z)$ 在区域 D 内解析，$z_0\in D$ 且 $f'(z_0)\neq 0$，则该映射在点 z_0 处具有保角性和伸缩率不变性.

6.1.2　保形映射的概念

　　定义 6.1.1　设函数 $w=f(z)$ 在 z_0 的邻域内有定义，且在 z_0 处具有保角性和伸缩率不变性，则称映射 $w=f(z)$ 在 z_0 处是保形的. 若 $w=f(z)$ 在区域 D 内每一点处都是保形的，则称 $w=f(z)$ 为区域 D 内

的保形映射.

由定义 6.1.1 和前面的讨论知，解析函数在其导数不为零的点是保形的，于是有：

定理 6.1.2 （1）若函数 $w = f(z)$ 在 z_0 解析，且 $f'(z_0) \neq 0$，则映射 $w = f(z)$ 在 z_0 处是保形的，并且 $\text{Arg} f'(z_0)$ 表示这个映射在 z_0 处的旋转角，$|f'(z_0)|$ 表示这个映射在 z_0 的伸缩率.

（2）若解析函数 $w = f(z)$ 在区域 D 内处处有 $f'(z) \neq 0$，则 $w = f(z)$ 为区域 D 内的保形映射.

【例 6.1】 求映射 $w = f(z) = z^2 + 4z$ 在 $z_0 = -2 + i$ 处的旋转角和伸缩率，并说明它将 z 平面的哪一部分放大，哪一部分缩小.

解 因为 $f'(z) = 2z + 4$，$f'(z_0) = 2(-2 + i) + 4 = 2i$，所以在 $z_0 = -2 + i$ 的旋转角的主值为 $\arg f'(z_0) = \arg(2i) = \dfrac{\pi}{2}$，伸缩率为 $|f'(z_0)| = |2i| = 2$.

又 $|f'(z)| = |2z + 4| = 2\sqrt{(x+2)^2 + y^2}$，而 $|f'(z)| < 1$ 等价于 $(x+2)^2 + y^2 < \dfrac{1}{4}$，所以映射 $w = f(z) = z^2 + 4z$ 将 z 平面内以点 $z = -2$ 为圆心，$\dfrac{1}{2}$ 为半径的圆内部缩小，外部放大.

习题 6.1

1. 求函数 $w = f(z) = z^2$ 在点 $z_1 = i$，$z_2 = -2$ 处的旋转角与伸缩率.

2. 下列区域在指定映射下被映射成什么图形？

（1）$w = iz$，以 $z_1 = i$，$z_2 = -1$，$z_3 = 1$ 为顶点的三角形区域；

（2）$w = z^2$，$\text{Im}(z) > 0$；

（3）$w = z^3$，$0 < \arg z < \dfrac{\pi}{6}$.

3. 映射 $w = iz + i$ 把圆域 $|z| \leqslant 2$ 映射成了什么图形？

4. 映射 $w = \dfrac{1}{z}$ 将 $0 < \text{Im}(z) < \dfrac{1}{3}$ 映射成什么图形？

6.2 分式线性映射

分式线性函数

$$w = \frac{az + b}{cz + d} \quad (a, b, c, d \text{ 为复常数且 } ad - bc \neq 0) \tag{6.4}$$

构成的映射称为分式线性映射.

分式线性映射是保形映射中一类比较简单又有重要应用的映射.

定义中的条件 $ad-bc\neq 0$ 是必要的. 否则，由于 $\dfrac{\mathrm{d}w}{\mathrm{d}z}=\dfrac{ad-bc}{(cz+d)^2}$,

将有 $\dfrac{\mathrm{d}w}{\mathrm{d}z}=0$，这时 $w=$ 常数，它将整个 z 平面映射成 w 平面上的一个点，保形性遭到了破坏. 因此 $ad-bc\neq 0$ 可保证分式线性映射在整个 z 平面上是保形映射.

由式(6.4)可解出 z 关于 w 的表达式，即

$$z=\frac{-dw+b}{cw-a},\ (-a)(-d)-bc\neq 0,$$

因此分式线性映射的逆映射仍为分式线性映射.

6.2.1　分式线性映射的三种特殊形式

我们可以把一个一般形式的分式线性映射分解成几个简单映射的复合. 设

$$w=\frac{az+b}{cz+d},$$

若 $c=0$，则 $w=\dfrac{az+b}{d}=\dfrac{a}{d}\left(z+\dfrac{b}{a}\right)$

若 $c\neq 0$，则 $w=\dfrac{az+b}{cz+d}=\dfrac{a\left(z+\dfrac{d}{c}\right)-\dfrac{ad}{c}+b}{c\left(z+\dfrac{d}{c}\right)}=\dfrac{a}{c}+\dfrac{bc-ad}{c^2}\cdot\dfrac{1}{z+\dfrac{d}{c}}$

由此可见，一般的分式线性映射可由 $w=z+\beta$，$w=\alpha z$，$w=\dfrac{1}{z}$ 这三种特殊形式的映射复合而成.

下面说明这三种映射的意义. 为了对比方便，将 w 平面与 z 平面看作是重合的.

（1）平移映射：$w=z+\beta$.

在映射 $w=z+\beta$ 下，由复数加法的几何意义，将 z 所代表的向量沿 β 向量的方向平行移动 $|\beta|$ 之后，就得到 w 所代表的向量（图 6.3）.

（2）旋转与伸缩映射：$w=\alpha z$.

设 $\alpha=|\alpha|\mathrm{e}^{i\theta}$，则 $|w|=|\alpha||z|$，$\mathrm{Arg}w=\mathrm{Arg}z+\theta$，即相当于先把 z 旋转一个角度 θ，再将 $|z|$ 伸长（或缩短）$|\alpha|$ 倍，就得到 w（图 6.4）.

（3）反演映射：$w=\dfrac{1}{z}$.

为了研究这个映射，先介绍圆的对称点的概念.

定义 6.2.1　设圆周 C：$|z-z_0|=R$，如果 z_1 与 z_2 位于从圆心 z_0

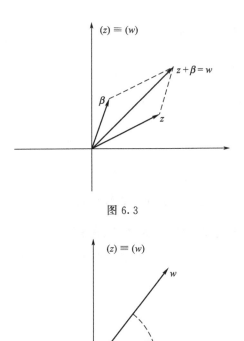

图 6.3

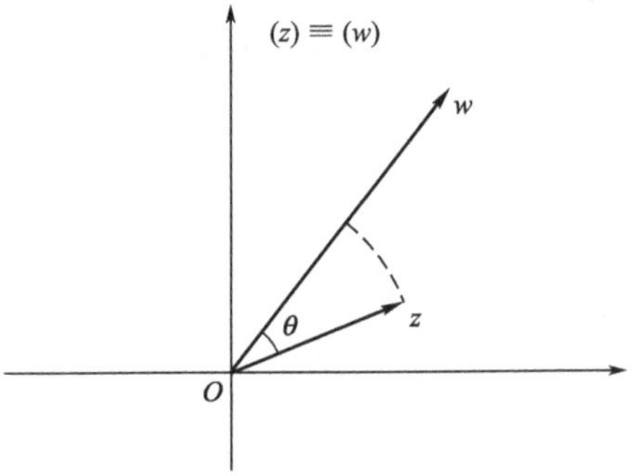

图 6.4

出发的射线上，且 $|z_1-z_0| \cdot |z_2-z_0|=R^2$，则称 z_1 与 z_2 是关于该圆周 C 的对称点. 规定圆心 z_0 的对称点为无穷远点 ∞.

现在把映射 $w=\dfrac{1}{z}$ 分解为 $w_1=\dfrac{1}{\overline{z}}$，$w=\overline{w_1}$.

设 $z=r\mathrm{e}^{\mathrm{i}\theta}$，则 $w_1=\dfrac{1}{\overline{z}}=\dfrac{1}{r}\mathrm{e}^{\mathrm{i}\theta}$，从而 $|w_1| \cdot |z|=1$. 由此可知，z 与 w_1 是关于单位圆周 $|z|=1$ 的对称点. 而 w_1 与 w 是关于实轴的对称点. 因此要从 z 作出 $w=\dfrac{1}{z}$，可先作出点 z 关于单位圆周 $|z|=1$ 的对称点 w_1，然后再作出 w_1 关于实轴的对称点，即得到 w（图 6.5）.

6.2.2 分式线性映射的性质

由于一般的分式线性映射可由 $w=z+\beta$［映射(1)］，$w=\alpha z$［映射(2)］，$w=\dfrac{1}{z}$［映射(3)］这三种特殊形式的映射复合而成，所以讨论分

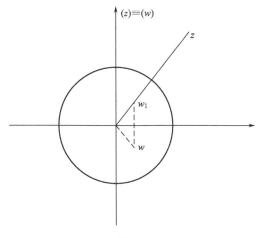

图 6.5

式线性映射的性质时，只需考虑这三种特殊形式的映射的性质.

1. 保形性

首先对映射 $(3)w=\dfrac{1}{z}$ 进行讨论.

为了讨论方便，我们约定在扩充复平面上，映射 $w=\dfrac{1}{z}$ 将 $z=0$ 映成 $w=\infty$，将 $z=\infty$ 映成 $w=0$. 从而它在整个扩充复平面上是一一对应的.

当 $z\neq 0$，$z\neq\infty$ 时，$w=\dfrac{1}{z}$ 解析且 $\dfrac{\mathrm{d}w}{\mathrm{d}z}=-\dfrac{1}{z^2}\neq 0$，从而除去 $z=0$ 与 $z=\infty$，映射 $w=\dfrac{1}{z}$ 是保形的. 而当 $z=0$ 或 ∞ 时，规定：两条伸向无穷的曲线在无穷远点处的夹角，等于它们在映射 $\zeta=\dfrac{1}{z}$ 下所映成的通过原点 $\zeta=0$ 的两条像曲线的夹角. 那么，映射 $w=\dfrac{1}{z}=\zeta$ 在 $\zeta=0$ 处解析且 $w'(\zeta)|_{\zeta=0}=1\neq 0$，所以映射 $w=\zeta$ 在 $\zeta=0$ 处，即映射 $w=\dfrac{1}{z}$ 在 $z=\infty$ 处是保形的. 再由 $z=\dfrac{1}{w}$ 知在 $w=\infty$ 处映射 $z=\dfrac{1}{w}$ 是保形的，也就是说 $w=\dfrac{1}{z}$ 在 $z=0$ 处是保形的. 综上，映射 $w=\dfrac{1}{z}$ 在扩充复平面上是处处保形的.

其次，对映射 (1) 与映射 (2) 的复合映射 $w=\alpha z+\beta(\alpha\neq 0)$ 进行讨论.

因为 $\dfrac{\mathrm{d}w}{\mathrm{d}z}=\alpha\neq0$，所以当 $z\neq\infty$ 时映射是保形的.

当 $z=\infty$ 时，令 $\zeta=\dfrac{1}{z}$，$\eta=\dfrac{1}{w}$，此时映射 $w=\alpha z+\beta$ 变为

$$\eta=\frac{\zeta}{\alpha+\beta\zeta}$$

它在 $\zeta=0$ 处解析，且 $\dfrac{\mathrm{d}\eta}{\mathrm{d}\zeta}\bigg|_{\zeta=0}=\dfrac{\alpha}{(\alpha+\beta\zeta)^2}\bigg|_{\zeta=0}=\dfrac{1}{\alpha}\neq0$，因而其在 $\zeta=0$ 处是保形的，即 $w=\alpha z+\beta$ 在 $z=\infty$ 处是保形的. 所以，映射 $w=\alpha z+\beta$ 在扩充复平面上是处处保形的.

由于分式线性映射是由上述三种映射复合而成的，因此有如下定理.

定理 6.2.1 分式线性映射在扩充复平面上是一一对应的，且具有保形性.

2. 保圆性

保圆性是指将圆周映成圆周的性质. 在这里约定把直线看成是半径为无穷大的圆.

由于映射 $w=\alpha z+\beta(\alpha\neq0)$ 是将 z 平面上的一点经过平移、旋转和伸缩后才得到 w 平面上的像点 w 的，所以 z 平面内的圆周或直线经过映射 $w=\alpha z+\beta$ 所得到的像曲线仍是圆周或直线.

对于映射 $w=\dfrac{1}{z}$，令 $z=x+\mathrm{i}y$，$w=u+\mathrm{i}v$，则由 $w=\dfrac{1}{z}$ 得到

$$x=\frac{u}{u^2+v^2},\quad y=-\frac{v}{u^2+v^2}$$

对于 z 平面上任意给定的圆

$$A(x^2+y^2)+Bx+Cy+D=0(当\ A=0\ 为直线),$$

其像曲线满足方程

$$D(u^2+v^2)+Bu-Cv+A=0(当\ D=0\ 为直线),$$

它仍是一个圆. 因此可得到如下定理：

定理 6.2.2 在扩充复平面上，分式线性映射将 z 平面上的圆周映射成 w 平面上的圆周，即具有保圆性.

根据保圆性，易知：在分式线性映射下，如果给定的圆周或直线上没有点映射成无穷远点，则像曲线必为半径为有限的圆周；否则像曲线必为直线.

此外，由一一对应可知，分式线性映射把 z 平面圆周 C 的内部区域，或者全部映射到 w 平面像曲线 Γ 的内部，或者全部映射到 Γ 的

外部.

3. 保对称性

定义 6.2.1 给出了关于圆的对称点的概念. 分式线性映射还具有保持对称点不变的性质, 简称保对称性. 为证明此性质, 我们先给出一个关于对称点的基本性质.

定理 6.2.3　扩充复平面上的两点 z_1 与 z_2 关于圆周 C：$|z-z_0|=R$ 对称的充要条件是通过 z_1，z_2 的任意圆周 Γ 都与 C 正交（图 6.6）.

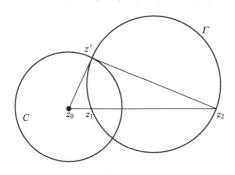

图 6.6

证　从 z_0 作 Γ 的切线, 设切点为 z'. 从而这条切线长度的平方满足

$$|z'-z_0|^2 = |z_2-z_0| \cdot |z_1-z_0|$$

而由 z_1 与 z_2 关于圆周 C：$|z-z_0|=R$ 对称可得 $|z'-z_0|^2=R^2$, 这说明 z' 在圆周 C 上, 从而 Γ 的切线就是圆周 C 的半径, 因此 Γ 与 C 正交.

反过来, 设 Γ 是经过 z_1 与 z_2 且和 C 正交的任一圆周, 则连接 z_1 与 z_2 的直线作为 Γ 的特殊情形（半径为无穷大）必与 C 正交, 因而必过 z_0. 又因 Γ 与 C 于交点 z' 处正交, 因此 C 的半径 z_0z' 就是 Γ 的切线. 所以有

$$|z_1-z_0| \cdot |z_2-z_0|=R^2,$$

即 z_1 与 z_2 关于圆周 C：$|z-z_0|=R$ 对称.

利用上述定理, 下面给出分式线性映射的保对称性定理.

定理 6.2.4　设点 z_1，z_2 是关于圆周 C 的一对对称点, 则在分式线性映射下, 它们的像点 w_1，w_2 是关于像曲线 Γ 的一对对称点.

证　设 Γ' 是 w 平面上经过 w_1，w_2 的任意圆周, 此时, 必然存在 z 平面上的一个圆周 C', 它经过 z_1，z_2 且像为 Γ'. 因为 z_1，z_2 是关于圆周 C 对称, 所以由定理 6.2.3 知 C 与 C' 正交. 由于分式线性映射具有保形性, 所以 Γ 与 Γ' 也正交, 即过 w_1，w_2 的任意圆与 Γ 正交, 因此 w_1，w_2 关于 Γ 对称.

6.2.3 唯一决定分式线性映射的条件

分式线性映射 $w=\dfrac{az+b}{cz+d}$ $(ad-bc\neq0)$ 中含有四个常数 a，b，c，d，但是这四个常数并非完全独立. 由于 $ad-bc\neq0$，所以 a，b，c，d 中至少有一个非零，故只要用这个非零的常数去除分子和分母，分式中的四个常数就变成三个，也就是说实际上只有三个独立的常数. 因此，只要给定三个条件，就能确定一个分式线性映射.

定理 6.2.5 对于 z 平面上任意三个不同的点 z_1，z_2，z_3 以及 w 平面上任意三个不同的点 w_1，w_2，w_3，存在唯一的分式线性映射把 z_1，z_2，z_3 分别映射成 w_1，w_2，w_3.

证 设分式线性映射 $w=\dfrac{az+b}{cz+d}$ $(ad-bc\neq0)$ 将 z_1，z_2，z_3 分别映射成 w_1，w_2，w_3，即 $w_k=\dfrac{az_k+b}{cz_k+d}$ $(k=1,2,3)$，因而有

$$w-w_k=\frac{(z-z_k)(ad-bc)}{(cz+d)(cz_k+d)}\ (k=1,2)$$

$$w_3-w_k=\frac{(z_3-z_k)(ad-bc)}{(cz_3+d)(cz_k+d)}\ (k=1,2)$$

由此得

$$\frac{w-w_1}{w-w_2}\cdot\frac{w_3-w_2}{w_3-w_1}=\frac{z-z_1}{z-z_2}\cdot\frac{z_3-z_2}{z_3-z_1} \tag{6.5}$$

这就是所求的分式线性映射，它是由三对互异的对应点所确定的唯一的一个分式线性映射. 如果另有一个分式线性映射 $w=\dfrac{\alpha z+\beta}{\gamma z+\delta}$ 也将 z_1，z_2，z_3 分别映射成 w_1，w_2，w_3，则重复上述步骤，消去常数 α，β，γ，δ 后仍得到式(6.5)，所以这样的分式线性映射是唯一的.

【例 6.2】 求将点 $z_1=2$，$z_2=$i，$z_3=-2$ 分别映射为 $w_1=-1$，$w_2=$i，$w_3=1$ 的分式线性映射.

解 由式(6.5)知，所求的分式线性映射为

$$\frac{w-(-1)}{w-\mathrm{i}}\cdot\frac{1-\mathrm{i}}{1-(-1)}=\frac{z-2}{z-\mathrm{i}}\cdot\frac{-2-\mathrm{i}}{-2-2},$$

化简整理，即得 $w=\dfrac{z-6\mathrm{i}}{3\mathrm{i}z-2}$.

6.2.4 两个典型区域的分式线性映射

上半平面与单位圆域是两个非常典型的区域，利用分式线性映射，

可实现这两个区域自身及相互之间的转换. 而其他一般区域间的保形映射的构造也大多是围绕这两个区域进行的, 因此它们之间的相互转换就显得非常重要. 下面就通过例子来给出上半平面与单位圆域之间的映射.

【例 6.3】 求将上半 z 平面 $\mathrm{Im}(z) > 0$ 映射成上半 w 平面 $\mathrm{Im}(w) > 0$ 的分式线性映射.

解　分式线性映射 $w = \dfrac{az+b}{cz+d} (ad - bc > 0)$ 可以将上半 z 平面保形映射成上半 w 平面.

事实上, 上述映射将实轴变为实轴, 并且当 z 为实数时, $\dfrac{\mathrm{d}w}{\mathrm{d}z} = \dfrac{ad-bc}{(cz+d)^2} > 0$, 即实轴变成实轴是同向的. 因此, $w = \dfrac{az+b}{cz+d} (ad - bc > 0)$ 将上半 z 平面映射成上半 w 平面.

式 (6.5) 可以转化为 $w = \dfrac{az+b}{cz+d}$ 的形式. 特别的, 若令

$$\lambda = \frac{a}{c}, \quad z_1 = -\frac{b}{a}, \quad z_2 = -\frac{d}{c},$$

则式 (6.5) 可以进一步化为

$$w = \lambda \frac{z - z_1}{z - z_2} \tag{6.6}$$

的形式. 此映射可以将 z 平面上的点 z_1, z_2 映成 w 平面上的点 0, ∞. 因此有时使用式 (6.6) 来确定分式线性映射更为方便.

【例 6.4】 求将上半平面 $\mathrm{Im}(z) > 0$ 映射成单位圆 $|w| < 1$ 的分式线性映射.

解　此映射把上半 z 平面上某点 z_0 映成 w 平面上单位圆盘 $|w| < 1$ 的圆心 $w = 0$. 由分式线性映射的保对称点性, 它必然把 $\overline{z_0}$ 映成 $w = \infty$. 由式 (6.6), 所求映射具有如下形式:

$$w = \lambda \frac{z - z_0}{z - \overline{z_0}}$$

其中 λ 为一个复常数.

又由于分式线性映射具有保圆性, 它把实轴映成单位圆周 $|w| = 1$, 所以若取 $z = x$ (实数), 则 $|w| = |\lambda| \left| \dfrac{z - z_0}{z - \overline{z_0}} \right| = |\lambda| = 1$, 即 $\lambda = \mathrm{e}^{i\theta}$ (θ 为实数). 于是所求得分式线性映射为

$$w = \mathrm{e}^{i\theta} \frac{z - z_0}{z - \overline{z_0}}, \theta \text{ 为实常数}, \mathrm{Im} z_0 > 0 \tag{6.7}$$

注 6.1　把上半平面 $\mathrm{Im}(z) > 0$ 映射成单位圆 $|w| < 1$ 的分式线性映射不是唯一的, 而是无穷多个, 这从式 (6.7) 中的 θ 可以取任意实数值即可明白.

【例 6.5】 求将上半平面 $\mathrm{Im}(z)>0$ 映射成单位圆 $|w|<1$，并且满足条件 $f(2\mathrm{i})=0$，$\arg f'(2\mathrm{i})=0$ 的分式线性映射.

解 因为 $f(2\mathrm{i})=0$，由式(6.7)有

$$w=\mathrm{e}^{\mathrm{i}\theta}\frac{z-2\mathrm{i}}{z+2\mathrm{i}},$$

从而

$$f'(z)=\mathrm{e}^{\mathrm{i}\theta}\frac{4\mathrm{i}}{(z+2\mathrm{i})^2},$$

所以

$$f'(2\mathrm{i})=\mathrm{e}^{\mathrm{i}\theta}\frac{4\mathrm{i}}{(2\mathrm{i}+2\mathrm{i})^2}=\mathrm{e}^{\mathrm{i}\theta}\left(-\frac{\mathrm{i}}{4}\right),$$

$$\arg f'(2\mathrm{i})=\arg\mathrm{e}^{\mathrm{i}\theta}+\arg\left(-\frac{\mathrm{i}}{4}\right)=\theta-\frac{\pi}{2}=0,$$

故 $\theta=\dfrac{\pi}{2}$. 因此所求映射为

$$w=\mathrm{i}\frac{z-2\mathrm{i}}{z+2\mathrm{i}}.$$

【例 6.6】 求将单位圆 $|z|<1$ 映射成单位圆 $|w|<1$ 的分式线性映射.

解 此映射应把 $|z|<1$ 内的某点 z_0 映成 w 平面上单位圆 $|w|<1$ 的圆心 $w=0$，并且把圆周 $|z|=1$ 映成圆周 $|w|=1$. 由分式线性映射的保对称点性，点 z_0 关于圆周 $|z|=1$ 的对称点 $\dfrac{1}{\bar{z}_0}$ 应当映成 $w=\infty$，因此，所求映射应具有如下形式：

$$w=\lambda\frac{z-z_0}{z-\dfrac{1}{\bar{z}_0}}=\lambda_1\frac{z-z_0}{1-z\,\bar{z}_0}\,(\lambda_1=-\lambda\,\bar{z}_0),$$

又由于当 $|z|=1$ 时有 $|w|=1$，取 $z=1$，则 $|w|=|\lambda_1|\left|\dfrac{1-z_0}{1-\bar{z}_0}\right|=|\lambda_1|=1$. 因此所求映射为

$$w=\mathrm{e}^{\mathrm{i}\theta}\frac{z-z_0}{1-z\,\bar{z}_0},\theta\text{ 为实常数,}|z_0|<1. \tag{6.8}$$

【例 6.7】 求将单位圆 $|z|<1$ 映射成单位圆 $|w|<1$ 并且满足条件 $f\left(\dfrac{1}{2}\right)=0$，$f'\left(\dfrac{1}{2}\right)>0$ 的分式线性映射.

解 因为 $f\left(\dfrac{1}{2}\right)=0$，所以由式(6.8) 有

$$w = e^{i\theta} \frac{z - \dfrac{1}{2}}{1 - \dfrac{1}{2}z},$$

从而 $f'(z) = e^{i\theta} \dfrac{1 - \dfrac{1}{2}z + \dfrac{1}{2}\left(z - \dfrac{1}{2}\right)}{\left(1 - \dfrac{1}{2}z\right)^2}$，$f'\left(\dfrac{1}{2}\right) = e^{i\theta}\dfrac{4}{3}.$

由于 $f'\left(\dfrac{1}{2}\right) > 0$，所以 $f'\left(\dfrac{1}{2}\right)$ 为正实数，即 $\arg f'\left(\dfrac{1}{2}\right) = 0$. 因此 $\theta = 0$.
所求映射为

$$w = \frac{z - \dfrac{1}{2}}{1 - \dfrac{1}{2}z} = \frac{2z - 1}{2 - z}.$$

习题 6.2

1. 求将点 $z_1 = 1$，$z_2 = i$，$z_3 = -i$ 分别映射为 $w_1 = i$，$w_2 = 1$，$w_3 = -1$ 的分式线性映射.

2. 求把上半平面 $\mathrm{Im}(z) > 0$ 映射成单位圆 $|w| < 1$，并且满足条件 $f(i) = 0$，$\arg f'(i) = -\dfrac{\pi}{2}$ 的分式线性映射.

3. 求将单位圆 $|z| < 1$ 映射成单位圆 $|w| < 1$ 并且满足条件 $f\left(\dfrac{i}{2}\right) = 0$，$\arg f'\left(\dfrac{i}{2}\right) = \dfrac{\pi}{2}$ 的分式线性映射.

4. 求满足下列条件的分式线性映射：
(1) 把 -1，i，$1+i$ 分别映射成 0，$2i$，$1-i$；
(2) 把 -1，∞，i 分别映射成 ∞，i，1.

5. 求分式线性映射 $w = f(z)$，它将 $|z| < 2$ 映射成右半平面 $\mathrm{Re}(w) > 0$，且使得 $f(0) = 1$，$\arg f'(0) = \dfrac{\pi}{2}$.

6.3 几个初等函数所构成的映射

6.3.1 幂函数与根式函数

　　幂函数 $w = z^n (n \geqslant 2)$ 在复平面上处处可导，且除去原点外导数不为零，因此，在复平面上除去原点外，幂函数 $w = z^n$ 所构成的映射是保形映射.

　　下面讨论在 $z = 0$ 处，幂函数 $w = z^n$ 所构成的映射的性质. 令 $z = r e^{i\theta}$，则 $w = r^n e^{in\theta}$. 由此可见，在映射 $w = z^n$ 下，z 的模被扩大到原来

的 n 次幂，辐角扩大 n 倍，从而 $w=z^n$ 将圆周 $|z|=r(r>0)$ 映射成圆周 $|w|=r^n$；将射线 $\theta=\theta_0$ 映射成射线 $\varphi=n\theta_0$；正实轴 $\theta=0$ 映射成正实轴 $\varphi=0$；角形域 $0<\theta<\theta_0\left(\theta_0<\dfrac{2\pi}{n}\right)$ 映射成角形域 $0<\varphi<n\theta_0$（图 6.7）.

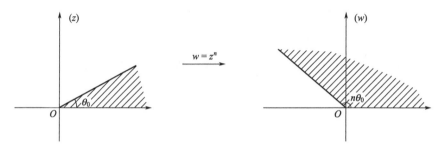

图 6.7

特别地，$w=z^n$ 将角形域 $0<\theta<\dfrac{2\pi}{n}$ 保形映射成 w 平面上除去原点及正实轴的区域 $0<\varphi<2\pi$，它的一边 $\theta=0$ 映射成 w 平面正实轴的上沿 $\varphi=0$，另一边 $\theta=\dfrac{2\pi}{n}$ 映射成 w 平面正实轴的下沿 $\varphi=2\pi$（图 6.8）.

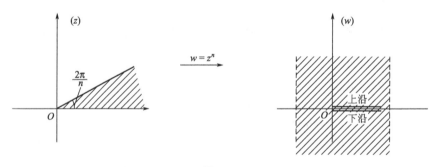

图 6.8

幂函数 $w=z^n$ 构成的映射的特点是：把以原点为顶点的角形域映射成以原点为顶点的角形域，但把张角变成了原来的 n 倍. 因此要把角形域映射成角形域，通常要用到幂函数.

如果要缩小一个角形域，可以利用 $w=z^n$ 的反函数 $w=\sqrt[n]{z}$ 构成的映射. 由于 $w=\sqrt[n]{z}$ 有 n 个分支，我们把 $k=0$ 时对应的分支称为主值分支，它把 z 平面上的角形域 $0<\theta<\theta_0(<2\pi)$ 保形映射成 w 平面上的角形域 $0<\varphi<\dfrac{\theta_0}{n}$. 因此要将角形域映射成角形域且把张角缩小到原来的

$\dfrac{1}{n}$ 的映射，就要用到根式函数.

【例 6.8】求把角形域 $0<\arg z<\dfrac{\pi}{4}$ 映射成单位圆内部 $|w|<1$ 的一个映射.

解　幂函数 $\xi=z^4$ 可将角形域 $0<\arg z<\dfrac{\pi}{4}$ [图 6.9(a)]映射成上半平面 $\mathrm{Im}(\xi)>0$ [图 6.9(b)]，映射 $w=\dfrac{\xi-\mathrm{i}}{\xi+\mathrm{i}}$ 可将上半平面映射成单位圆内部 $|w|<1$ [图 6.9(c)]，因此所求映射为 $w=\dfrac{z^4-\mathrm{i}}{z^4+\mathrm{i}}$.

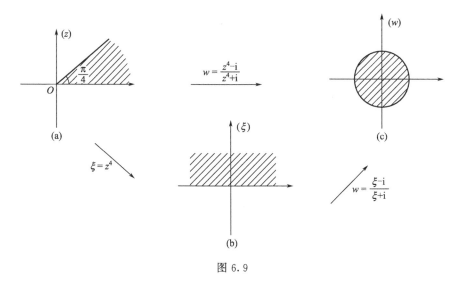

图 6.9

【例 6.9】求把角形域 $0<\arg z<2\pi$（沿正实轴割开的 z 平面）映射成单位圆内部 $|w|<1$ 的一个映射.

解　函数 $\xi=\sqrt{z}$ 可将角形域 $0<\arg z<2\pi$ 映射成上半平面 $\mathrm{Im}(\xi)>0$，映射 $w=\dfrac{\xi-\mathrm{i}}{\xi+\mathrm{i}}$ 可将上半平面映射成单位圆内部 $|w|<1$，因此所求映射为 $w=\dfrac{\sqrt{z}-\mathrm{i}}{\sqrt{z}+\mathrm{i}}$.

6.3.2　指数函数与对数函数

指数函数 $w=\mathrm{e}^z$ 在复平面上解析且任意点处的导数不为零，因此它在全平面上是保形的. 令 $z=x+\mathrm{i}y$，$w=\rho\mathrm{e}^{\mathrm{i}\varphi}$，则 $\rho=\mathrm{e}^x$，$\varphi=y$. 由此

可知，在 $w = \mathrm{e}^z$ 的映射下，z 平面上的直线 $x = x_0$ 映射成 w 平面上的圆周 $|w| = \mathrm{e}^{x_0}$，直线 $y = y_0$ 映射成从原点出发，辐角为 $\varphi = y_0$ 的射线. 带形域 $0 < \mathrm{Im}\,(z) < y_0\,(\leqslant 2\pi)$ 映射成角形域 $0 < \arg w < y_0$，特别地，$w = \mathrm{e}^z$ 把带形域 $0 < \mathrm{Im}\,(z) < 2\pi$ 映射成角形域 $0 < \arg w < 2\pi$，且它们之间的点是一一对应的（图 6.10）.

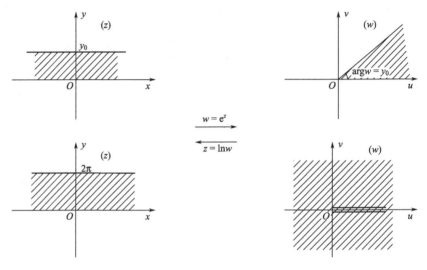

图 6.10

作为指数函数的反函数，对数函数的主值分支 $w = \ln z$ 把角形域映射成水平的带形域（图 6.10）.

【例 6.10】 求把带形域 $0 < \mathrm{Im}(z) < \pi$ 映射成单位圆内部 $|w| < 1$ 的一个映射.

解 函数 $\xi = \mathrm{e}^z$ 可将带形域 $0 < \mathrm{Im}(z) < \pi$ 映射成上半平面 $\mathrm{Im}(\xi) > 0$，映射 $w = \dfrac{\xi - \mathrm{i}}{\xi + \mathrm{i}}$ 可将上半平面映射成单位圆内部 $|w| < 1$，因此所求映射为 $w = \dfrac{\mathrm{e}^z - \mathrm{i}}{\mathrm{e}^z + \mathrm{i}}$.

6.3.3 复合映射举例

【例 6.11】 求把带形域 $a < \mathrm{Re}(z) < b$ 映射成上半平面 $\mathrm{Im}(w) > 0$ 的一个映射.

解 首先平移映射 $\zeta = z - a$ 可将带形域 $a < \mathrm{Re}(z) < b$［图 6.11(a)］映射成带形域 $0 < \mathrm{Re}(\zeta) < b - a$；伸缩映射 $\eta = \dfrac{\pi}{b - a}\zeta$ 可将带形域

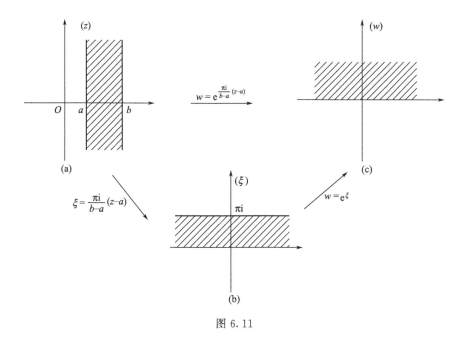

图 6.11

$0 < \mathrm{Re}(\zeta) < b-a$ 映射成带形域 $0 < \mathrm{Re}(\eta) < \pi$；旋转映射 $\xi = \mathrm{e}^{\frac{\pi}{2}\mathrm{i}}\eta = \mathrm{i}\eta$ 将带形域 $0 < \mathrm{Re}(\eta) < \pi$ 映射成带形域 $0 < \mathrm{Im}(\xi) < \pi$[图 6.11(b)]. 复合映射为 $\xi = \dfrac{\pi \mathrm{i}}{b-a}(z-a)$

　　其次映射 $w = \mathrm{e}^{\xi}$ 将带形域 $0 < \mathrm{Im}(\xi) < \pi$ 映射成上半平面 $\mathrm{Im}(w) > 0$ [图 6.11(c)]，因此所求的映射为

$$w = \mathrm{e}^{\frac{\pi \mathrm{i}}{b-a}(z-a)}$$

习题 6.3

1. 求保形映射把带形域 $\pi < \mathrm{Im}(z) < 2\pi$ 映射成上半平面 $\mathrm{Im}(w) > 0$.

2. 求将角形域 $0 < \arg z < \dfrac{4}{5}\pi$ 映射成单位圆 $|w| < 1$ 的映射.

3. 试求一映射，将区域 $|z| < 1$ 且 $\mathrm{Im}(z) > 0$ 映射成上半平面 $\mathrm{Im}(w) > 0$.

小　结

　　本章主要介绍了保形映射. 从几何的观点来看，一个复变函数 $w = f(z)$ 实际上给出了 z 平面上的一个点集到另一个 w 平面上的点集的映射.

　　1. 解析函数导数的辐角与模的几何意义

　　设区域 D 内的解析函数 $w = f(z)$ 在 $z_0 \in D$ 处满足 $f'(z_0) \neq 0$，则：

　　(1) $\mathrm{Arg} f'(z_0)$ 是映射 $w = f(z)$ 在点 z_0 处的旋转角. 旋转角 $\mathrm{Arg} f'(z_0)$ 大小与方向仅与 z_0 有关，而与曲线 C 的形状与方向无关. 即映射 $w = f(z)$ 具有旋转角不变性.

(2) $|f'(z_0)|$ 是映射 $w=f(z)$ 在点 z_0 的伸缩率，它近似地表示 $|f(z)-f(z_0)|$ 对 $|z-z_0|$ 的伸缩倍数，并且这一倍数仅与 z_0 有关，而与曲线 C 的形状与方向无关. 即映射 $w=f(z)$ 具有伸缩率不变性.

2. 保形映射

若 $f'(z_0)\neq 0$，则映射 $w=f(z)$ 具有保持两条曲线之间的夹角的大小和旋转方向不变的性质，称为保角性.

具有保角性和伸缩率不变性的映射称为保形映射. 解析函数在其导数不为零的点是保形的.

3. 分式线性映射 $w=\dfrac{az+b}{cz+d}(ad-bc\neq 0)$

分式线性映射是一类重要的保形映射，它可以看成是由 $w=z+\beta$，$w=az$，$w=\dfrac{1}{z}$ 这三种特殊形式的映射复合而成. 而这三种特殊形式的映射均具有保角性、保圆性和保对称性，因此分式线性映射也具有保角性、保圆性和保对称性.

上半平面与单位圆域是两个非常典型的区域，利用分式线性映射，可实现这两个区域自身及相互之间的转换.

4. 几个初等函数所构成的映射

(1) 幂函数 $w=z^n$ 构成的映射的特点是：把以原点为顶点的角形域映射成以原点为顶点的角形域，但把张角变成了原来的 n 倍. 因此要把角形域映射成角形域，通常要用到幂函数.

如果要缩小一个角形域，可以利用 $w=z^n$ 的反函数——根式函数 $w=\sqrt[n]{z}$ 的主值分支，它将角形域映射成角形域且把张角缩小到原来的 $\dfrac{1}{n}$ 的映射.

(2) 指数函数 $w=e^z$ 构成的映射的特点是：把带形域 $0<\mathrm{Im}(z)<y_0(\leqslant 2\pi)$ 映射成角形域 $0<\arg w<y_0$.

作为指数函数的反函数，对数函数的主值分支 $w=\ln z$ 把角形域映射成水平的带形域.

(3) 把这几个初等函数构成的映射与分式线性映射结合起来，就可以解决一部分简单区域之间的变换问题.

总习题 6

1. 求下列映射在给定点处的旋转角与伸缩率，并说明它们将 z 平面上哪一部分放大，哪一部分缩小.

(1) $w=z^3$ 在点 $z_1=1+\mathrm{i}$；

(2) $w=e^z$ 在点 $z_1=\dfrac{\pi}{2}\mathrm{i}$；

(3) $w=\dfrac{1}{z}$ 在点 $z_1=-1+\mathrm{i}$.

2. 在映射 $w=\dfrac{\mathrm{i}}{z}$ 下，求下列曲线的像曲线：

(1) $|z|=2$；　　　　　　(2) $\mathrm{Re}(z)=1$.

3. 求将点 $z_1=2$，$z_2=\mathrm{i}$，$z_3=-2$ 分别映射为 $w_1=-1$，$w_2=\mathrm{i}$，$w_3=1$ 的分式线性映射.

4. 求把上半平面 $\mathrm{Im}(z)>0$ 映射成单位圆 $|w|<1$ 的分式线性映射 $w=f(z)$，并且满足条件

(1) $f(\mathrm{i})=0$，$\arg f'(\mathrm{i})=0$；

(2) $f(\mathrm{i})=0$，$f(-1)=1$.

5. 求将单位圆 $|z|<1$ 映射成单位圆 $|w|<1$ 并且满足条件 $f\left(\dfrac{1}{2}\right)=0$，$\arg f'\left(\dfrac{1}{2}\right)=0$ 的分式线性映射.

6. 求将圆 $|z|<R$ 映射成单位圆 $|w|<1$ 的分式线性映射.

7. 求函数 $w=f(z)$，它把第一象限 $0<\arg z<\dfrac{\pi}{2}$ 映射成单位圆 $|w|<1$，且满足条件 $f(1+\mathrm{i})=0$，$f(0)=1$.

8. 求把带形域 $0<\mathrm{Im}(z)<b$ 映射成单位圆 $|w|<1$ 的一个映射.

9. 求一个把右半平面 $\mathrm{Re}(z)>0$ 映射成单位圆 $|w|<1$ 的映射.

10. 证明：在映射 $w=\mathrm{e}^{\mathrm{i}z}$ 下，互相正交的直线族 $\mathrm{Re}(z)=C_1$ 与 $\mathrm{Im}(z)=C_2$ 依次映射成互相正交的直线族 $v=u\tan C_1$ 与圆族 $u^2+v^2=\mathrm{e}^{-2C_1}$.

第 7 章

傅里叶变换

积分变换起源于 19 世纪的运算微分. 拉普拉斯（P. S. Laplace），傅里叶（J. Fourier）等一些数学家在这方面作了大量的研究，英国的电器工程师赫维赛德（O. Heaviside）利用积分变换求电工学中常微分方程的解引起更多学者对积分变换的关注，随后一些数学家、物理学家、电气电子工程学家和学者的工作使得积分变换逐渐发展成为在数学及其他科学技术领域有着重要的应用工具之一. 我们将在本章和第 8 章分别学习积分变换的两种特殊形式：傅里叶变换和拉普拉斯变换.

7.1 傅里叶（Fourier）积分定理

7.1.1 积分变换的定义

定义 7.1.1 设 $k(x, w)$ 是一个确定的二元函数，区间 $[a, b]$ 上的一元函数 $f(x)$ 的**积分变换**是指具有表示

$$T[f(x)] = g(w) = \int_a^b k(x, w) f(x) \mathrm{d}x,$$

的映射 T，这里 $k(x, w)$ 称为该积分变换 T 的核函数.

相似于一元函数积分变换的定义，设 $k(x_1, x_2, \cdots, x_n; w_1, w_2, \cdots, w_n)$ 是给定的 $2n$ 元函数，定义在 n 维空间 $\mathcal{R}^n$ 的子集 $D \subset \mathcal{R}^n$ 上的多元函数 $f(x_1, x_2, \cdots, x_n)$ 的积分变换 T 定义为

$$T[f(x_1, x_2, \cdots, x_n)] = g(w_1, w_2, \cdots, w_n)$$
$$= \int \cdots \int_D k(x_1, x_2, \cdots, x_n; w_1, w_2, \cdots, w_n) f(x_1, x_2, \cdots, x_n) \mathrm{d}x_1 \mathrm{d}x_2 \cdots \mathrm{d}x_n.$$

显然，对任意的常数 α，β，积分变换 T 满足关系式

$$T[\alpha f(x) + \beta g(x)] = \alpha T[f(x)] + \beta T[g(x)],$$

因此也称积分变换 T 是**线性积分算子**.

定义 7.1.2　对于给定的 $g(w)$，通过 $T[f(x)]=g(w)$ 求出了 $f(x)$，记

$$f(x)=T^{-1}[g(w)],$$

称映射 T^{-1} 为积分变换 T 的**逆变换**.

类似于定义 7.1.2，对于给定的 n 元函数 $g(w_1, w_2, \cdots, w_n)$，由

$$T[f(x_1,x_2,\cdots,x_n)]=g(w_1,w_2,\cdots,w_n),$$

求出 $f(x_1,x_2,\cdots,x_n)$，记

$$f(x_1,x_2,\cdots,x_n)=T^{-1}[g(w_1,w_2,\cdots,w_n)],$$

也称映射 T^{-1} 为积分变换 T 的逆变换.

显然，对任意的常数 α，β，积分变换 T^{-1} 满足关系式

$$T^{-1}[\alpha f(w)+\beta g(w)]=\alpha T^{-1}[f(w)]+\beta T^{-1}[g(w)],$$

因此 T^{-1} 也是**线性积分算子**.

通过选择不同的 a、b 和核函数 $k(\omega,t)$，我们可以确定不同的积分变换.

例如，当 $a=-\infty$，$b=+\infty$，$k(\omega,t)=\mathrm{e}^{-\mathrm{i}\omega t}$，在一定条件下积分变换

$$T[f(t)]=F(\omega)=\int_{-\infty}^{+\infty}f(t)\mathrm{e}^{-\mathrm{i}\omega t}\mathrm{d}t$$

称为傅里叶变换. 当 $a=0$，$b=+\infty$，$k(s,t)=\mathrm{e}^{-st}$，在一定条件下积分变换

$$T[f(t)]=L(s)=\int_{0}^{+\infty}f(t)\mathrm{e}^{-st}\mathrm{d}t$$

称为拉普拉斯变换.

7.1.2　傅里叶积分定理

定义 7.1.3　如果函数 $f(x)$ 在区间 $\left[-\dfrac{T}{2}, \dfrac{T}{2}\right]$ 上满足

(1) 函数 $f(x)$ 在 $\left[-\dfrac{T}{2}, \dfrac{T}{2}\right]$ 连续或者只有有限个第一类间断点，

(2) $f(x)$ 在 $\left[-\dfrac{T}{2}, \dfrac{T}{2}\right]$ 上只有有限个极值点，

称函数 $f(x)$ 在区间 $\left[-\dfrac{T}{2}, \dfrac{T}{2}\right]$ 满足**狄利克雷**(Dirichlet)**条件**.

由高等数学中函数的傅里叶级数展开式可知，当函数 $f_T(t)$ 是

$\left[-\dfrac{T}{2},\dfrac{T}{2}\right]$ 上满足狄利克雷条件的周期为 T 的函数时，$f_T(t)$ 可以表示成傅里叶级数

$$f_T(t)=\frac{a_0}{2}+\sum_{n=1}^{\infty}(a_n\cos n\omega t+b_n\sin n\omega t)\,,\qquad(7.1)$$

式中，ω，a_0，a_n，b_n 具有表示式

$$\omega=\frac{2\pi}{T};$$

$$a_0=\frac{2}{T}\int_{-\frac{T}{2}}^{\frac{T}{2}}f_T(t)\mathrm{d}t\,;$$

$$a_n=\frac{2}{T}\int_{-\frac{T}{2}}^{\frac{T}{2}}f_T(t)\cos(n\omega t)\mathrm{d}t\,(n=1,2,\cdots,)\,;$$

$$b_n=\frac{2}{T}\int_{-\frac{T}{2}}^{\frac{T}{2}}f_T(t)\sin(n\omega t)\mathrm{d}t\,(n=1,2,\cdots,).$$

利用欧拉公式 $\mathrm{e}^{\mathrm{i}t}=\cos t+\mathrm{i}\sin t$，得

$$\cos t=\frac{1}{2}(\mathrm{e}^{\mathrm{i}t}+\mathrm{e}^{-\mathrm{i}t})\,,\ \sin t=\frac{1}{2\mathrm{i}}(\mathrm{e}^{\mathrm{i}t}-\mathrm{e}^{-\mathrm{i}t})\,,$$

从而式(7.1) 可以写作复的傅里叶级数

$$f_T(t)=\sum_{n=-\infty}^{\infty}c_n\mathrm{e}^{\mathrm{i}n\omega t}\,,\qquad(7.2)$$

这里系数 c_n 是

$$c_n=\frac{1}{T}\int_{-\frac{T}{2}}^{\frac{T}{2}}f_T(t)\mathrm{e}^{-\mathrm{i}n\omega t}\mathrm{d}t\,.\qquad(7.3)$$

因此，定义在 $\left[-\dfrac{T}{2},\dfrac{T}{2}\right]$ 上的满足狄利克雷条件的周期函数 $f_T(t)$ 总可以展开成傅里叶级数式(7.1)和式(7.2)的形式.

对于定义在 $(-\infty,+\infty)$ 内的非周期函数，如果 $f_T(t)$ 是周期为 T 的函数且满足

$$f_T(t)=f(t),t\in\left(-\frac{T}{2},\frac{T}{2}\right],$$

对 $f_T(t)$ 在 $\left(-\dfrac{T}{2},\dfrac{T}{2}\right]$ 之外按周期 T 延拓到整个数轴，则

$$\lim_{T\to+\infty}f_T(t)=f(t).$$

从而在一定条件下，通过让 $T\to+\infty$，可以将定义在 $(-\infty,+\infty)$ 上的非周期函数表示成傅里叶积分公式的形式.

定义 7.1.4 如果函数 $f(x)$ 在 $(-\infty,+\infty)$ 内满足

$$\int_{-\infty}^{+\infty} |f(x)| \, \mathrm{d}x < +\infty,$$

称 $f(x)$ 在 $(-\infty, +\infty)$ 内绝对可积.

下面是关于 $(-\infty, +\infty)$ 上的函数表示成傅里叶积分公式的傅里叶积分定理.

定理 7.1.1 （傅里叶积分定理）如果 $f(t)$ 在 $(-\infty, +\infty)$ 内满足

（1）在任意有限区间上满足狄利克雷条件；

（2）在 $(-\infty, +\infty)$ 内绝对可积，

则当 $t \in (-\infty, +\infty)$ 是 $f(t)$ 的间断点时，

$$\frac{1}{2}[f(t+0) + f(t-0)] = \frac{1}{2\pi} \int_{-\infty}^{+\infty} \left[\int_{-\infty}^{+\infty} f(\tau) \mathrm{e}^{-\mathrm{i}\omega\tau} \, \mathrm{d}\tau \right] \mathrm{e}^{\mathrm{i}\omega t} \, \mathrm{d}\omega,$$

$$\tag{7.4}$$

当 $t \in (-\infty, +\infty)$ 是 $f(t)$ 的连续点时，

$$f(t) = \frac{1}{2\pi} \int_{-\infty}^{+\infty} \left[\int_{-\infty}^{+\infty} f(\tau) \mathrm{e}^{-\mathrm{i}\omega\tau} \, \mathrm{d}\tau \right] \mathrm{e}^{\mathrm{i}\omega t} \, \mathrm{d}\omega. \tag{7.5}$$

式 (7.4) 和式 (7.5) 称为函数 $f(x)$ **傅里叶积分公式或傅里叶积分**表示.

傅里叶积分定理的严格证明见文献 [6, 9~12]，下面对该定理的证明给以简单的说明.

设 $f_T(t)$ 是周期为 T 的函数且满足

$$f_T(t) = f(t), \quad t \in \left(-\frac{T}{2}, \frac{T}{2}\right) \tag{7.6}$$

则 $\lim\limits_{T \to +\infty} f_T(t) = f(t)$. 设 $f_T(t)$ 满足狄利克雷条件 (1)，则由式 (7.2) 和式 (7.3) 得

$$f(t) = \lim_{T \to +\infty} \sum_{n=-\infty}^{\infty} \left[\frac{1}{T} \int_{-\frac{T}{2}}^{\frac{T}{2}} f_T(t) \mathrm{e}^{-\mathrm{i}n\omega\tau} \, \mathrm{d}\tau \right] \mathrm{e}^{\mathrm{i}n\omega t}.$$

设 $\omega_n = n\omega$, $(n = 0, \pm 1, \pm 2, \cdots)$，则 $\dfrac{1}{T} = \dfrac{\omega}{2\pi} = \dfrac{1}{2\pi}(\omega_n - \omega_{n-1})$，

因此

$$f(t) = \lim_{T \to +\infty} \frac{1}{2\pi} \sum_{n=-\infty}^{+\infty} \left[(\omega_n - \omega_{n-1}) \int_{-\frac{T}{2}}^{\frac{T}{2}} f_T(t) \mathrm{e}^{-\mathrm{i}n\omega\tau} \, \mathrm{d}\tau \right] \mathrm{e}^{\mathrm{i}n\omega t}.$$

$$\tag{7.7}$$

当 $T \to +\infty$ 时，利用一元函数定积分的定义和狄利克雷条件 (2)，由式 (7.6) 和式 (7.7) 推出

$$f(t) = \frac{1}{2\pi} \int_{-\infty}^{+\infty} \left[\int_{-\infty}^{+\infty} f(\tau) \mathrm{e}^{-\mathrm{i}\omega\tau} \, \mathrm{d}\tau \right] \mathrm{e}^{\mathrm{i}\omega t} \, \mathrm{d}\omega. \tag{7.8}$$

因为积分

$$\int_{-\infty}^{+\infty}\left[\int_{-\infty}^{+\infty}f(\tau)\cos\omega(\tau-t)\mathrm{d}\tau\right]\mathrm{d}\omega$$

中的被积函数关于 ω 是偶函数，积分

$$\int_{-\infty}^{+\infty}\left[\int_{-\infty}^{+\infty}f(\tau)\sin\omega(\tau-t)\mathrm{d}\tau\right]\mathrm{d}\omega$$

中的被积函数关于 ω 是奇函数，而式（7.8）也可以写作

$$f(t)=\frac{1}{2\pi}\int_{-\infty}^{+\infty}\left[\int_{-\infty}^{+\infty}f(\tau)\mathrm{e}^{-\mathrm{i}\omega(\tau-t)}\mathrm{d}\tau\right]\mathrm{d}\omega$$

$$=\frac{1}{2\pi}\int_{-\infty}^{+\infty}\left[\int_{-\infty}^{+\infty}f(\tau)\cos\omega(\tau-t)\mathrm{d}\tau\right]\mathrm{d}\omega+$$

$$\frac{\mathrm{i}}{2\pi}\int_{-\infty}^{+\infty}\left[\int_{-\infty}^{+\infty}f(\tau)\sin\omega(\tau-t)\mathrm{d}\tau\right]\mathrm{d}\omega,$$

所以

$$f(t)=\frac{1}{2\pi}\int_{-\infty}^{+\infty}\left[\int_{-\infty}^{+\infty}f(\tau)\cos\omega(\tau-t)\mathrm{d}\tau\right]\mathrm{d}\omega$$

$$=\frac{1}{\pi}\int_{0}^{+\infty}\left[\int_{-\infty}^{+\infty}f(\tau)\cos\omega(\tau-t)\mathrm{d}\tau\right]\mathrm{d}\omega. \tag{7.9}$$

式（7.9）称为函数 $f(t)$ 的**傅里叶积分公式**的三角表示形式.

当 $f(t)$ 在 $(-\infty,+\infty)$ 是偶函数时，式（7.9）为

$$f(t)=\frac{2}{\pi}\int_{0}^{+\infty}\left[\int_{0}^{+\infty}f(\tau)\cos(\omega\tau)\mathrm{d}\tau\right]\cos\omega t\,\mathrm{d}\omega. \tag{7.10}$$

当 $f(t)$ 在 $(-\infty,+\infty)$ 是奇函数时，式（7.9）为

$$f(t)=\frac{2}{\pi}\int_{0}^{+\infty}\left[\int_{0}^{+\infty}f(\tau)\sin(\omega\tau)\mathrm{d}\tau\right]\sin\omega t\,\mathrm{d}\omega. \tag{7.11}$$

式（7.10）和式（7.11）分别称为函数 $f(t)$ **傅里叶余弦和正弦积分公式**
或**傅里叶余弦和正弦积分表示**.

【例 7.1】 求函数 $f(t)=\begin{cases}\mathrm{e}^{-t}, & t>0 \\ 0, & t<0\end{cases}$ 傅里叶积分公式的三角表示.

解 由式（7.10）可得

$$f(t)=\frac{1}{\pi}\int_{0}^{+\infty}\left[\int_{-\infty}^{+\infty}f(\tau)\cos\omega(\tau-t)\mathrm{d}\tau\right]\mathrm{d}\omega$$

$$=\frac{1}{\pi}\int_{0}^{+\infty}\left[\int_{0}^{+\infty}\mathrm{e}^{-\tau}\cos\omega(\tau-t)\mathrm{d}\tau\right]\mathrm{d}\omega$$

$$=\frac{1}{\pi}\int_{0}^{+\infty}\frac{1}{1+\omega^{2}}(\cos\omega t+\omega\sin\omega t)\mathrm{d}\omega$$

$$=\frac{1}{\pi}\int_{0}^{+\infty}\frac{\cos\omega t}{1+\omega^{2}}\mathrm{d}\omega+\frac{1}{\pi}\int_{0}^{+\infty}\frac{\omega\sin\omega t}{1+\omega^{2}}\mathrm{d}\omega.$$

习题 7.1

1. 求 $f(t)=\begin{cases}\sin t, & |t|\leqslant\pi\\ 0, & |t|>\pi\end{cases}$ 的傅里叶积分公式.

2. 求 $f(t)=\begin{cases}1-t^2, & |t|<1\\ 0, & |t|>1\end{cases}$ 的傅里叶积分公式.

3. 求函数 $f(t)=e^{-2t}(t>0)$ 的傅里叶正弦和余弦积分公式.

4. 设 $f(t)$ 满足傅里叶积分定理条件，证明

(1) 当 $f(t)$ 为奇函数时，

$$f(t)=\int_0^{+\infty}b(\omega)\sin(\omega t)\,d\omega,$$

这里 $b(\omega)=\dfrac{2}{\pi}\int_0^{+\infty}f(t)\sin(\omega t)\,d\omega$.

(2) 当 $f(t)$ 为偶函数时，

$$f(t)=\int_0^{+\infty}a(\omega)\cos(\omega t)\,d\omega,$$

这里 $a(\omega)=\dfrac{2}{\pi}\int_0^{+\infty}f(t)\cos(\omega t)\,d\omega$.

7.2　傅里叶变换及逆变换

7.2.1　傅里叶变换及逆变换的定义

根据傅里叶积分定理 7.1.1，如果函数 $f(t)$ 在 $(-\infty,+\infty)$ 上满足定理 7.1.1 的条件，则当 $t\in(-\infty,+\infty)$ 是 $f(t)$ 的连续点时，

$$f(t)=\frac{1}{2\pi}\int_{-\infty}^{+\infty}\left[\int_{-\infty}^{+\infty}f(\tau)e^{-i\omega\tau}\,d\tau\right]e^{i\omega t}\,d\omega,$$

当 $t\in(-\infty,+\infty)$ 是 $f(t)$ 的第一类间断点时，上式左端用 $\dfrac{1}{2}[f(t+0)+f(t-0)]$ 代替 $f(t)$. 根据上式右端的积分，引出下面傅里叶变换的定义.

定义 7.2.1　设 $f(x)$ 满足傅里叶积分定理的条件，式

$$F[f(x)]=F(\omega)=\int_{-\infty}^{+\infty}f(x)e^{-i\omega x}\,dx \tag{7.12}$$

称为 $f(x)$ 的傅里叶变换，$F(\omega)$ 称为像函数.

定义 7.2.2　傅里叶逆变换定义为

$$F^{-1}[F(\omega)]=f(x)=\frac{1}{2\pi}\int_{-\infty}^{+\infty}F(\omega)e^{i\omega x}\,d\omega. \tag{7.13}$$

傅里叶变换及其逆变换在电子工程、信号处理等课程中有不同的定义，本书将沿用式(7.12) 和式(7.13) 的定义. 由于傅里叶积分定理条件是充分条件，而且傅里叶积分变换限制的条件比较严格，使得常函

数、指数函数等一些初等函数不满足傅里叶积分定理的条件，但是下面的例子仍能说明傅里叶变换应用的广泛性.

7.2.2 傅里叶变换举例

【例 7.2】 求 $f(x)=\begin{cases} 1, & |x|\leqslant a \\ 0, & |x|>a \end{cases}$ 的傅里叶变换以及 $f(x)$ 的傅里叶积分表示式.

解 $F(\omega)=F[f(x)]=\int_{-\infty}^{+\infty}f(x)\mathrm{e}^{-\mathrm{i}\omega x}\mathrm{d}x=\int_{-a}^{a}\mathrm{e}^{-\mathrm{i}\omega x}\mathrm{d}x=\dfrac{2\sin a\omega}{\omega}.$

由傅里叶变换定义，$f(x)$ 的傅里叶积分表示式

$$f(x)=\frac{1}{2\pi}\int_{-\infty}^{+\infty}F(\omega)\mathrm{e}^{\mathrm{i}\omega x}\mathrm{d}\omega$$

$$=\frac{1}{2\pi}\int_{-\infty}^{+\infty}\frac{2\sin a\omega}{\omega}(\cos\omega x+\mathrm{i}\sin\omega x)\mathrm{d}\omega$$

$$=\frac{2}{\pi}\int_{0}^{+\infty}\frac{\sin a\omega\cos\omega x}{\omega}\mathrm{d}\omega$$

【例 7.3】 求 $f(x)=\mathrm{e}^{-\beta x^2}\ (\beta>0)$ 的傅里叶变换.

解 $F(\omega)=\int_{-\infty}^{+\infty}\mathrm{e}^{-\mathrm{i}\omega x-\beta x^2}\mathrm{d}x=\int_{-\infty}^{+\infty}\mathrm{e}^{\left[-(x+\frac{\mathrm{i}\omega}{2\beta})^2-\frac{\omega^2}{4\beta}\right]}\mathrm{d}x$

$$=\mathrm{e}^{-\frac{\omega^2}{4\beta}}\int_{-\infty}^{+\infty}\mathrm{e}^{-\beta(x+\frac{\mathrm{i}\omega}{2\beta})^2}\mathrm{d}(x+\frac{\mathrm{i}\omega}{2\beta})$$

$$=\sqrt{\frac{\pi}{\beta}}\,\mathrm{e}^{-\frac{\omega^2}{4\beta}}.$$

【例 7.4】 设 $f(x)=\mathrm{e}^{-|x|}$，求 $f(x)$ 的傅里叶变换.

解 $F(\omega)=\int_{-\infty}^{+\infty}\mathrm{e}^{-\mathrm{i}\omega x-|x|}\mathrm{d}x=\int_{0}^{+\infty}\mathrm{e}^{-(\mathrm{i}\omega+1)x}\mathrm{d}x+\int_{-\infty}^{0}\mathrm{e}^{(1-\mathrm{i}\omega)x}\mathrm{d}x$

$$=\frac{1}{1+\mathrm{i}\omega}+\frac{1}{1-\mathrm{i}\omega}=\frac{2}{1+\omega^2}.$$

习题 7.2

1. 求 $f(t)=\begin{cases} \cos t, & |t|\leqslant\pi \\ 0, & |t|>\pi \end{cases}$ 的傅里叶变换.

2. 求 $f(t)=t\mathrm{e}^{-t^2}$ 的傅里叶变换.

3. 求 $f(t)=\begin{cases}1-|t|, & |t|\leqslant 1\\ 0, & |t|>1\end{cases}$ 的傅里叶变换.

4. 求 $f(t)=\begin{cases}0, & t\leqslant 0\\ \mathrm{e}^{-t}\sin t, & t>0\end{cases}$ 的傅里叶变换.

7.3 广义傅里叶变换

根据傅里叶变换的定义，在求 $f(x)$ 的傅里叶变换时，要求 $f(x)$ 满足绝对可积的条件，即 $\int_{-\infty}^{+\infty}|f(x)|\mathrm{d}x<+\infty$. 这个条件对物理学和工程技术应用一些问题要求太强了，按此定义，常函数、正弦函数、余弦函数、幂函数都没有傅里叶变换，为了应用的方便，这一节将对定义 7.2.1 进行推广，使得推广后的傅里叶变换有更大的应用范围.

7.3.1 狄拉克 δ-函数的性质

狄拉克 δ-函数是由英国物理学家狄拉克（Dirac）引入的，该函数在量子物理、电子工程技术中有着重要的应用.

定义 7.3.1 狄拉克 δ-函数，记为 $\delta(x)$，是指满足

$$\delta(x)=0, x\neq 0;$$
$$\delta(x)=\infty, x=0;$$
$$\int_{-\infty}^{+\infty}\delta(x)\mathrm{d}x=1.$$

的函数.

显然，狄拉克 δ-函数不是通常意义下的函数，它没有通常意义下的"函数值". 在广义函数论中，狄拉克 δ-函数定义为某基本函数空间上的连续线性泛函，因此**狄拉克 δ-函数**又有下面的定义.

定义 7.3.2 **狄拉克 δ-函数** $\delta(x)$ 是使得对任意包含 0 在内的区间上的连续函数 $f(x)$，

$$\int_{-\infty}^{+\infty}\delta(x)f(x)\mathrm{d}x=f(0)$$

成立的函数.

由定义 7.3.2 容易得到具有下面的性质.

命题 7.3.1 设 $f(x)$ 在包含 a 的区间上连续，则

$$\int_{-\infty}^{+\infty}\delta(x-a)f(x)\mathrm{d}x=f(a).$$

关于广义函数以及 $\delta(x)$ 的进一步介绍这里不再详细叙述，感兴趣的读者可参考有关的文献，这里我们讨论 $\delta(x)$ 的一些初步的性质.

定义 7.3.3 如果定义在实数域 $\mathscr{R}$ 内的函数 $f(x)$ 满足

(1) 对任意 $x \in \mathcal{R}$，$f(x)$ 有任意阶导数；

(2) 对任意正整数 n，N，$\lim\limits_{|x| \to \infty} x^N f^{(n)}(x) = 0$，称 $f(x)$ 是**良函数**.

利用良函数的定义可以证明下面的例 7.5，这里我们省略其证明.

【**例 7.5**】证明 e^{-x^2}，xe^{-x^2}，$x^2 e^{-x^2}$ 是良函数，良函数的和、差、乘积、导数也是良函数.

命题 7.3.2 存在良函数序列收敛于 $\delta(x)$.

证 设 $\delta_n(x) = \dfrac{1}{\sqrt{2\pi}} n e^{-\frac{(nx)^2}{2}}$，则 $\delta_n(x)$ 是良函数，且 $\int_{-\infty}^{+\infty} \delta_n(x) \mathrm{d}x = 1$，

当 $x \neq 0$ 时，$\lim\limits_{n \to \infty} \delta_n(x) = 0$；当 $x = 0$ 时，$\lim\limits_{n \to \infty} \delta_n(0) = \infty$.

【**例 7.6**】设 $\delta_\varepsilon(x) = \begin{cases} 0, & x < 0 \\ \dfrac{1}{\varepsilon}, & 0 \leqslant x \leqslant \varepsilon \\ 0, & x > \varepsilon \end{cases}$，则对任意良函数 $g(x)$，

$$\lim_{\varepsilon \to 0} \int_{-\infty}^{+\infty} \delta_\varepsilon(x) g(x) \mathrm{d}x = \int_{-\infty}^{+\infty} \delta(x) g(x) \mathrm{d}x.$$

证 对任意良函数 $g(x)$，

$$\int_{-\infty}^{+\infty} \delta(x) g(x) \mathrm{d}x = \lim_{\varepsilon \to 0} \int_{-\infty}^{+\infty} \delta_\varepsilon(x) g(x) \mathrm{d}x = \lim_{\varepsilon \to 0} \int_0^\varepsilon \frac{1}{\varepsilon} g(x) \mathrm{d}x.$$

因为 $g(x)$ 可导，从而由积分中值定理，存在常数 α，$0 < \alpha < \varepsilon$ 使得

$$\lim_{\varepsilon \to 0} \int_0^\varepsilon \frac{1}{\varepsilon} g(x) \mathrm{d}x = \lim_{n \to \infty} \varepsilon g(\alpha\varepsilon) \frac{1}{\varepsilon} = g(0) = \int_{-\infty}^{+\infty} \delta(x) g(x) \mathrm{d}x.$$

定义 7.3.4 设 $f(x)$ 定义在实数域 $\mathcal{R}$ 内，$\{f_n(x)\}$ 是在 $\mathcal{R}$ 内有定义的函数序列，如果对任意的良函数 $g(x)$，$\lim\limits_{n \to \infty} \int_{-\infty}^{+\infty} f_n(x) g(x) \mathrm{d}x$ 存在，且

$$\lim_{n \to \infty} \int_{-\infty}^{+\infty} f_n(x) g(x) \mathrm{d}x = \int_{-\infty}^{+\infty} f(x) g(x) \mathrm{d}x, \tag{7.14}$$

称 $f(x)$ 是**广义函数**，式 (7.14) 表示 $\{f_n(x)\}$ 弱收敛于 $f(x)$，记为 $f_n(x) \overset{w}{\to} f(x)$.

显然，由例 7.6 知狄拉克 δ-函数 $\delta(x)$ 是广义函数.

定义 7.3.5 设 $f_1(x)$ 和 $f_2(x)$ 分别是给定的广义函数，如果对于任意良函数 $g(x)$，

$$\int_{-\infty}^{+\infty} f_1(x) g(x) \mathrm{d}x = \int_{-\infty}^{+\infty} f_2(x) g(x) \mathrm{d}x,$$

称**广义函数** $f_1(x)$ 与 $f_2(x)$ **弱相等**，记为 $f_1(x) \overset{w}{=} f_2(x)$，简记 $f_1(x) = f_2(x)$.

命题 7.3.3　设 a 属于连续函数 $f(x)$ 的定义域，则

$$\delta(x-a)f(x)=\delta(x-a)f(a),$$

$$\delta(x-a)=\delta(a-x),$$

$$x\delta(x)=0.$$

证　由于 $\delta(x)$ 是广义函数，对于任意良函数 $g(x)$，

$$\int_{-\infty}^{+\infty}(\delta(x-a)f(x))g(x)\mathrm{d}x$$

$$=\int_{-\infty}^{+\infty}\delta(x-a)(f(x)g(x))\mathrm{d}x$$

$$=f(a)g(a)=f(a)\int_{-\infty}^{+\infty}\delta(x-a)g(x)\mathrm{d}x$$

$$=\int_{-\infty}^{+\infty}(\delta(x-a)f(a))g(x)\mathrm{d}x,$$

所以 $\delta(x-a)f(x)=\delta(x-a)f(a)$. 因为

$$\int_{-\infty}^{+\infty}\delta(x-a)g(x)\mathrm{d}x=g(a)=\int_{-\infty}^{+\infty}\delta(t)g(a-t)\mathrm{d}t$$

$$=\int_{-\infty}^{+\infty}\delta(a-x)g(x)\mathrm{d}x;$$

$$\int_{-\infty}^{+\infty}x\delta(x)g(x)\mathrm{d}x=\int_{-\infty}^{+\infty}\delta(x)(xg(x))\mathrm{d}x=0,$$

所以 $\delta(x-a)=\delta(a-x)$，$x\delta(x)=0$.

命题 7.3.4　设 $a\in\mathscr{R}$，$a\neq0$，则

$$\delta(at)=\frac{1}{|a|}\delta(t)$$

证　这里仅对 $a>0$ 的情形给出证明，$a<0$ 的情形留做练习.

设 $x=at$，对任意良函数 $g(t)$，

$$\int_{-\infty}^{+\infty}\delta(at)g(t)\mathrm{d}t=\frac{1}{a}\int_{-\infty}^{+\infty}\delta(x)g(x/a)\mathrm{d}x=\frac{1}{a}g(0),$$

依据定义 7.3.3，结论成立.

定义 7.3.6　设 $f(x)$ 是广义函数，如果对于任意良函数 $g(x)$，存在函数 $h(x)$ 使得

$$\int_{-\infty}^{+\infty}h(x)g(x)\mathrm{d}x=-\int_{-\infty}^{+\infty}f(x)g'(x)\mathrm{d}x,$$

称 h 是 f 的弱导数，记 $h=f'$.

类似地，$f(x)$ 的 n 阶弱导数定义为：如果对于任意良函数 $g(x)$，存在函数 $h(x)$ 使得

$$\int_{-\infty}^{+\infty}h(x)g(x)\mathrm{d}x=(-1)^{n}\int_{-\infty}^{+\infty}f(x)g^{(n)}(x)\mathrm{d}x$$

称 h 是 f 的 n 阶弱导数，记 $h(x) = f^{(n)}(x)$.

命题 7.3.5 $\int_{-\infty}^{+\infty} \delta'(t) g(t) \mathrm{d}t = -g'(0)$，$\int_{-\infty}^{+\infty} \delta^{(n)}(t) g(t) \mathrm{d}t = (-1)^n g^{(n)}(0)$.

证 设 $g(t)$ 是任意良函数，由分部积分法、良函数的定义及命题 7.3.2 可得

$$\int_{-\infty}^{+\infty} \delta'(t) g(t) \mathrm{d}t = g(t) \delta(t) \Big|_{-\infty}^{+\infty} - \int_{-\infty}^{+\infty} \delta(t) g'(t) \mathrm{d}t$$
$$= 0 - g'(0) = -g'(0).$$

重复应用上式得到

$$\int_{-\infty}^{+\infty} \delta^{(n)}(t) g(t) \mathrm{d}t = (-1)^n g^{(n)}(0).$$

【例 7.7】 设 $H(x)$ 是**赫维赛德函数**，即 $H(x) = \begin{cases} 0, & x < 0 \\ 1, & x > 0 \end{cases}$，证明

$$H'(x) = \delta(x), \int_{-\infty}^{x} \delta(t) \mathrm{d}t = H(x).$$

证 对任意良函数 $g(x)$，

$$\int_{-\infty}^{+\infty} H'(x) g(x) \mathrm{d}x = g(x) H(x) \Big|_{-\infty}^{+\infty} - \int_{-\infty}^{+\infty} H(x) g'(x) \mathrm{d}x$$
$$= -\int_{-\infty}^{+\infty} H(x) g'(x) \mathrm{d}x = -\int_{0}^{+\infty} g'(x) \mathrm{d}x$$
$$= -(g(+\infty) - g(0))$$
$$= g(0) = \int_{-\infty}^{+\infty} \delta(x) g(x) \mathrm{d}x.$$

$\int_{-\infty}^{x} \delta(t) \mathrm{d}t = H(x)$ 的证明留作习题，这里省略其证明.

7.3.2 广义傅里叶变换

根据定义 7.3.2，$\delta(x)$ 的傅里叶变换及逆变换的定义如下.

定义 7.3.7 狄拉克 δ-函数的傅里叶变换定义为

$$F(\omega) = F[\delta(x)] = \int_{-\infty}^{+\infty} \mathrm{e}^{-\mathrm{i}\omega x} \delta(x) \mathrm{d}x = 1.$$

1 的傅里叶逆变换定义为

$$\delta(x) = F^{-1}[1] = \frac{1}{2\pi} \int_{-\infty}^{+\infty} \mathrm{e}^{\mathrm{i}\omega x} \mathrm{d}\omega.$$

定义 7.3.8 狄拉克 δ-函数及其与狄拉克 δ-函数相关的函数的傅里叶变换称为**广义傅里叶变换**. 为方便，仍称为傅里叶变换. 下面给出不满足傅里叶积分定理条件的一些函数的广义傅里叶变换.

【例 7.8】　求 $F[1]$.

解　由狄拉克 δ-函数的傅里叶逆变换定义知 $2\pi\delta(x)=\displaystyle\int_{-\infty}^{+\infty}\mathrm{e}^{\mathrm{i}\omega x}\,\mathrm{d}\omega$.

设 $\omega=-t$，则

$$2\pi\delta(x)=\int_{-\infty}^{+\infty}\mathrm{e}^{\mathrm{i}\omega x}\,\mathrm{d}\omega=\int_{-\infty}^{+\infty}\mathrm{e}^{-\mathrm{i}tx}\,\mathrm{d}t=F[1].$$

【例 7.9】　证明赫维赛德函数 $H(x)$ 的傅里叶变换 $F[H(x)]=\dfrac{1}{\mathrm{i}\omega}+\pi\delta(\omega)$.

证　$F^{-1}\left(\left[\dfrac{1}{\mathrm{i}\omega}+\pi\delta(\omega)\right]\right)=\dfrac{1}{2\pi}\displaystyle\int_{-\infty}^{+\infty}\dfrac{1}{\mathrm{i}\omega}\mathrm{e}^{\mathrm{i}\omega x}\,\mathrm{d}\omega+\dfrac{1}{2\pi}\displaystyle\int_{-\infty}^{+\infty}\pi\delta(\omega)\mathrm{e}^{\mathrm{i}\omega x}\,\mathrm{d}\omega$

因为

$$\frac{1}{2\pi}\int_{-\infty}^{+\infty}\pi\delta(\omega)\mathrm{e}^{\mathrm{i}\omega x}\,\mathrm{d}\omega=\frac{1}{2};$$

$$\frac{1}{2\pi}\int_{-\infty}^{+\infty}\frac{1}{\mathrm{i}\omega}\mathrm{e}^{\mathrm{i}\omega x}\,\mathrm{d}\omega=\frac{1}{2\pi\mathrm{i}}\int_{-\infty}^{+\infty}\frac{\cos\omega x}{\omega}\,\mathrm{d}\omega+\frac{1}{2\pi}\int_{-\infty}^{+\infty}\frac{\sin\omega x}{\omega}\,\mathrm{d}\omega;$$

$$\int_{-\infty}^{+\infty}\frac{\cos\omega x}{\omega}\,\mathrm{d}\omega=0,\quad\int_{-\infty}^{+\infty}\frac{\sin\omega x}{\omega}\,\mathrm{d}\omega=\begin{cases}-\pi,&x<0\\0,&x=0,\\\pi,&x>0\end{cases}$$

所以 $F^{-1}\left(\left[\dfrac{1}{\mathrm{i}\omega}+\pi\delta(\omega)\right]\right)=H(x)$，即 $F[H(x)]=\dfrac{1}{\mathrm{i}\omega}+\pi\delta(\omega)$.

【例 7.10】　求符号函数 $\mathrm{sgn}(x)=\begin{cases}1,&x>0\\-1,&x<0\end{cases}$ 的傅里叶变换.

解　因为 $\mathrm{sgn}(x)=2H(x)-1$，所以

$$F(\omega)=F[\mathrm{sgn}(x)]=F[2H(x)-1]=2F[H(x)]-F[1]$$
$$=2\left(\frac{1}{\mathrm{i}\omega}+\pi\delta(\omega)\right)-2\pi\delta(\omega)=\frac{2}{\mathrm{i}\omega}.$$

【例 7.11】　求出 $f(x)=\sin ax$ 的傅里叶变换.

解　$F(\omega)=F[f(x)]=\displaystyle\int_{-\infty}^{+\infty}\mathrm{e}^{-\mathrm{i}\omega x}\sin ax\,\mathrm{d}x$

$$=\int_{-\infty}^{+\infty}\frac{\mathrm{e}^{\mathrm{i}ax}-\mathrm{e}^{-\mathrm{i}ax}}{2\mathrm{i}}\mathrm{e}^{-\mathrm{i}\omega x}\,\mathrm{d}x$$

$$=\frac{1}{2\mathrm{i}}\int_{-\infty}^{+\infty}(\mathrm{e}^{-\mathrm{i}(\omega-a)x}-\mathrm{e}^{-\mathrm{i}(\omega+a)x})\,\mathrm{d}x$$

$$=\frac{1}{2\mathrm{i}}(2\pi\delta(\omega-a)-2\pi\delta(\omega+a))$$

$$=\mathrm{i}\pi(\delta(\omega+a)-\delta(\omega-a)).$$

1. 证明 e^{-x^2}, xe^{-x^2}, $x^2e^{-x^2}$ 是良函数，而且良函数的和、差、乘积、导数也是良函数.

2. 设 $H(x)$ 是赫维赛德函数，证明 $\int_{-\infty}^{x} \delta(t)\mathrm{d}t = H(x)$.

3. 求出 $f(t) = \cos at$ 的傅里叶变换.

4. 设 $H(t)$ 是赫维赛德函数，求 $f(t)=H(t)\cos at$ 的傅里叶变换.

7.4 傅里叶变换的性质

在满足傅里叶积分定理的条件下，傅里叶变换有许多重要的性质，这些性质对求函数的傅里叶变换以及在工程技术问题中有着重要的应用. 这一节将讨论傅里叶变换的位移、对称、卷积等性质.

7.4.1 傅里叶变换的基本性质

性质 7.4.1（线性性质） 设 $F[f_1(t)]=F_1(\omega)$，$F[f_2(t)]=F_2(\omega)$，k_1，k_2 是常数，则
$$F[k_1f_1(t)+k_2f_2(t)]=k_1F_1(\omega)+k_2F_2(\omega),$$
$$F^{-1}[k_1F_1(\omega)+k_2F_2(\omega)]=k_1f_1(t)+k_2f_2(t).$$

证 留做习题.

性质 7.4.2（位移性质） 设 $F[f(t)]=F(\omega)$，则 $F[f(t\pm a)]=e^{\pm i\omega a}F(\omega)$.

证 仅对 $f(t-a)$ 的情形给出证明，$f(t+a)$ 可以类似得到.
$$F[f(t-a)]=\int_{-\infty}^{+\infty}e^{-i\omega t}f(t-a)\mathrm{d}t$$
$$=\int_{-\infty}^{+\infty}e^{-i\omega(u+a)}f(u)\mathrm{d}u=e^{-i\omega a}F(\omega).$$

性质 7.4.3（相似性质） 设 $F[f(t)]=F(\omega)$，a 是非零常数，则
$$F[f(at)]=\frac{1}{|a|}F\left(\frac{\omega}{a}\right)$$

证 仅对 $a>0$ 的情形给出证明，$a<0$ 的情形可以类似得到. 设 $at=x$，则
$$F[f(at)]=\int_{-\infty}^{+\infty}f(at)e^{-i\omega t}\mathrm{d}t=\frac{1}{a}\int_{-\infty}^{+\infty}f(x)e^{-i\omega(\frac{x}{a})}\mathrm{d}x$$
$$=\frac{1}{a}\int_{-\infty}^{+\infty}f(x)e^{-i(\frac{\omega}{a})x}\mathrm{d}x=\frac{1}{a}F\left(\frac{\omega}{a}\right).$$

性质 7.4.4（对称性质） 设 $F(\omega)=F[f(t)]$，则
$$F[F(t)]=2\pi f(-\omega).$$

证　由于 $f(t)=\dfrac{1}{2\pi}\displaystyle\int_{-\infty}^{+\infty}F(\omega)\mathrm{e}^{\mathrm{i}\omega t}\,\mathrm{d}\omega$ ，则

$$f(-t)=\frac{1}{2\pi}\int_{-\infty}^{+\infty}F(\omega)\mathrm{e}^{-\mathrm{i}\omega t}\,\mathrm{d}\omega=\frac{1}{2\pi}F[F(\omega)].$$

将 t 与 ω 互换得

$$f(-\omega)=\frac{1}{2\pi}\int_{-\infty}^{+\infty}F(t)\mathrm{e}^{-\mathrm{i}\omega t}\,\mathrm{d}t.$$

即

$$F[F(t)]=2\pi f(-\omega)$$

性质 7.4.5（微分性质）　如果 $f(t)$ 在 $(-\infty,+\infty)$ 上连续或只有有限个可去间断点，且当 $|t|\to+\infty$ 时，$f(t)\to0$，则 $F[f'(t)]=(\mathrm{i}\omega)F[f(t)]$.

证　$F[f'(t)]=\displaystyle\int_{-\infty}^{+\infty}f'(t)\mathrm{e}^{-\mathrm{i}\omega t}\,\mathrm{d}t$

$$=[f(t)\mathrm{e}^{-\mathrm{i}\omega t}]_{-\infty}^{+\infty}+\mathrm{i}\omega\int_{-\infty}^{+\infty}f(t)\mathrm{e}^{-\mathrm{i}\omega t}\,\mathrm{d}t=\mathrm{i}\omega F(\omega).$$

注：(1) 如果 $f^{(n)}(t)$ 在 $(-\infty,+\infty)$ 上连续或只有有限个可去间断点，$f^{(k)}(t)\to0$，$|t|\to+\infty$，$k=0,1,2,\cdots,n-1$，则
$$F[f^{(n)}(t)]=(\mathrm{i}\omega)^nF[f(t)].$$

(2) 设 $F[f(t)]=F(\omega)$，则
$$\frac{\mathrm{d}^nF(\omega)}{\mathrm{d}\omega^n}=(-\mathrm{i})^nF[t^nf(t)].$$

性质 7.4.6（积分性质）　设当 $t\to+\infty$，$u(t)=\displaystyle\int_{-\infty}^{t}f(x)\mathrm{d}x\to0$，则

$$F[u(t)]=\frac{1}{\mathrm{i}\omega}F[f(t)].$$

证　因为 $F[f(t)]=F\left[\dfrac{\mathrm{d}}{\mathrm{d}t}\displaystyle\int_{-\infty}^{t}f(x)\mathrm{d}x\right]=\mathrm{i}\omega F\left[\displaystyle\int_{-\infty}^{t}f(x)\mathrm{d}x\right]$，所以结论成立.

性质 7.4.7（乘积定理）　设 $F[f_1(t)]=F_1(\omega)$，$F[f_2(t)]=F_2(\omega)$，则

$$\int_{-\infty}^{+\infty}\overline{f_1(t)}f_2(t)\mathrm{d}t=\frac{1}{2\pi}\int_{-\infty}^{+\infty}\overline{F_1(\omega)}F_2(\omega)\mathrm{d}\omega,\quad\int_{-\infty}^{+\infty}f_1(t)\overline{f_2(t)}\mathrm{d}t=$$

$\dfrac{1}{2\pi}\displaystyle\int_{-\infty}^{+\infty}F_1(\omega)\overline{F_2(\omega)}\mathrm{d}\omega$，这里 $\overline{F_k(\omega)}$ 表示 $F(\omega)$ 的共轭函数，$k=1,2$.

证　因为 $\displaystyle\int_{-\infty}^{+\infty}\overline{f_1(t)}f_2(t)\mathrm{d}t=\int_{-\infty}^{+\infty}\overline{f_1(t)}\left[\frac{1}{2\pi}\int_{-\infty}^{+\infty}\mathrm{e}^{\mathrm{i}\omega t}F_2(\omega)\mathrm{d}\omega\right]\mathrm{d}t$

$$=\frac{1}{2\pi}\int_{-\infty}^{+\infty}\left[\int_{-\infty}^{+\infty}\overline{f_1(t)}\mathrm{e}^{\mathrm{i}\omega t}\,\mathrm{d}t\right]F_2(\omega)\mathrm{d}\omega$$

$$= \frac{1}{2\pi} \int_{-\infty}^{+\infty} \left[\int_{-\infty}^{+\infty} \overline{f_1(t) e^{-i\omega t}} \, dt \right] F_2(\omega) \, d\omega$$

$$= \frac{1}{2\pi} \int_{-\infty}^{+\infty} \overline{F_1(\omega)} F_2(\omega) \, d\omega.$$

类似的可以证明

$$\int_{-\infty}^{+\infty} f_1(t) \overline{f_2(t)} \, dt = \frac{1}{2\pi} \int_{-\infty}^{+\infty} F_1(\omega) \overline{F_2(\omega)} \, d\omega.$$

性质 7.4.8 设 $F[f(t)] = F(\omega)$，则

$$\int_{-\infty}^{+\infty} |f(t)|^2 \, dt = \frac{1}{2\pi} \int_{-\infty}^{+\infty} |F(\omega)|^2 \, d\omega$$

证 在上面的性质中，取 $f_1(t) = f_2(t) = f(t)$ 可得.

下面定理 7.4.1 也是傅里叶变换的重要性质之一.

定理 7.4.1 设 $f(t)$ 满足傅里叶积分定理的条件且 $F[f(t)] = F(\omega)$，则 $F(\omega)$ 在 $(-\infty, +\infty)$ 上是有界的连续函数.

证 因为 $f(t)$ 在 $(-\infty, +\infty)$ 上是绝对可积的，记 $\int_{-\infty}^{+\infty} |f(t)| \, dt = M$，则 $|F(\omega)| = |\int_{-\infty}^{+\infty} e^{-i\omega t} f(t) \, dt| \leqslant \int_{-\infty}^{+\infty} |f(t)| \, dt = M$.

因为

$$|F(\omega + \Delta\omega) - F(\omega)| = |\int_{-\infty}^{+\infty} e^{-i\omega t} (e^{-i\Delta\omega t} - 1) f(t) \, dt|$$

$$\leqslant \int_{-\infty}^{+\infty} |(e^{-i\Delta\omega t} - 1)| |f(t)| \, dt$$

及 $\lim\limits_{\Delta\omega \to 0} |e^{-i\Delta\omega t} - 1| = 0$，所以

$$\lim_{\Delta\omega \to 0} |F(\omega + \Delta\omega) - F(\omega)| = 0.$$

7.4.2 傅里叶变换的卷积性质

定义 7.4.1 设 $f(x)$ 和 $g(x)$ 是可积的，如果 $\int_{-\infty}^{+\infty} f(x - \tau) g(\tau) \, d\tau$ 存在，称 $\int_{-\infty}^{+\infty} f(x - \tau) g(\tau) \, d\tau$ 为 $f(x)$ 和 $g(x)$ 的卷积，记为 $f(x) * g(x)$ 或者 $(f * g)(x)$，即

$$f(x) * g(x) = \int_{-\infty}^{+\infty} f(x - \tau) g(\tau) \, d\tau$$

性质 7.4.9 卷积的基本性质：

(1) 交换律 $f_1(t) * f_2(t) = f_2(t) * f_1(t)$

(2) 结合律 $f_1(t) * [f_2(t) * f_3(t)] = [f_1(t) * f_2(t)] * f_3(t)$

(3) 分配率 $f_1(t) * [f_2(t) + f_3(t)] =$
$\qquad f_1(t) * f_2(t) + f_1(t) * f_3(t)$

(4) 数乘结合律 $a[f_1(t) * f_2(t)] = [af_1(t)] * f_2(t)$

$$= f_1(t) * [af_2(t)]$$

【例 7.12】 设 $f(x) = \cos x$，$g(x) = e^{-|x|}$，求 $(f * g)(x)$.

解 $(f * g)(x) = \int_{-\infty}^{+\infty} f(x-\tau)g(\tau)\mathrm{d}\tau = \int_{-\infty}^{+\infty} \cos(x-\tau)e^{-|\tau|}\mathrm{d}\tau$

$$= \int_{-\infty}^{0} \cos(x-\tau)e^{\tau}\mathrm{d}\tau + \int_{0}^{+\infty} \cos(x-\tau)e^{-\tau}\mathrm{d}\tau$$

$$= \int_{0}^{+\infty} \cos(x+\tau)e^{-\tau}\mathrm{d}\tau + \int_{0}^{+\infty} \cos(x-\tau)e^{-\tau}\mathrm{d}\tau$$

$$= 2\cos x \int_{0}^{+\infty} \cos\tau\, e^{-\tau}\mathrm{d}\tau = \cos x$$

性质 7.4.10（卷积定理） 如果 $F[f(t)] = F(\omega)$，$F[g(t)] = G(\omega)$，则

$$F[f(t) * g(t)] = F(\omega)G(\omega),$$

$$F^{-1}[F(\omega)G(\omega)] = f(t) * g(t).$$

证 $F[f(t) * g(t)] = \int_{-\infty}^{+\infty} \left(\int_{-\infty}^{+\infty} f(t-\tau)g(\tau)\mathrm{d}\tau \right) e^{-i\omega t}\mathrm{d}t$

$$= \int_{-\infty}^{+\infty} e^{-i\omega\tau}g(\tau)\mathrm{d}\tau \int_{-\infty}^{+\infty} e^{-i\omega(t-\tau)}f(t-\tau)\mathrm{d}t$$

$$= F(\omega)G(\omega).$$

相似地可以得到下面性质.

性质 7.4.11 设 $F[f_1(t)] = F_1(\omega)$，$F[f_2(t)] = F_2(\omega)$，则

$$F[f_1(t) \cdot f_2(t)] = \frac{1}{2\pi}F_1(\omega) * F_2(\omega);$$

$$F^{-1}[F_1(\omega) * F_2(\omega)] = 2\pi f_1(t) \cdot f_2(t).$$

习题 7.4

1. 证明性质 7.4.1.

2. 如果 $F(\omega) = F[f(t)]$，证明 $\lim\limits_{|\omega| \to \infty} |F(\omega)| = 0$.

3. 设 $F[f(t)] = F(\omega)$，证明

$$\frac{\mathrm{d}^n F(\omega)}{\mathrm{d}\omega^n} = (-i)^n F[t^n f(t)].$$

4. 求 $f(t) = \begin{cases} 1, & t \geq 0 \\ 0, & t < 0 \end{cases}$ 与 $g(t) = \begin{cases} e^{-t}, & t \geq 0 \\ 0, & t < 0 \end{cases}$ 的卷积 $f(t) * g(t)$.

7.5 傅里叶变换的应用

傅里叶变换在数学领域及工程领域有着广泛的应用，在这一节

我们仅介绍傅里叶变换在求解常系数常微分方程和简单的积分方程的应用.

7.5.1 傅里叶变换在求解常系数常微分方程中的应用

考虑 n 阶常系数常微分方程

$$a_n y^{(n)} + a_{n-1} y^{(n-1)} + \cdots + a_1 y' + a_0 y = f(x) \quad (7.15)$$

设 $F[y(x)] = Y(\omega)$，$F[f(t)] = F(\omega)$，对式(7.15)两端取傅里叶变换，利用傅里叶变换的微分定理得

$$(a_n (\mathrm{i}\omega)^n + a_{n-1}(\mathrm{i}\omega)^{n-1} + \cdots + a_1(\mathrm{i}\omega) + a_0) Y(\omega) = F(\omega)$$

设 $P(\omega) = a_n(\mathrm{i}\omega)^n + a_{n-1}(\mathrm{i}\omega)^{n-1} + \cdots + a_1(\mathrm{i}\omega) + a_0$，则

$$Y(\omega) = \frac{F(\omega)}{P(\omega)} \quad (7.16)$$

设 $F^{-1}[P(\omega)^{-1}] = r(x)$，对式(7.16)应用卷积公式

$$y(x) = F^{-1}[Y(\omega)] = F^{-1}\left[F(\omega) \cdot \frac{1}{P(\omega)}\right] = f(x) * r(x)$$

由上面的讨论，求式(7.15)的解化为求 $F^{-1}[P(\omega)^{-1}] = r(x)$.

【例 7.13】 求 $\dfrac{\mathrm{d}^2 y}{\mathrm{d}x^2} - y(x) + f(x) = 0 (-\infty < x < +\infty)$ 的解.

解 设 $F[y(x)] = Y(\omega)$，对式 $\dfrac{\mathrm{d}^2 y}{\mathrm{d}x^2} - y(x) + f(x) = 0$ 应用傅里叶变换，由式(7.16)得

$$Y(\omega) = \frac{F(\omega)}{\omega^2 + 1},$$

设 $g(x) = F^{-1}\left[\dfrac{1}{\omega^2 + 1}\right]$，则利用卷积定理，

$$y(x) = \int_{-\infty}^{+\infty} f(t) g(x-t) \mathrm{d}t.$$

注意到 $F^{-1}\left[\dfrac{1}{\omega^2 + 1}\right] = \dfrac{1}{2} \mathrm{e}^{-|x|}$，从而

$$y(x) = \frac{1}{2} \int_{-\infty}^{+\infty} f(t) \mathrm{e}^{-|x-t|} \mathrm{d}t.$$

7.5.2 傅里叶变换对某些积分方程的应用

这里将给出 Fredholm 方程

$$\int_{-\infty}^{+\infty} f(t) g(x-t) \mathrm{d}t + a f(x) = h(x) \quad (7.17)$$

求 $f(x)$ 的傅里叶变换解法.

设 $F[f(t)]=F(\omega)$，$F[g(x)]=G(\omega)$，$F[h(x)]=H(\omega)$，对式(7.17)两端取傅里叶变换，则

$$F(\omega)G(\omega)+aF(\omega)=H(\omega)$$

$$F(\omega)=\frac{H(\omega)}{G(\omega)+a} \tag{7.18}$$

对式(7.18)应用傅里叶变换逆变换

$$f(x)=\frac{1}{2\pi}\int_{-\infty}^{+\infty}\frac{H(\omega)}{G(\omega)+a}e^{i\omega x}\,d\omega \tag{7.19}$$

【例 7.14】 求解 $\displaystyle\int_{-\infty}^{+\infty}f(t)\cdot\frac{1}{(x-t)^2+1}dt=\frac{1}{x^2+2}$.

解 设 $F[f(t)]=F(\omega)$，则

$$F(\omega)\cdot F\left[\frac{1}{x^2+1}\right]=\frac{\pi}{\sqrt{2}}e^{-\sqrt{2}\,|\omega|}\,,$$

$$F(\omega)\cdot\pi e^{-|\omega|}=\frac{\pi}{\sqrt{2}}e^{-\sqrt{2}\,|\omega|}\,,$$

$$F(\omega)=\frac{1}{\sqrt{2}}e^{-(\sqrt{2}-1)|\omega|}\,.$$

应用傅里叶逆变换得

$$f(x)=\frac{1}{2\pi}\int_{-\infty}^{+\infty}\frac{1}{\sqrt{2}}e^{-(\sqrt{2}-1)|\omega|}\,e^{i\omega x}\,d\omega$$

$$=\frac{1}{\sqrt{2}\,\pi}\frac{\sqrt{2}-1}{x^2+3-2\sqrt{2}}\,.$$

习题 7.5

1. 求 $x'(t)+x(t)-\delta(t)=0$ 的解 $x(t)$.

2. 求 $x'(t)+x(t)+\displaystyle\int_{-\infty}^{t}x(s)ds=f(t)$ 的解 $x(t)$，这里 $\displaystyle\int_{-\infty}^{+\infty}x(s)ds=0$.

3. 求积分方程 $\displaystyle\int_{-\infty}^{t}f(t)\cos xt\,dt=\begin{cases}1-x, & 0\leqslant x\leqslant 1\\0, & x>1\end{cases}$ 的解 $f(x)$.

4. 求积分方程 $\displaystyle\int_{-\infty}^{+\infty}f(t-x)f(x)dx=\frac{1}{1+x^2}$ 的解.

小 结

傅里叶变换是积分变换的一种，在数学及其他科学技术领域有着重要的应用.

傅里叶积分定理 如果 $f(x)$ 在 $(-\infty,+\infty)$ 内满足

(1) 在任意有限区上满足狄利克雷条件；

(2) 在 $(-\infty, +\infty)$ 内绝对可积，

则当 $t \in (-\infty, +\infty)$ 是 $f(t)$ 的间断点时，

$$\frac{1}{2}[f(t+0)+f(t-0)] = \frac{1}{2\pi}\int_{-\infty}^{+\infty}\left[\int_{-\infty}^{+\infty}f(\tau)e^{-i\omega\tau}d\tau\right]e^{i\omega t}d\omega,$$

当 $t \in (-\infty, +\infty)$ 是 $f(t)$ 的连续点时，

$$f(t) = \frac{1}{2\pi}\int_{-\infty}^{+\infty}\left[\int_{-\infty}^{+\infty}f(\tau)e^{-i\omega\tau}d\tau\right]e^{i\omega t}d\omega.$$

根据傅里叶积分定理，设 $f(x)$ 满足傅里叶积分定理的条件，式

$$F[f(x)] = F(\omega) = \int_{-\infty}^{+\infty}f(x)e^{-i\omega x}dx$$

称为 $f(x)$ 的傅里叶变换. 傅里叶逆变换定义为

$$F^{-1}[F(\omega)] = f(x) = \frac{1}{2\pi}\int_{-\infty}^{+\infty}F(\omega)e^{i\omega x}d\omega.$$

由于傅里叶积分定理条件是充分条件，而且傅里叶积分变换限制的条件比较严格，使得常函数、指数函数等一些初等函数的不满足傅里叶积分定理的条件. 为此引入狄拉克 δ-函数，将傅里叶变换进行推广，使得推广后的傅里叶变换有更大的应用范围.

狄拉克 δ-函数，记为 $\delta(x)$，是指满足

$$\delta(x)=0, x\neq 0;$$
$$\delta(x)=\infty, x=0;$$
$$\int_{-\infty}^{+\infty}\delta(x)dx = 1.$$

的函数. 有时狄拉克 δ-函数也指是使得对任意包含 0 在内的区间上的连续函数 $f(x)$，

$$\int_{-\infty}^{+\infty}\delta(x)f(x)dx = f(0)$$

成立的函数. 狄拉克 δ-函数的傅里叶变换定义为

$$F(\omega) = F[\delta(x)] = \int_{-\infty}^{+\infty}e^{-i\omega x}\delta(x)dx = 1.$$

狄拉克 δ-函数的傅里叶逆变换定义为

$$\delta(x) = F^{-1}([1]) = \frac{1}{2\pi}\int_{-\infty}^{+\infty}e^{i\omega x}d\omega.$$

狄拉克 δ-函数及与狄拉克 δ-函数相关的函数的傅里叶变换称为广义傅里叶变换. 为方便，仍称为傅里叶变换.

在满足傅里叶积分定理的条件下，傅里叶变换有许多重要的性质，这些性质对求函数的傅里叶变换以及在求工程技术问题中有着重要的应用. 例如，线性性质、位移性质、相似性质、对称性质、微分性质、积分性质、乘积定理、卷积性质等. 傅里叶变换在在求解常系数常微分方程和积分方程中有着广泛的应用，例如，对 n 阶常系数常微分方程

$$a_ny^{(n)}+a_{n-1}y^{(n-1)}+\cdots+a_1y'+a_0y=f(x)$$

两端取傅里叶变换，利用傅里叶逆变换及卷积公式求解.

关于傅里叶变换更详细的内容，读者可以参考相关文献.

总习题 7

1. 求 $f(t)=t\mathrm{e}^{-t^2}$ 的傅里叶变换.

2. 求 $f(t)=\dfrac{\sin t}{t}$ 的傅里叶变换.

3. 求 $f(t)=\dfrac{t}{1+t^4}$ 的傅里叶变换.

4. 求 $f(t)=\dfrac{1}{4+t^2}$ 的傅里叶变换.

5. 求 $f(t)=t^n$，n 是正整数的傅里叶变换.

6. 设 $f(t)=\begin{cases}\mathrm{e}^{-t}, & t>0 \\ 0, & t<0\end{cases}$，$g(t)=\begin{cases}\sin t, & 0<t<\dfrac{\pi}{2} \\ 0, & \text{其他}\end{cases}$，求 $f(t)*g(t)$.

7. 利用傅里叶变换求 $y''(t)+2y(t)=\mathrm{e}^{-t}$ 的解.

8. 利用傅里叶变换求积分方程 $\displaystyle\int_{-\infty}^{t}f(t)\cos xt\,\mathrm{d}t=\dfrac{\sin x}{x}$ 的解 $f(x)$.

9. 证明 $\displaystyle\int_{-\infty}^{+\infty}\delta^{(n)}(t)\mathrm{d}t=0$，$n$ 是自然数.

10. 设 $F[f(t)]=F(\omega)$，$F[g(t)]=G(\omega)$. 证明
$$\int_{-\infty}^{+\infty}f(t)\,\overline{g(t)}\,\mathrm{d}t=\frac{1}{2\pi}\int_{-\infty}^{+\infty}F(\omega)\,\overline{G(\omega)}\,\mathrm{d}\omega.$$

第 **8** 章

拉普拉斯变换

8.1 拉普拉斯(Laplace)变换的定义及存在性定理

8.1.1 拉普拉斯变换的定义

由傅里叶积分公式知，当 $f(t)$ 在 $(-\infty, +\infty)$ 上满足狄利克雷条件以及绝对可积时，

$$f(t) = \frac{1}{2\pi} \int_{-\infty}^{+\infty} \left[\int_{-\infty}^{+\infty} f(\tau) e^{-i\omega\tau} d\tau \right] e^{i\omega t} d\omega.$$

成立，如果 x 是 $f(x)$ 的间断点，上式左端的 $f(x)$ 用 $\frac{1}{2}(f(x+0) + f(x-0))$ 替代. 在实际应用中，许多函数 $f(t)$ 在 $t < 0$ 时无意义，或者无需考虑 $t < 0$ 的情况. 对于这种情形，设

$$f(x) = 0, \quad -\infty < x < 0,$$

且函数 $f_1(x)$ 为

$$f_1(x) = e^{-\beta x} f(x) H(x)$$

这里 $H(x)$ 是赫维赛德函数，$\beta > 0$. 通过适当选择 β，一般情况下，$e^{-\beta x} f(x) H(x)$ 的傅里叶变换总是存在的，因此 $f_1(x)$ 的傅里叶积分公式为

$$f(x) = \frac{1}{2\pi} e^{\beta x} \int_0^{+\infty} \left[\int_0^{+\infty} e^{-(\beta+i\omega)t} f(t) dt \right] e^{i\omega x} d\omega.$$

设 $\beta + i\omega = s$，则 $i d\omega = ds$，而且

$$f(x) = \frac{1}{2\pi i} e^{\beta x} \int_{\beta-i\infty}^{\beta+i\infty} \left[\int_0^{+\infty} e^{-st} f(t) dt \right] e^{(s-\beta)x} ds$$

$$= \frac{1}{2\pi i} e^{\beta x} \int_{\beta-i\infty}^{\beta+i\infty} \left[\int_0^{+\infty} e^{-st} f(t) dt \right] e^{(s-\beta)x} ds,$$

从而可以引入下面的拉普拉斯变换的定义.

定义 8.1.1　设 $f(t)$ 在 $t \geqslant 0$ 时有定义，且积分

$$\int_0^{+\infty} \mathrm{e}^{-st} f(t) \mathrm{d}t$$

对复平面内某一范围内的 s 收敛，称满足

$$L[f(t)] = F(s) = \int_0^{+\infty} \mathrm{e}^{-st} f(t) \mathrm{d}t$$

的映射 $L[f(t)] = F(s)$ 为拉普拉斯变换，记为 $L[f(t)] = F(s)$.

若 $F(s)$ 已知，由 $L[f(t)] = F(s)$ 确定出函数 $f(t)$ 的变换称为拉普拉斯逆变换，记

$$f(t) = L^{-1}[F(s)].$$

显然，拉普拉斯变换 L 及 L^{-1} 是线性积分算子.

8.1.2　拉普拉斯变换的存在性定理

由拉普拉斯变换的定义知，拉普拉斯变换存在的条件比傅里叶变换存在的条件弱多了，下面定理给出拉普拉斯变换存在的充分条件. 首先给出以下定义.

定义 8.1.2　如果存在常数 $M > 0$，$c \geqslant 0$，使得函数 $f(t)$ 在 $0 \leqslant t < \infty$ 上满足当 $t \to +\infty$ 时，$|f(t)| \leqslant M\mathrm{e}^{ct}$，称函数 $f(t)$ 具有指数级增长，c 称为增长指数.

定理 8.1.1　（拉普拉斯变换存在性定理）如果函数 $f(t)$ 满足下列条件：

(1) 在 $t \geqslant 0$ 的任一有限区间上连续或分段连续；

(2) $f(t)$ 具有指数级增长且指数为 c.

则当复数 s 满足 $\mathrm{Re}(s) > c$ 时，$f(t)$ 的拉普拉斯变换存在.

证　$|F(s)| = \left| \int_0^{+\infty} \mathrm{e}^{-st} f(t) \mathrm{d}t \right| \leqslant \int_0^{+\infty} \mathrm{e}^{-\mathrm{Re}(s)t} |f(t)| \mathrm{d}t$

$$\leqslant M \int_0^{+\infty} \mathrm{e}^{-(\mathrm{Re}(s)-c)t} \mathrm{d}t \leqslant \frac{M}{\mathrm{Re}(s) - c}, \quad \mathrm{Re}(s) > c.$$

从而，当 $\mathrm{Re}(s) > c$ 时，$f(t)$ 的拉普拉斯变换存在.

注：（1）存在性定理条件是充分不必要的. 例如，$f(t) = t^{-\frac{1}{2}}$ 不满足定理存在性条件(1)，但是 $L[t^{-\frac{1}{2}}]$ 是存在的；

（2）在物理学和工程技术中，如 $H(t)$，t^m，$\sin kt$ 等函数虽不满足傅里叶积分公式条件(2)，但是却满足拉普拉斯变换的条件(2)，说明拉普拉斯变换具有更广泛的应用性；

（3）$f(t)$ 满足定理 8.1.1 的条件，则 $F(s) = L[f(t)]$ 在 $\mathrm{Re}(s) > c$ 的半平面内是解析函数，关于 $F(s)$ 的解析性的证明见相关文献；

（4）$f(t)$ 满足定理 8.1.1 的条件，由于 $\left| \mathrm{e}^{-st} f(t) \right| \leqslant M \mathrm{e}^{-(\mathrm{Re}(s)-c)t}$，从而在 $\mathrm{Re}(s) \geqslant c_1 > c$ 上，$\int_0^{+\infty} \mathrm{e}^{-st} f(t) \mathrm{d}t$ 一致收敛.

【例 8.1】 设 $f(t) = a \neq 0$，$t > 0$，求 $f(t)$ 的拉普拉斯变换.

解 $L[f(t)] = \int_0^{+\infty} \mathrm{e}^{-st} a \, \mathrm{d}t = \dfrac{a}{s}$，$\qquad \mathrm{Re}(s) > 0.$

【例 8.2】 设 $f(t) = \mathrm{e}^{kt}$，k 是实常数，求 $f(t)$ 的拉普拉斯变换.

解 $L[f(t)] = \int_0^{+\infty} \mathrm{e}^{-(s-k)t} \mathrm{d}t = \dfrac{1}{s-k}$，$\mathrm{Re}(s) > k.$

【例 8.3】 设 $f(t) = \cos kt$，k 是实常数，求 $f(t)$ 的拉普拉斯变换.

解 $L[\cos kt] = \int_0^{+\infty} \mathrm{e}^{-st} \cos kt \, \mathrm{d}t$

$\qquad = \dfrac{1}{2} \int_0^{+\infty} \mathrm{e}^{-st} (\mathrm{e}^{\mathrm{i}kt} + \mathrm{e}^{-\mathrm{i}kt}) \, \mathrm{d}t$

$\qquad = \dfrac{1}{2} \int_0^{+\infty} [\mathrm{e}^{-t(s-\mathrm{i}k)} + \mathrm{e}^{-t(s+\mathrm{i}k)}] \, \mathrm{d}t$

$\qquad = \dfrac{1}{2} \left(\dfrac{1}{s - \mathrm{i}k} + \dfrac{1}{s + \mathrm{i}k} \right) = \dfrac{s}{s^2 + k^2}$，$\qquad \mathrm{Re}(s) > 0.$

【例 8.4】 设 $f(t) = t^m$，m 是正整数，求 $f(t)$ 的拉普拉斯变换.

解 利用分部积分法

$L[t] = \int_0^{+\infty} t \mathrm{e}^{-st} \mathrm{d}t = \left[t \cdot \left(-\dfrac{1}{s} \mathrm{e}^{-st} \right) \right]_0^{\infty} + \dfrac{1}{s} \int_0^{+\infty} \mathrm{e}^{-st} \mathrm{d}t$

$\qquad = \dfrac{1}{s^2}$，$\qquad \mathrm{Re}(s) > 0.$

$L[t^2] = \int_0^{+\infty} t^2 \mathrm{e}^{-st} \mathrm{d}t = \left[t^2 \cdot \left(-\dfrac{1}{s} \mathrm{e}^{-st} \right) \right]_0^{\infty} + \dfrac{2}{s} \int_0^{+\infty} t \mathrm{e}^{-st} \mathrm{d}t$

$\qquad = \dfrac{2}{s} \times \dfrac{1}{s^2} = \dfrac{2}{s^3}$，$\qquad \mathrm{Re}(s) > 0.$

类似地，利用分部积分法可得

$L[t^m] = \int_0^{+\infty} t^m \mathrm{e}^{-st} \mathrm{d}t = \dfrac{m!}{s^{m+1}}$，$\qquad \mathrm{Re}(s) > 0.$

习题 8.1

1. 求 $f(t) = \sin kt$（k 是实数）的拉普拉斯变换.

2. 求 $f(t) = \mathrm{e}^{-\lambda t} \cos at$（$\lambda$，$a$ 是实数）的拉普拉斯变换.

3. 求 $f(t) = t^n \mathrm{e}^{at}$ 的拉普拉斯变换.

4. 求 $f(t) = t \cos at$（a 是实数）的拉普拉斯变换.

8.2　拉普拉斯变换的性质

8.2.1　拉普拉斯变换的基本性质

在这一节，假定要求拉普拉斯变换的函数满足定理 8.1.1 的条件，且这些函数的增长指数均假定为 c.

性质 8.2.1（线性性质）　设 α 为常数，$F_1(s)=L[f_1(t)]$，$F_2(s)=L[f_2(t)]$，则

$$L[f_1(t)+f_2(t)]=L[f_1(t)]+L[f_2(t)];$$
$$L[\alpha f_1(t)]=\alpha L[f_1(t)];$$
$$L^{-1}[F_1(s)+F_2(s)]=L^{-1}[F_1(s)]+L^{-1}[F_2(s)];$$
$$L^{-1}[\alpha F_1(s)]=\alpha L^{-1}[F_1(s)].$$

证　由拉普拉斯变换及其逆变换的定义可得.

【例 8.5】　求 $f(t)=\cos 3t+3\mathrm{e}^{-2t}$ 的拉普拉斯变换.

解　由例 8.2、例 8.3 及性质 8.2.1 得

$$L[f(t)]=L[\cos 3t]+3L[\mathrm{e}^{-2t}]$$
$$=\frac{s}{s^2+3^2}+\frac{3}{s+2}=\frac{4s^2+2s+27}{(s^2+9)(s+2)},\ \mathrm{Re}(s)>0.$$

【例 8.6】　求 $f(t)=\sin kt$ 的拉普拉斯变换.

解　因 $f(t)=\sin kt=\dfrac{1}{2\mathrm{i}}(\mathrm{e}^{\mathrm{i}kt}-\mathrm{e}^{-\mathrm{i}kt})$，由例 8.2 及性质 8.2.1 得

$$L[f(t)]=\frac{1}{2\mathrm{i}}(L[\mathrm{e}^{\mathrm{i}kt}]-L[\mathrm{e}^{-\mathrm{i}kt}])$$
$$=\frac{1}{2\mathrm{i}}\left[\frac{1}{s-\mathrm{i}k}-\frac{1}{s+\mathrm{i}k}\right]=\frac{k}{s^2+k^2},\ \mathrm{Re}(s)>0.$$

性质 8.2.2（位移性质）　设 $L[f(t)]=F(s)$，则
$$L[\mathrm{e}^{-at}f(t)]=F(s+a)\qquad \mathrm{Re}(s+a)>c.$$
$$L^{-1}[F(s+a)]=\mathrm{e}^{-at}f(t).$$

证　由拉普拉斯变换定义，

$$L[\mathrm{e}^{-at}f(t)]=\int_0^{+\infty}\mathrm{e}^{-(s+a)t}f(t)\mathrm{d}t=F(s+a).$$

【例 8.7】　求 $f(t)=t^n\mathrm{e}^{-at}$ 的拉普拉斯变换.

解　由例 8.4 及性质 8.2.2 得

$$L[t^n\mathrm{e}^{-at}]=\frac{n!}{(s+a)^{n+1}}\quad \mathrm{Re}(s+a)>0.$$

【例 8.8】　求 $f(t)=\mathrm{e}^{-at}\sin kt$ 的拉普拉斯变换.

解　由例 8.2 及性质 8.2.2 得

$$L[e^{-at}\sin kt] = \frac{k}{(s+a)^2 + k^2}.$$

性质 8.2.3（延迟性质） 设 $L[f(t)] = F(s)$ 且 $t < 0$ 时，$f(t) = 0$，则

$$L[f(t-\tau)] = e^{-s\tau}F(s), \quad \tau > 0$$

$$L^{-1}[e^{-s\tau}F(s)] = f(t-\tau), \quad \tau > 0$$

证 设 $t - \tau = x$，$L[f(t-\tau)] = \int_0^{+\infty} e^{-st} f(t-\tau) dt$

$$= \int_{-\tau}^{0} e^{-s(x+\tau)} f(x) dx + \int_0^{+\infty} e^{-s(x+\tau)} f(x) dx$$

$$= e^{-s\tau} \int_0^{+\infty} e^{-sx} f(x) dx$$

$$= e^{-s\tau} F(s).$$

【例 8.9】 求 $u(t-\tau) = \begin{cases} 0, & t < \tau \\ 1, & t \geq \tau \end{cases}$ 的拉普拉斯变换.

解 由例 8.1 及性质 8.2.4 得

$$L[u(t-\tau)] = \frac{1}{s} e^{-s\tau}.$$

性质 8.2.4（相似性质） 设 $L[f(t)] = F(s)$，则当 $a > 0$ 时，

$$L[f(at)] = \frac{1}{a} F\left(\frac{s}{a}\right), \text{Re}(s) > ac.$$

证 设 $u = at$，$L[f(at)] = \int_0^{+\infty} f(at) e^{-st} dt$

$$= \frac{1}{a} \int_0^{+\infty} f(u) e^{-\frac{s}{a}u} du = \frac{1}{a} F\left(\frac{s}{a}\right).$$

【例 8.10】 求 $H(at-b)$ 的拉普拉斯变换，$a > 0$.

解 $$L[H(at-b)] = L\left[H\left(a\left(t-\frac{b}{a}\right)\right)\right]$$

$$= e^{-\frac{b}{a}s} L[H(at)] = \frac{1}{s} e^{-\frac{b}{a}s}.$$

性质 8.2.5（微分性质） 设 $L[f(t)] = F(s)$，则

$$L[f'(t)] = sL[f(t)] - f(0);$$

$$L[f''(t)] = s^2 L[f(t)] - sf(0) - f'(0);$$

$$\cdots\cdots$$

$$L[f^{(n)}(t)] = s^n L[f(t)] - s^{n-1} f(0) - s^{n-2} f'(0) - \cdots$$
$$- sf^{(n-2)}(0) - f^{(n-1)}(0).$$

特别当 $f(0)=f'(0)=\cdots=f^{(n-1)}(0)=0$ 时，有

$$L[f^{(n)}(t)]=s^n L[f(t)].$$

证　由分部积分法，及 $f(t)$ 满足指数增长的条件假设

$$\begin{aligned}
L[f'(t)]&=\int_0^{+\infty}\mathrm{e}^{-st}f'(t)\mathrm{d}t\\
&=[\mathrm{e}^{-st}f(t)]_0^{+\infty}+s\int_0^{+\infty}\mathrm{e}^{-st}f(t)\mathrm{d}t\\
&=sF(s)-f(0),\\
L[f''(t)]&=sL[f'(t)]-f'(0)\\
&=s[sF(s)-f(0)]-f'(0)\\
&=s^2F(s)-sf(0)-f'(0).
\end{aligned}$$

关于 $L[f^{(n)}(t)]$ 类似可得，这里省略其证明.

【例 8.11】　利用性质 8.2.5，求 $f(t)=t^m$ 的拉普拉斯变换，m 是正整数.

解　由于 $f(0)=f'(0)=\cdots=f^{(m-1)}(0)=0$，

$$f^{(m)}(t)=m!,L[1]=\frac{1}{s}$$

从而由性质 8.2.5

$$L[t^m]=\frac{m!}{s^{m+1}}.$$

性质 8.2.6（积分性质）　设 $L[f(t)]=F(s)$，则

$$L\left[\int_0^t f(t)\mathrm{d}t\right]=\frac{1}{s}F(s).$$

证　设 $g(t)=\int_0^t f(t)\mathrm{d}t$，则 $g(0)=0$，$g'(t)=f(t)$. 由性质 8.2.5 得

$$\begin{aligned}
F(s)&=L[f(t)]=L[g'(t)]\\
&=sL[g(t)]-g(0)=sL[g(t)],
\end{aligned}$$

从而

$$L\left[\int_0^t f(t)\mathrm{d}t\right]=\frac{1}{s}F(s).$$

【例 8.12】　求函数 $\int_0^t x^n \mathrm{e}^{-ax}\mathrm{d}x$ 的拉普拉斯变换.

解　由例 8.7，$L[x^n \mathrm{e}^{-ax}]=\dfrac{n!}{(s+a)^{n+1}}$.

由性质 8.2.6 得 $L\left[\displaystyle\int_0^t x^n \mathrm{e}^{-ax}\mathrm{d}x\right]=\dfrac{n!}{s(s+a)^{n+1}}$.

8.2.2 初值及终值定理

定义 8.2.1 设 $f(t)$ 是拉普拉斯变换中像原函数，$f(0)$ 及 $f(0^+) = \lim\limits_{t \to 0^+} f(t)$ 称为 $f(t)$ 的初值. 如果 $f(+\infty) = \lim\limits_{t \to +\infty} f(t)$ 存在，称 $f(+\infty)$ 为 $f(t)$ 的终值.

关于 $f(t)$ 的初值与终值有下面两个定理.

定理 8.2.1（初值定理） 若 $L[f(t)] = F(s)$，且 $\lim\limits_{s \to \infty} sF(s)$ 存在，则

$$\lim_{t \to 0} f(t) = \lim_{s \to \infty} sF(s).$$

证 由拉普拉斯变换存在性定理的注知 $L[f(t)] = \int_0^\infty e^{-st} f(t) dt$ 是一致收敛的. 因为

$$L[f'(t)] = sL[f(t)] - f(0) = sF(s) - f(0),$$

$$\lim_{s \to \infty} sF(s) - f(0) = \lim_{s \to \infty} L[f'(t)]$$

$$= \int_0^{+\infty} \lim_{s \to \infty} e^{-st} f'(t) dt = 0,$$

所以

$$\lim_{s \to \infty} sF(s) = f(0) = \lim_{t \to 0} f(t).$$

注 在定理 8.2.1 条件下，类似地可得

$$\lim_{s \to \infty} [s^{n+1} F(s) - s^n F(s) - \cdots - s^2 F(s) - sF^{(n-1)}(0)] = f^{(n)}(0).$$

【例 8.13】 设 $F(s) = \dfrac{1}{s(s^2+1)}$，求 $f(0)$，$f'(0)$.

解 $f(0) = \lim\limits_{s \to \infty} sF(s) = \lim\limits_{s \to \infty} \dfrac{1}{s^2+1} = 0.$

$$f'(0) = \lim_{s \to \infty} [s^2 F(s) - sf(0)] = \lim_{s \to \infty} \frac{s}{s^2+1} = 0.$$

定理 8.2.2（终值定理） 设 $L[f(t)] = F(s)$，$sF(s)$ 的所有奇点属于复平面的左半部，则

$$\lim_{t \to +\infty} f(t) = \lim_{s \to 0} sF(s).$$

证 $\lim\limits_{s \to 0} L[f'(t)] = \lim\limits_{s \to 0} [sF(s) - f(0)]$

$$= \int_0^{+\infty} \lim_{s \to 0} e^{-st} f'(t) dt = \int_0^\infty f'(t) dt$$

$$= \lim_{t \to +\infty} f(t) - f(0).$$

所以 $\lim\limits_{t \to +\infty} f(t) = \lim\limits_{s \to 0} sF(s).$

【例 8.14】　设 $F(s) = \dfrac{1}{s\left[(s+1)^2+1\right]}$，求 $f(\infty)$.

解　因为 $F(s)$ 的奇点为 0，$-1+i$，$-1-i$，所以 $sF(s)$ 的奇点满足定理 8.2.2 的条件，从而

$$f(+\infty) = \lim_{s \to 0} sF(s) = \lim_{s \to 0} \frac{1}{(s+1)^2+1} = \frac{1}{2}.$$

习题 8.2

1. 设 $f(t)$ 是以 2π 为周期的函数且在一个周期内的表达式 $f(t) = \begin{cases} t, & 0 \leqslant t < \pi \\ 2\pi - t & \pi \leqslant t < 2\pi \end{cases}$

求 $f(t)$ 的拉普拉斯变换.

2. 求 $f(t) = t\displaystyle\int_0^t e^{-3x}\sin 2x\,\mathrm{d}x$ 的拉普拉斯变换.

3. 设 $F(s) = \dfrac{1}{s+1}$，求 $f(0)$，$f(+\infty)$.

4. 设 $f(t)$ 是以 T 为周期的函数且 $L\left[f(t)\right]$ 存在，证明

$$L\left[f(t)\right] = \frac{1}{1 - e^{-sT}}\int_0^T e^{-st} f(t)\,\mathrm{d}t \ , \mathrm{Re}(s) > 0.$$

8.3　卷积性质及卷积定理

8.3.1　卷积性质

定义 8.3.1　设函数 $f_1(t)$ 和 $f_2(t)$ 满足 $t < 0$ 时，$f_1(t) = f_2(t) = 0$，$f_1(t)$ 与 $f_2(t)$ 的卷积

定义为
$$\int_0^t f_1(\tau) f_2(t - \tau)\,\mathrm{d}\tau$$

并记为 $f_1(t) * f_2(t)$，也记为 $(f_1 * f_2)(t)$.

卷积具有下面的性质.

性质 8.3.1　　$f_1(t) * f_2(t) = f_2(t) * f_1(t)$;
$$f_1(t) * (f_2(t) * f_3(t)) = (f_1(t) * f_2(t)) * f_3(t);$$
$$f_1(t) * (af_2(t)) = (af_1(t)) * f_2(t) = a(f_1(t) * f_2(t));$$
$$f_1(t) * [f_2(t) + f_3(t)] = f_1(t) * f_2(t) +$$
$$f_1(t) * f_3(t);$$
$$|f_1(t) * f_2(t)| \leqslant |f_1(t)| * |f_2(t)|.$$

证　$f_1(t) * f_2(t) = \displaystyle\int_0^t f_1(\tau) f_2(t - \tau)\,\mathrm{d}\tau$

$$= \int_0^t f_1(t - x) f_2(x)\,\mathrm{d}x \qquad (x = t - \tau);$$

$$f_1(t) * (f_2(t) * f_3(t)) = \int_0^t f_1(\tau)(f_2 * f_3)(t-\tau)\,d\tau$$

$$= \int_0^t f_1(\tau)\left(\int_0^{t-\tau} f_2(x) f_3(t-\tau-x)\,dx\right) d\tau$$

$$= f_3(t) * (f_1(t) * f_2(t))$$

$$= (f_1(t) * f_2(t)) * f_3(t).$$

其他性质类似可得.

【例 8.15】 设 $f_1(t) = \begin{cases} t, & t \geqslant 0 \\ 0, & t < 0 \end{cases}$, $f_2(t) = \begin{cases} \sin t, & t \geqslant 0 \\ 0, & t < 0 \end{cases}$, 求 $f_1(t) * f_2(t)$.

解 $f_1(t) * f_2(t) = t * \sin t = \int_0^t \tau \sin(t-\tau)\,d\tau$

$$= [\tau \cos(t-\tau)]_0^t - \int_0^t \cos(t-\tau)\,d\tau$$

$$= t - \sin t.$$

【例 8.16】 设 $f_1(t) = \cos t$, $f_2(t) = e^{2t}$, 求 $f_1(t) * f_2(t)$.

解 $f_1(t) * f_2(t) = \int_0^t \cos\tau e^{2(t-\tau)}\,d\tau$

$$= \int_0^t \frac{1}{2}(e^{i\tau} + e^{-i\tau}) e^{2(t-\tau)}\,d\tau$$

$$= \frac{1}{2} \int_0^t [e^{2t+(i-2)\tau} + e^{2t-(i+2)\tau}]\,d\tau$$

$$= \frac{1}{2} e^{2t} \left[\frac{e^{(i-2)\tau}}{i-2} + \frac{e^{-(i+2)\tau}}{-(i+2)}\right]_0^t$$

$$= \frac{2}{5} e^{2t} + \frac{1}{5}\sin t - \frac{2}{5}\cos t.$$

8.3.2 卷积定理

下面的定理称为卷积定理.

定理 8.3.1（卷积定理） 设 $f_1(t)$, $f_2(t)$ 满足拉普拉斯变换存在性定理的条件, 且 $L[f_1(t)] = F_1(s)$, $L[f_2(t)] = F_2(s)$, 则 $f_1(t) * f_2(t)$ 的拉普拉斯变换存在且

$$L[f_1(t) * f_2(t)] = L[f_1(t)]L[f_2(t)] = F_1(s)F_2(s);$$

$$L^{-1}[F_1(s)F_2(s)] = f_1(t) * f_2(t).$$

证 $L[f_1(t) * f_2(t)] = \int_0^{+\infty} [f_1(t) * f_2(t)] e^{-st}\,dt$

$$= \int_0^{+\infty} \left[\int_0^t f_1(\tau) f_2(t-\tau)\,d\tau\right] e^{-st}\,dt$$

（交换积分次序）

$$= \int_0^{+\infty} f_1(\tau) \left[\int_\tau^{+\infty} e^{-st} f_2(t-\tau) \, dt \right] d\tau.$$

设 $t-\tau = u$，则

$$L[f_1(t) * f_2(t)] = \int_0^{+\infty} f_1(\tau) \left(\int_0^{+\infty} e^{-s(u+\tau)} f_2(u) \, du \right) d\tau$$

$$= \int_0^{+\infty} e^{-s\tau} f_1(\tau) \, d\tau \cdot \int_0^{+\infty} e^{-su} f_2(u) \, du = F_1(s) F_2(s).$$

注：若 f_k 满足拉普拉斯变换存在条件，$L[f_k(t)] = F_k(s)$，则

$$L[f_1(t) * f_2(t) * \cdots * f_n(t)] = F_1(s) F_2(s) \cdots F_n(s).$$

【例 8.17】 设 $L[f(t)] = F(s)$，求 $L\left[\int_0^t f(\tau) \, d\tau \right]$.

解　设 $f_1(t) = f(t)$，$f_2(t) = 1$，$f_1(t) * f_2(t) = \int_0^t f(\tau) \, d\tau$，

由定理 8.3.1，则

$$L[f_1(t) * f_2(t)] = L\left[\int_0^t f(\tau) \, d\tau \right] = \frac{F(s)}{s}.$$

该题的另一种求解方法见性质 8.2.6.

习题 8.3

1. 求下列函数卷积

(1) $t * e^{2t}$；　　　(2) $\sin t * \cos t$；　　(3) $t * t * t$.

2. 设 $L[f(t)] = \dfrac{1}{(s^2+1)s^2}$，利用卷积性质求 $f(t)$.

3. 设 $L[f(t)] = \dfrac{s^2}{(1+s^2)^2}$，利用卷积性质求 $f(t)$.

4. 设 $L[f(t)] = \dfrac{1}{(s^2+4s+13)^2}$，利用卷积性质求 $f(t)$.

8.4　拉普拉斯逆变换

8.4.1　反演公式

在 8.2 节，给出了相应的拉普拉斯逆变换的性质，但是对于给定的函数 $F(s)$，求一个函数 $f(t)$ 使得 $f(t)$ 的拉普拉斯变换是 $F(s)$ 的问题就相当于求下面方程

$$\int_0^{+\infty} e^{-st} f(t) \, dt = F(s)$$

的解 $f(t)$. 对于一些简单函数，我们可以通过拉普拉斯逆变换求出该问题

【例 8.18】 $L^{-1}\left[\dfrac{n!}{s^{n+1}}\right]=t^n$；$L^{-1}\left[\dfrac{1}{s-\alpha}\right]=\mathrm{e}^{\alpha t}$；

$L^{-1}\left[\dfrac{s}{s^2+\alpha^2}\right]=\cos\alpha t$；$L^{-1}\left[\dfrac{s-\alpha}{(s-\alpha)^2+\beta^2}\right]=\mathrm{e}^{\alpha t}\cos\beta t$；

$L^{-1}\left[\dfrac{\beta}{(s-\alpha)^2+\beta^2}\right]=\mathrm{e}^{\alpha t}\sin\beta t$；$L^{-1}\left[\dfrac{\alpha-\beta}{(s-\alpha)(s-\beta)}\right]=\mathrm{e}^{\alpha t}-\mathrm{e}^{\beta t}$；

$L^{-1}\left[\dfrac{2\alpha s}{(s^2+\alpha^2)^2}\right]=t\sin\alpha t$；$L^{-1}\left[\dfrac{s^2-\alpha^2}{(s^2+\alpha^2)^2}\right]=t\cos\alpha t$.

对于较复杂的函数 $F(s)$，除了利用逆变换的性质、卷积定理、已知函数的拉普拉斯变换求逆变换外，还可以利用反演公式求 $F(s)$ 的原函数 $f(t)$，这里我们先介绍反演公式.

由 8.1 节知，函数 $f(t)$ 的拉普拉斯变换可以看作 $f(t)H(t)\mathrm{e}^{-\beta t}$ $(\beta>0)$ 的傅里叶变换，因为

$$f(t)H(t)\mathrm{e}^{-\beta t}=\frac{1}{2\pi}\int_{-\infty}^{+\infty}\left[\int_{-\infty}^{+\infty}f(\tau)H(\tau)\mathrm{e}^{-\beta\tau}\mathrm{e}^{-\mathrm{i}\omega\tau}\mathrm{d}\tau\right]\mathrm{e}^{\mathrm{i}\omega t}\mathrm{d}\omega$$

$$=\frac{1}{2\pi}\int_{-\infty}^{+\infty}\left[\int_{0}^{+\infty}f(\tau)\mathrm{e}^{-(\beta+\mathrm{i}\omega)\tau}\mathrm{d}\tau\right]\mathrm{e}^{\mathrm{i}\omega t}\mathrm{d}\omega$$

$$=\frac{1}{2\pi}\int_{-\infty}^{+\infty}F(\beta+\mathrm{i}\omega)\mathrm{e}^{\mathrm{i}\omega t}\mathrm{d}\omega,\qquad t>0,$$

所以

$$f(t)=\frac{1}{2\pi}\int_{-\infty}^{+\infty}F(\beta+\mathrm{i}\omega)\mathrm{e}^{(\beta+\mathrm{i}\omega)t}\mathrm{d}\omega.$$

设 $\beta+\mathrm{i}\omega=s$，则

$$f(t)=\frac{1}{2\pi\mathrm{i}}\int_{\beta-\mathrm{i}\infty}^{\beta+\mathrm{i}\infty}F(s)\mathrm{e}^{st}\mathrm{d}s,\quad t>0,\mathrm{Re}(s)>c. \tag{8.1}$$

从而利用公式(8.1)可求出 $f(t)$.

定义 8.4.1 公式(8.1)称拉普拉斯反演积分公式.

反演积分公式(8.1)是复变函数的积分，留数定理为其计算提供了方便.

定理 8.4.1 如果 $F(s)$ 在复平面上有奇点 s_1，s_2，$\cdots$，s_n. 适当选取 β，使得这些奇点在 $\mathrm{Re}(s)<\beta$ 的范围内，且当 $s\to\infty$ 时，$F(s)\to 0$，则

$$f(t)=\frac{1}{2\pi\mathrm{i}}\int_{\beta-\mathrm{i}\infty}^{\beta+\mathrm{i}\infty}F(s)\mathrm{e}^{st}\mathrm{d}s$$

$$=\sum_{k=1}^{n}\mathrm{Res}[F(s)\mathrm{e}^{st},\ s_k],\quad t>0. \tag{8.2}$$

证 如图 8.1 所示，闭曲线 $C=L+C_R$，这里 C_R 是 $\mathrm{Re}(s)<\beta$ 的区

域内半径为 R 的圆弧且满足当 R 充分大时，使 $F(s)$ 的所有奇点包含在
闭曲线 C 围成的区域内.

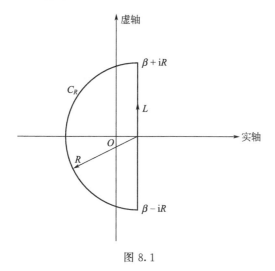

图 8.1

因为 e^{st} 在全平面上解析，所以 $F(s)\mathrm{e}^{st}$ 的奇点就是 $F(s)$ 的奇点. 由
留数定理可得

$$\oint_C F(s)\mathrm{e}^{st}\,\mathrm{d}s = 2\pi\mathrm{i}\sum_{k=1}^{n}\operatorname{Res}[F(s)\mathrm{e}^{st},s_k].$$

从而

$$\frac{1}{2\pi\mathrm{i}}\left[\int_{\beta-\mathrm{i}R}^{\beta+\mathrm{i}R} F(s)\mathrm{e}^{st}\,\mathrm{d}s + \int_{C_R} F(s)\mathrm{e}^{st}\,\mathrm{d}s\right] = \sum_{k=1}^{n}\operatorname{Res}[F(s)\mathrm{e}^{st},\ s_k].$$

当 $t>0$ 时，$R\to+\infty$，由若尔当引理，$\displaystyle\int_{C_R} F(s)\mathrm{e}^{st}\,\mathrm{d}s \to 0$. 因此

$$f(t)=\frac{1}{2\pi\mathrm{i}}\int_{\beta-\mathrm{i}\infty}^{\beta+\mathrm{i}\infty} F(s)\mathrm{e}^{st}\,\mathrm{d}s = \sum_{k=1}^{n}\operatorname{Res}[F(s)\mathrm{e}^{st},s_k]\ ,t>0.$$

8.4.2　求拉普拉斯逆变换

这里介绍反演公式、卷积定理以及已知的函数拉普拉斯变换等性质
求拉普拉斯逆变换的方法.

1. 反演公式求拉普拉斯逆变换

【例 8.19】　求 $F(s)=\dfrac{s}{s^2+1}$ 的拉普拉斯逆变换

解　$F(s)$ 有两个一级极点，$s=\mathrm{i}$，$s=-\mathrm{i}$，由式（8.2）

$$f(t)=\operatorname{Res}[F(s)\mathrm{e}^{st},\mathrm{i}]+\operatorname{Res}[F(s)\mathrm{e}^{st},-\mathrm{i}]$$

$$=\frac{s}{2s}\mathrm{e}^{st}\big|_{s=\mathrm{i}}+\frac{s}{2s}\mathrm{e}^{st}\big|_{s=-\mathrm{i}}$$

$$= \frac{1}{2}(e^{it} + e^{-it}) = \cos t, \quad t > 0.$$

【例 8.20】 求 $F(s) = \dfrac{1}{s(s-1)^2}$ 的拉普拉斯逆变换.

解 $s = 0$, $s = 1$ 分别是 $F(s)$ 的一级和二级极点.

$$\operatorname{Res}[F(s)e^{st}, 0] = \lim_{s \to 0} \frac{s e^{st}}{s(s-1)^2} = 1.$$

$$\operatorname{Res}[F(s)e^{st}, 1] = \lim_{s \to 1} \frac{d}{ds}\left[(s-1)^2 \frac{1}{s(s-1)^2} e^{st}\right] = t e^t - e^t.$$

从而 $\qquad f(t) = L^{-1}[F(s)] = 1 + e^t(t-1), t > 0.$

2. 利用卷积定理求拉普拉斯逆变换

设 $L[f_1(t)] = F_1(s)$, $L[f_2(t)] = F_2(s)$. 由定理 8.3.1 得
$$L^{-1}[F_1(s) \cdot F_2(s)] = f_1(t) * f_2(t),$$
利用该公式可求拉普拉斯逆变换.

【例 8.21】 设 $F(s) = \dfrac{1}{s(s-1)}$, 求 $L^{-1}[F(s)]$.

解 $L^{-1}\left[\dfrac{1}{s(s-1)}\right] = 1 * e^t = \displaystyle\int_0^t e^\tau d\tau = e^t - 1.$

【例 8.22】 设 $L^{-1}[F(s)] = f(t)$, 求 $L^{-1}\left[\dfrac{1}{s}F(s)\right]$.

解 $\qquad L^{-1}\left[\dfrac{1}{s}F(s)\right] = \displaystyle\int_0^t f(t-\tau)d\tau = \int_0^t f(x)dx.$

3. 部分分式法求拉普拉斯逆变换

如果 $F(s) = \dfrac{f(s)}{g(s)}$, 通过因式分解, 将 $F(s)$ 表示成
$$F(s) = F_1(s) + F_2(s) + \cdots + F_n(s)$$
而且使得 $L^{-1}[F_k(s)]$ 已知, 从而求出 $L^{-1}[F(s)]$.

【例 8.23】 设 $F(s) = \dfrac{1}{s(s-1)}$, 求 $L^{-1}[F(s)]$.

解 $L^{-1}[F(s)] = L^{-1}\left[\dfrac{1}{s-1} - \dfrac{1}{s}\right] = L^{-1}\left[\dfrac{1}{s-1}\right] - L^{-1}\left[\dfrac{1}{s}\right] = e^t - 1.$

【例 8.24】 设 $F(s) = \dfrac{s}{s^2 + 2s + 2}$, 求 $L^{-1}[F(s)]$.

解 $L^{-1}[F(s)] = L^{-1}\left[\dfrac{s}{(s+1)^2 + 1}\right]$

$$= L^{-1}\left[\dfrac{s+1}{(s+1)^2 + 1}\right] - L^{-1}\left[\dfrac{1}{(s+1)^2 + 1}\right]$$

$$= e^{-t}\cos t - e^{-t}\sin t.$$

习题 8.4

1. 求 $F(s) = \dfrac{1}{s(s-1)^2}$ 的拉普拉斯逆变换.

2. 求 $F(s) = \dfrac{1}{(1+s^2)^2}$ 的拉普拉斯逆变换.

3. 求 $F(s) = \dfrac{1}{s^3 + 3s^2 + 2s}$ 的拉普拉斯逆变换.

4. 求 $F(s) = \dfrac{s+9}{s^2 + 2s + 5}$ 的拉普拉斯逆变换.

8.5　拉普拉斯变换的应用

拉普拉斯变换在力学、电子线路、自动控制等工程技术问题都有着非常广泛的应用. 工程技术中许多问题可以归结为满足一定边界条件或初值条件的常微分方程和偏微分方程求解问题. 本节主要讨论拉普拉斯变换在常微分方程初值问题的应用.

8.5.1　利用拉普拉斯变换求常微分方程和积分方程的解

【例 8.25】 （一阶常系数常微分方程初值问题）设

$$\begin{cases} \dfrac{\mathrm{d}y}{\mathrm{d}t} + py = f(t), & t > 0 \\ y \mid_{t=0} = a \end{cases}, \quad 求 \ y(t).$$

解　设 $L[y(t)] = Y(s)$，$L[f(t)] = F(s)$，对

$$\frac{\mathrm{d}y}{\mathrm{d}t} + py = f(t)$$

两端取拉普拉斯变换，则

$$L[y'(t)] + pL[y] = L[f(t)],$$
$$sY(s) - y(0) + pY(s) = F(s),$$
$$Y(s) = \frac{a}{s+p} + \frac{F(s)}{s+p}. \tag{8.3}$$

对式（8.3）取拉普拉斯逆变换，并利用卷积性质，则

$$L^{-1}[Y(s)] = L^{-1}\left[\frac{a}{s+p}\right] + L^{-1}\left[\frac{F(s)}{s+p}\right],$$

$$y(t) = a\mathrm{e}^{-pt} + \int_0^t f(t-\tau)\mathrm{e}^{-p\tau}\,\mathrm{d}\tau.$$

【例 8.26】 (二阶常系数常微分方程初值问题)设

$$\begin{cases} \dfrac{\mathrm{d}^2 y}{\mathrm{d}t^2}+p\,\dfrac{\mathrm{d}y}{\mathrm{d}t}+qy(t)=f(t) & t>0 \\ y\,|_{t=0}=a \\ y'\,|_{t=0}=b \end{cases},$$

式中，p，q，a，b 是常数，且 $4q>p^2$，求 $y(t)$.

解 设 $L[y(t)]=Y(s)$，$L[f(t)]=F(s)$，对

$$\frac{\mathrm{d}^2 y}{\mathrm{d}t^2}+p\,\frac{\mathrm{d}y}{\mathrm{d}t}+qy(t)=f(t)$$

两端取拉普拉斯变换，则

$$L[y''(t)]+pL[y'(t)]+qL[y(t)]=L[f(t)],$$
$$s^2 Y(s)-sy(0)-y'(0)+p[sY(s)-y(0)]+qY(s)=F(s).$$

从而

$$\begin{aligned} Y(s) &= \frac{(s+p)a+b+F(s)}{s^2+ps+q} \\ &= \frac{(s+\dfrac{p}{2})a+b+\dfrac{p}{2}a+F(s)}{(s+\dfrac{p}{2})^2+q-\dfrac{p^2}{4}} \end{aligned} \tag{8.4}$$

设 $d=q-\dfrac{p^2}{4}$，则由于 $4q>p^2$ 推出 $d>0$，从而对式(8.4)取拉普拉斯逆变换，利用卷积定理，则

$$y(t)=a\mathrm{e}^{-\frac{1}{2}pt}\cos\sqrt{d}\,t+\frac{1}{\sqrt{d}}(b+\frac{p}{2}a)\mathrm{e}^{-\frac{1}{2}pt}\sin\sqrt{d}\,t$$
$$+\frac{1}{\sqrt{d}}\int_0^t f(t-\tau)\mathrm{e}^{-\frac{1}{2}p\tau}\sin\sqrt{d}\,\tau\mathrm{d}\tau.$$

注 1：由例 8.25、例 8.26 可知，利用拉普拉斯变换求常系数常微分方程解的过程如下.

(1) 对像原函数 $y(t)$ 的微分方程两端取拉普拉斯变换，使其成为 $Y(s)=L[y(t)]$ 的代数方程；

(2) 解出 $Y(s)$，并对 $Y(s)$ 取拉普拉斯逆变换，从而得到微分方程的解 $y(t)$.

注 2：对于高阶常系数微分方程

$$y^{(n)}+a_1 y^{(n-1)}+a_2 y^{(n-2)}+\cdots+a_{n-1}y'+a_n y=f(t),\ t>0,$$
$$y\,|_{t=0}=y_0,\ y'\,|_{t=0}=y_1,\ \cdots,\ y^{(n-1)}\,|_{t=0}=y_{n-1}$$

可以用例 8.25、例 8.26 的方法来求出 $y(t)$，这里省略推导过程.

在第 7 章，介绍了利用傅里叶变换求积分方程的解，对一些特殊形式的积分方程，利用拉普拉斯变换也可求解，例如，求

$$f(t)=g(t)+a\int_0^t h(t-x)f^{(k)}(x)\mathrm{d}x$$

的解 $f(t)$，这里 $k\geqslant 0$，$f^{(0)}(x)=f(x)$. 对上式两端取拉普拉斯变换，由卷积定理得

$$L[f(t)]=L[g(t)]+aL[h(t)]L[f^{(k)}(x)],$$

求出 $L[f(t)]$，再取拉普拉斯逆变换可得该积分方程的解.

【例 8.27】　求 $f(t)=\sin t+\int_0^t 2\sin(t-x)f'(x)\mathrm{d}x$，$f(0)=0$ 的解 $f(t)$.

解　对上式两端取拉普拉斯变换，因为

$$F(s)=L[\sin t]+2L[\sin t]L[f'(t)];$$

$$F(s)=\frac{1}{1+s^2}[1+2(sF(s)-f(0))];$$

$$F(s)=\frac{1}{1+s^2}[1+2sF(s)];$$

$$F(s)=\frac{1}{(s-1)^2}.$$

所以 $f(t)=t\mathrm{e}^t$.

8.5.2　利用拉普拉斯变换求常微分方程组的解

【例 8.28】　（一阶具有初始条件的常微分方程组的解）设

$$\begin{cases}\dfrac{\mathrm{d}y_1}{\mathrm{d}t}=a_{11}y_1+a_{12}y_2+f_1(t)\\[2mm]\dfrac{\mathrm{d}y_2}{\mathrm{d}t}=a_{21}y_1+a_{22}y_2+f_2(t),\\[2mm]y_1|_{t=0}=a\\[1mm]y_2|_{t=0}=b\end{cases}$$

求 $y_1(t)$，$y_2(t)$.

解　设 $L[y_1(t)]=Y_1(s)$，$L[y_2(t)]=Y_2(s)$，

$$L[f_1(t)]=F_1(s)，L[f_2(t)]=F_2(s).$$

对 $\dfrac{\mathrm{d}y_1}{\mathrm{d}t}=a_{11}y_1+a_{12}y_2+f_1(t)$，$\dfrac{\mathrm{d}y_2}{\mathrm{d}t}=a_{21}y_1+a_{22}y_2+f_2(t)$

两端分别取拉普拉斯变换，则

$$\begin{cases}(s-a_{11})Y_1(s)-a_{12}Y_2(s)=a+F_1(s)\\-a_{21}Y_1(s)+(s-a_{22})Y_2(s)=b+F_2(s)\end{cases} \tag{8.5}$$

当 $\begin{vmatrix}s-a_{11}&-a_{12}\\-a_{21}&s-a_{22}\end{vmatrix}\neq0$，利用克莱姆法则，求出方程组(8.5)的解为

$$Y_1(s)=\begin{vmatrix}a+F_1(s)&-a_{12}\\b+F_2(s)&s-a_{22}\end{vmatrix}\Big/\begin{vmatrix}s-a_{11}&-a_{12}\\-a_{21}&s-a_{22}\end{vmatrix};$$

$$Y_2(s)=\begin{vmatrix}s-a_{11}&a+F_1(s)\\-a_{21}&b+F_2(s)\end{vmatrix}\Big/\begin{vmatrix}s-a_{11}&-a_{12}\\-a_{21}&s-a_{22}\end{vmatrix}.$$

从而

$$y_1(t)=L^{-1}[Y_1(s)],y_2(t)=L^{-1}[Y_2(s)].$$

对于常系数高阶微分方程组可利用例8.28的方法来求解.

【例8.29】 设

$$\begin{cases}y''_1-y''_2+y'_2-y_1=e^t-2\\2y''_1-y''_2-2y'_1+y_2=-t\end{cases} \tag{8.6}$$

且 $\begin{cases}y_1(0)=y'_1(0)=0\\y_2(0)=y'_2(0)=0\end{cases}$，求 $y_1(t)$，$y_2(t)$.

解 设 $L[y_1(t)]=Y_1(s)$，$L[y_2(t)]=Y_2(s)$，对式(8.6)中方程取拉普拉斯变换，可得

$$\begin{cases}s^2Y_1(s)-s^2Y_2(s)+sY_2(s)-Y_1(s)=\dfrac{1}{s-1}-\dfrac{2}{s}\\2s^2Y_1(s)-s^2Y_2(s)-2sY_1(s)+Y_2(s)=-\dfrac{1}{s^2}\end{cases},$$

即

$$\begin{cases}(s+1)Y_1(s)-sY_2(s)=\dfrac{1}{(s-1)^2}-\dfrac{2}{s(s-1)}\\2sY_1(s)-(s+1)Y_2(s)=-\dfrac{1}{s^2(s-1)}\end{cases}. \tag{8.7}$$

解方程组(8.7)得

$$Y_1(s)=\frac{1}{s(s-1)^2},$$

$$Y_2(s)=\frac{2s-1}{s^2(s-1)^2}.$$

利用反演公式求得

$$y_1(t)=1+te^t-e^t,y_2(t)=-t+te^t.$$

习题 8.5

1. 利用拉普拉斯变换求方程 $\begin{cases} y''-2y'+2y=2\mathrm{e}^x\cos x \\ y(0)=y'(0)=0 \end{cases}$ 的解.

2. 利用拉普拉斯变换求方程 $y^{(4)}+2y''+y=0$，$y''(0)=1$，$y(0)=y'(0)=y'''(0)=0$.

3. 利用拉普拉斯变换求方程 $\begin{cases} x'+x-y=\mathrm{e}^t \\ y'+3x-2y=2\mathrm{e}^t \\ x(0)=1 \\ y(0)=1 \end{cases}$ 的解.

4. 利用拉普拉斯变换求方程 $\begin{cases} x''-x'-y''+y=2-\mathrm{e}^t \\ x''-x-2y''+2y'=t \\ x(0)=x'(0)=0 \\ y(0)=y'(0)=0 \end{cases}$ 的解.

小　结

由傅里叶积分公式可知，当 $f(x)$ 在 $(-\infty,+\infty)$ 上满足狄利克雷条件以及绝对可积时

$$f(x)=\frac{1}{2\pi}\int_{-\infty}^{+\infty}\left[\int_{-\infty}^{+\infty}f(\tau)\mathrm{e}^{-\mathrm{i}\omega\tau}\mathrm{d}\tau\right]\mathrm{e}^{\mathrm{i}\omega x}\mathrm{d}\omega.$$

成立，如果 x 是 $f(x)$ 的间断点，上式左端的 $f(x)$ 用 $\frac{1}{2}(f(x+0)+f(x-0))$ 替代. 当 $f(x)=0$，$-\infty<x<0$，通过适当选择 $\beta>0$，函数 $\mathrm{e}^{-\beta x}f(x)H(x)$ 的傅里叶变换总是存在的，而且

$$\mathrm{e}^{-\beta x}f(x)H(x)=\frac{1}{2\pi}\mathrm{e}^{\beta x}\int_{-\infty}^{+\infty}\left[\int_{-\infty}^{+\infty}\mathrm{e}^{-(\beta+\mathrm{i}\omega)t}f(t)\mathrm{d}t\right]\mathrm{e}^{\mathrm{i}\omega t}\mathrm{d}\omega.$$

设 $\beta+\mathrm{i}\omega=s$，则，

$$\mathrm{e}^{-\beta x}f(x)H(x)=\frac{1}{2\pi\mathrm{i}}\mathrm{e}^{\beta x}\int_{\beta-\mathrm{i}\infty}^{\beta+\mathrm{i}\infty}\left[\int_{0}^{+\infty}\mathrm{e}^{-st}f(t)\mathrm{d}t\right]\mathrm{e}^{(s-\beta)x}\mathrm{d}s,$$

从而引入拉普拉斯变换的定义.

定义　设 $f(t)$ 在 $t\geqslant0$ 时有定义，且积分

$$\int_{0}^{+\infty}\mathrm{e}^{-st}f(t)\mathrm{d}t$$

对复平面内某一范围内的 s 收敛，称满足

$$L[f(t)]=F(s)=\int_{0}^{+\infty}\mathrm{e}^{-st}f(t)\mathrm{d}t$$

为的映射 $L[f(t)]=F(s)$ 为拉普拉斯变换，记为 $L[f(t)]=F(s)$.

若 $F(s)$ 已知，由 $L[f(t)]=F(s)$ 确定出函数 $f(t)$ 的变换称为拉普拉斯逆变换，记为 $f(t)=L^{-1}[f(t)]$.

定理（拉普拉斯变换存在性定理）如果函数 $f(t)$ 满足下列条件

(1) 在 $t\geqslant0$ 的任一有限区间上连续式或分段连续；

(2) $f(t)$ 具有指数级增长且指数为 c.

则当复数 s 满足 $\mathrm{Re}(s)>c$ 时，$f(t)$ 的拉普拉斯变换存在.

由拉普拉斯变换存在性定理知存在性定理条件是充分不必要的，$F(s)=L[f(t)]$ 在 $\mathrm{Re}(s)>c$ 的半平面内是解析函数，在 $\mathrm{Re}(s)\geqslant c_1>c$ 上，$\int_0^{+\infty}\mathrm{e}^{-st}f(t)\mathrm{d}t$ 一致收敛.

假定求拉普拉斯变换的函数满足定理的条件，且这些函数的增长指数均假定为 c，则拉普拉斯变换及其逆变换具有**线性性质**、**位移性质**、**延迟性质**、**相似性质**、**微分性质**、**积分性质**、**卷积性质**，而且还具有，

初值定理 若 $L[f(t)]=F(s)$，且 $\lim\limits_{s\to\infty}sF(s)$ 存在，则
$$\lim_{t\to 0}f(t)=\lim_{s\to\infty}sF(s).$$

终值定理 设 $L[f(t)]=F(s)$，$sF(s)$ 的所有奇点属于复平面的左半部，则
$$\lim_{t\to+\infty}f(t)=\lim_{s\to 0}sF(s).$$

求拉普拉斯逆变换，相当于求下面方程
$$\int_0^{+\infty}\mathrm{e}^{-st}f(t)\mathrm{d}t=F(s)$$

的解 $f(t)$. 对于一些简单函数，我们可以通过拉普拉斯逆变换求出该问题，对于较复杂的函数 $F(s)$，除了利用逆变换的性质、卷积定理、已知函数的拉普拉斯变换求逆变换外，还可以利用反演公式求 $F(s)$ 的原函数 $f(t)$，

定理 如果 $F(s)$ 在复平面上有奇点 $s_1,s_2,\cdots,s_n$，适当选取 β，使得这些奇点在 $\mathrm{Re}(s)<\beta$ 的范围内，且当 $s\to\infty$ 时，$F(s)\to 0$，则
$$f(t)=\frac{1}{2\pi}\int_{\beta-\mathrm{i}\infty}^{\beta+\mathrm{i}\infty}F(s)\mathrm{e}^{st}\mathrm{d}s$$
$$=\sum_{k=1}^n\mathrm{Res}[F(s)\mathrm{e}^{st},s_k],\quad t>0.$$

拉普拉斯变换在力学、电子线路、自动控制等工程技术问题都有着非常广泛的应用. 本章主要讨论了拉普拉斯变换在常微分方程初值问题的应用.

利用拉普拉斯变换求常系数常微分方程解或方程组的过程是

(1) 对像原函数 $y(t)$ 的微分方程两端取拉普拉斯变换，使其成为 $Y(s)=L[y(t)]$ 的代数方程；

(2) 解出 $Y(s)$，并对 $Y(s)$ 取拉普拉斯逆变换，从而得到微分方程组的解 $y(t)$.

关于拉普拉斯变换更详细的内容，读者可以参考相关文献.

总习题 8

1. 求 $f(t)=t\mathrm{e}^{-3t}\sin 2t$ 的拉普拉斯变换.

2. 求 $f(t)=\int_0^t\frac{\mathrm{e}^{-3\tau}\sin 2\tau}{\tau}\mathrm{d}\tau$ 的拉普拉斯变换.

3. 求 $f(t)=5\sin 2t-3\cos t$ 的拉普拉斯变换.

4. 设 $f(t)$ 是以周期为 2π 函数且 $f(t)=\begin{cases}\sin t,&0\leqslant t\leqslant\pi\\0,&\pi\leqslant t\leqslant 2\pi\end{cases}$，求 $f(t)$ 的拉普拉斯变换.

5. 求 $F(s)=\frac{s}{(s^2+1)^2}$ 的逆变换.

6. 求 $F(s) = \dfrac{s^2 + 2s - 1}{s(s-1)^2}$ 的逆变换.

7. 求 $F(s) = \dfrac{1+s}{s^2 + s - 6}$ 的逆变换.

8. 利用拉普拉斯变换 求 $x'' + 4x' + 3x = \mathrm{e}^{-t}$，$x(0) = x'(0) = 1$ 的解.

9. 利用拉普拉斯变换 求 $x(t) = \sin t + 2\displaystyle\int_0^t \cos(t-\tau)x(\tau)\,\mathrm{d}\tau$ 的解.

10. 利用拉普拉斯变换 求 $\begin{cases} x'' - y' = 0 \\ x' + y'' - 1 = 0 \\ x(0) = x'(0) = 0 \\ y(0) = y'(0) = 0 \end{cases}$.

部分习题参考答案

习题 1.1

2. (1) $\operatorname{Re}\left(\dfrac{z+2}{z-1}\right)=\dfrac{x^2+x-2+y^2}{(x-1)^2+y^2}$, $\operatorname{Im}\left(\dfrac{z+2}{z-1}\right)=\dfrac{-3y}{(x-1)^2+y^2}$;

(2) $\operatorname{Re}\left(\dfrac{1}{z^2}\right)=\dfrac{x^2-y^2}{(x^2+y^2)^2}$, $\operatorname{Im}\left(\dfrac{1}{z^2}\right)=-\dfrac{2xy}{(x^2+y^2)^2}$;

(3) $\operatorname{Re}\left(\dfrac{1}{3z+2}\right)=\dfrac{3x+2}{(3x+2)^2+9y^2}$, $\operatorname{Im}\left(\dfrac{1}{3z+2}\right)=\dfrac{-3y}{(3x+2)^2+9y^2}$.

3. (1) $6+4\mathrm{i}$; (2) $5+14\mathrm{i}$; (3) $\dfrac{11}{17}+\mathrm{i}\dfrac{10}{17}$.

5. 提示：对正整数 n 用数学归纳法.

6. $-8\mathrm{i}$.

7. $z=\cos\dfrac{2k\pi}{8}+\mathrm{i}\sin\dfrac{2k\pi}{8}(k=0, 1, \cdots, 7)$.

即为：$1, \dfrac{1}{\sqrt{2}}+\dfrac{\mathrm{i}}{\sqrt{2}}, \mathrm{i}, \dfrac{-1}{\sqrt{2}}+\dfrac{\mathrm{i}}{\sqrt{2}}, -1, \dfrac{-1}{\sqrt{2}}-\dfrac{\mathrm{i}}{\sqrt{2}}, -\mathrm{i}, \dfrac{1}{\sqrt{2}}-\dfrac{\mathrm{i}}{\sqrt{2}}$(8

个 8 次单位根).

8. (1) 以 $z_1=-2$, $z_2=1$ 为焦点，长轴为 4 的椭圆；(2) 实轴；
(3) 直线 $x=2$.

10. (1) $(0, 1, 0)$; (2) $\left(\dfrac{12}{101}, \dfrac{16}{101}, \dfrac{99}{101}\right)$.

11. (1) 半球面 $\{\xi>0\}$; (2) $\{\zeta>0.8\}$.

13. $w_0, \mathrm{i}w_0, -w_0, -\mathrm{i}w_0\left[\text{其中 } w_0=\sqrt[8]{2}\left(\cos\dfrac{\pi}{16}+\mathrm{i}\sin\dfrac{\pi}{16}\right)\right]$.

16. $z=\dfrac{1}{w-1}$, $w=\mathrm{e}^{\mathrm{i}\frac{2k\pi}{5}}$, $k=1, 2, 3, 4$.

17. C.

18. B.

习题 1.2

3.(1) 以 $z=1$ 为顶点，x 轴与直线 $y=x-1(y>0)$ 所夹的角形域（包括其边界），是无界闭区域，不为区域；

(2) 以 $z=1$ 为中心，以 2 为半径的圆周，是有界的平面点集，既不是闭区域也不是区域，是有界平面点集；

(3) 实轴，是无界的平面点集，既不是闭区域也不是区域；

(4) 虚轴和直线 $x=1$ 所构成的带形区域，不包括两直线，是无界单连通区域；

(5) 椭圆 $\dfrac{x^2}{9}+\dfrac{y^2}{5}=1$ 的内部及其边界，是有界闭区域，单连通.

4.(1) 多连通区域且为无界区域；(2) 多连通区域且为有界区域；(3) 单连通无界域；(4) 单连通无界域.

6. C.

习题 1.3

1.(1) $u^2+(v+\dfrac{1}{2})^2=\dfrac{1}{4}$; (2) $v=-\dfrac{1}{2}$.

2.(1) 0；   (2) -1；   (3) $4i$；   (4) $-\dfrac{1}{2}$.

总习题 1

1. $e^{i8\theta}$.

2. $\operatorname{Re}(w)=\dfrac{1-|z|^2}{|1-z|^2}$, $\operatorname{Im}(w)=\dfrac{2\operatorname{Im}z}{|1-z|^2}$.

11. 证 对任一复数 λ，据共轭复数的性质得

$$\sum_{k=1}^{n}|a_k-\lambda\overline{b_k}|^2=\sum_{k=1}^{n}(a_k-\lambda\overline{b_k})(\overline{a_k}-\overline{\lambda}b_k)$$

$$=\sum_{k=1}^{n}\{|a_k|^2+|\lambda|^2|b_k|^2-\lambda\overline{b_k}\,\overline{a_k}-\overline{\lambda}a_kb_k\}$$

$$=\sum_{k=1}^{n}|a_k|^2+|\lambda|^2\sum_{k=1}^{n}|b_k|^2-2\sum_{k=1}^{n}\operatorname{Re}\{\overline{\lambda}a_kb_k\}$$

$$=\sum_{k=1}^{n}|a_k|^2+|\lambda|^2\sum_{k=1}^{n}|b_k|^2-2\operatorname{Re}\{\overline{\lambda}\sum_{k=1}^{n}a_kb_k\}, \qquad (1)$$

若 b_1，b_2，$\cdots$，b_n，都等于零，则原式的两端均为零，因而等号成立；

若 b_1，b_2，$\cdots$，b_n 至少有一个不为零，则有

$$\sum_{k=1}^{n}|b_k|^2 > 0，取 \ \lambda = \frac{\sum_{k=1}^{n} a_k b_k}{\sum_{k=1}^{n}|b_k|^2} ，\tag{2}$$

代入式(1)并注意到

$$\mathrm{Re}\{\bar{\lambda}\sum_{k=1}^{n}a_k b_k\} = \mathrm{Re}\{\frac{\overline{(\sum_{k=1}^{n}a_k b_k)}\sum_{k=1}^{n}a_k b_k}{\sum_{k=1}^{n}|b_k|^2}\}$$

$$=\mathrm{Re}\{\frac{\left|\sum_{k=1}^{n}a_k b_k\right|^2}{\sum_{k=1}^{n}|b_k|^2}\} = \frac{\left|\sum_{k=1}^{n}a_k b_k\right|^2}{\sum_{k=1}^{n}|b_k|^2} ，$$

由此得

$$\sum_{k=1}^{n}|a_k - \lambda \overline{b_k}|^2 = \sum_{k=1}^{n}|a_k|^2 + \frac{\left|\sum_{k=1}^{n}a_k b_k\right|^2}{\sum_{k=1}^{n}|b_k|^2} - 2\frac{\left|\sum_{k=1}^{n}a_k b_k\right|^2}{\sum_{k=1}^{n}|b_k|^2}$$

$$=\sum_{k=1}^{n}|a_k|^2 - \frac{\left|\sum_{k=1}^{n}a_k b_k\right|^2}{\sum_{k=1}^{n}|b_k|^2} ，\tag{3}$$

因为 $\sum_{k=1}^{n}|a_k - \lambda \overline{b_k}|^2 \geqslant 0$，由式(3)得 $\sum_{k=1}^{n}|a_k|^2 - \dfrac{\left|\sum_{k=1}^{n}a_k b_k\right|^2}{\sum_{k=1}^{n}|b_k|^2} \geqslant$

0，据 $\sum_{k=1}^{n}|b_k|^2 > 0$，易得 $\left|\sum_{k=1}^{n}a_k b_k\right|^2 \leqslant \sum_{k=1}^{n}|a_k|^2 \cdot \sum_{k=1}^{n}|b_k|^2$

习题 2.1

1. (1)处处不可导，处处不解析；(2) 处处不可导，处处不解析；(3)处处不可导，处处不解析.

3. (1) $i+5z^4$；(2) $f(z) = -\dfrac{2}{z^2} - \dfrac{2}{z^3}$；(3) $f(z) = 5i(iz+2)^4$；

(4) $f(z)=-\dfrac{1}{z^2}+3(z^2-iz+1)^2(2z-i)$.

4. (1) 0，$-i$；(2) i，$-i$；(3) i，$\pm\dfrac{\sqrt{3}}{2}-\dfrac{i}{2}$；(4)$0$.

习题 2.2

1. (1)$z=0$ 可导，处处不解析；(2) $z=0$，1，i 可导，处处不解析；(3) $z\neq\pm1$ 时可导且解析；(4) $\left(\dfrac{1}{3},\ 0\right)$，$(0,\ 0)$可导，处处不解析.

5. 假；假；假；假；假.

习题 2.3

1. $-ie$，$e^{\frac{1}{4}}\left(\dfrac{\sqrt{2}}{2}+i\dfrac{\sqrt{2}}{2}\right)$.

2. $\cosh1\sin1+i\sinh1\cos1$，$\dfrac{e^{-\sqrt{3}}+e^{\sqrt{3}}}{2}$，$-i\,\dfrac{e^{-1}-e}{e^{-1}+e}$.

3. $\ln2+i\left(\dfrac{\pi}{3}+2k\pi\right)$，$-\dfrac{\pi}{2}i$.

4. $e^{2k\pi}(\cos\ln3+i\sin\ln3)$，$e^{2k\pi-\frac{\pi}{4}}(\cos\ln2+i\sin\ln2)$.

总习题 2

1. 假；真；真；真.

2. (1) $z=0$ 可导，处处不解析；(2) $x=k\pi$ 或 $y=k\pi$ 可导，处处不解析.

3. (1)$z=k\pi$，±2；(2) $z=\dfrac{1\pm\sqrt{3}i}{2}$，$\pm\sqrt{2}i$.

6. (1) $(\pi+2k\pi)i$；(2) $\dfrac{-\pi}{4}+k\pi$.

7. $i\left(\dfrac{-\pi}{2}+2k\pi\right)$，$\dfrac{\ln2}{2}+i(\dfrac{3\pi}{4}+2k\pi)$.

8. i，$-e$，$\cosh1\sin1-i\sinh1\cos1$，$ch1$.

9. $e^{2\sqrt{2}k\pi i}$，$e^{2k\pi}$，$e^{2k\pi+\frac{\pi}{4}}(\cos\dfrac{\ln2}{2}+i\sin\dfrac{\ln2}{2})$.

习题 3.2

1. (1)$\sin i$；(2)$\dfrac{1}{2}\ln2+\dfrac{\pi}{4}i$；(3)$(i-1)e^{i}+1$；(4)$\dfrac{5}{3}+\tan2-\tan1$.

2. (1) 0；(2) 0；(3) 2πi；(4) 0.

3. (1) 0；(2) 0；(3) $-\pi+\pi$i.

4. 2πi.

习题 3.3

2. (1) 2πei；(2) $\dfrac{\pi\sin a}{a}$i；(3) πe^{-1}；(4) 0；(5) 0；(6) 0.

3. (1) 2πei；(2) $\dfrac{\pi i}{2a^3}$；(3) 8πi；(4) $-\dfrac{\pi^5 i}{12}$.

4. $f'(z)=\begin{cases}2\pi i(6z+7),\ z\ 在\ C\ 内\\ 0,\ z\ 不在\ C\ 内\end{cases}$，

   $f'(1+i)=2\pi(13i-6)$，$f(5)=0$.

习题 3.4

1. $f(z)=\dfrac{1}{z}$.

2. 是.

3. 不对.

5. $f(z)=-i(z-1)^2+b$(b 为纯虚数或零).

总习题 3

1. (1) $\dfrac{3}{5}-\dfrac{10i}{3}$；(2) $\dfrac{7}{3}-\dfrac{7i}{3}$.

2. (1) $\dfrac{\pi}{2}$i；(2) 0.

3. 不一定.

4. 0.

5. (1) $\dfrac{2\pi i}{9!}(\cos 1+i\sin 1)$；(2)0；(3)0；(4)0.

6. (1)$i-\dfrac{2}{3}$；(2) $-ie^{-1}$；(3) $(i-1)e^i$.

11. (1)$f(z)=(1-\dfrac{i}{2})z^2+\dfrac{i}{2}$；(2) $f(z)=ze^z$；(3) $f(z)=\ln z$.

习题 4.2

3. (1) $R=+\infty$；(2) $R=2$，$|z-1|<2$；(3) $R=1$.

习题 4.3

1. (1) $f(z)=\dfrac{1}{2}\displaystyle\sum_{n=0}^{+\infty}(n+2)(n+1)z^n(|z|<1)$；

(2) $f(z) = \sum_{n=0}^{+\infty} \frac{(-1)^n}{2n+1} z^{2n+1}(|z|<1)$;

(3) $f(z) = -\sum_{n=0}^{+\infty} (-i)^{n+1} z^n (|z|<1)$.

2. $\frac{1}{z^2} = \sum_{n=0}^{\infty} (n+1)(z+1)^n (|z+1|<1)$.

3. $\frac{1}{2z-i} = -\sum_{n=0}^{\infty} 2^n i^{n+1} (z-i)^n (|z-i|<\frac{1}{2})$.

4. $\frac{1}{(z+1)(z+2)} = \sum_{n=0}^{\infty} (-1)^n (\frac{1}{2^{n+1}} - \frac{1}{3^{n+1}})(z-1)^n (|z-1|<2)$.

5. $\ln(3+z) = \ln 4 + \sum_{n=1}^{+\infty} \frac{(-1)^{n-1}(z-1)^n}{4^n n}(|z-1|<4)$.

习题 4.4

1. ϕ;

2. $z^3 + z^2 + \frac{z}{2!} + \frac{1}{3!} + \frac{1}{4!}\frac{1}{z} + \cdots$.

3. $\sum_{n=0}^{+\infty} \frac{(-1)^n (z-i)^{n-1}}{i^{n+1}}$.

4. $\sum_{n=1}^{+\infty} \frac{2}{z^n} - \sum_{n=1}^{+\infty} \frac{2}{z^{2n}} + \sum_{n=0}^{+\infty} \frac{1}{z^{2n+1}}$

5. πi.

总习题 4

1. (1) 收敛于 0；(2) 发散；(3) 发散.

2. (1) 发散；(2) 绝对收敛.

3. (1) $R=+\infty$，复平面；(2) $R=2$，$|z-1|<2$；(3) 1.

5. $1 - \frac{z^4}{2!} + \frac{z^8}{4!} - \cdots + (-1)^n \frac{z^{4n}}{(2n)!} + \cdots = \sum_{n=0}^{+\infty} (-1)^n \frac{z^{4n}}{(2n)!}$
$(|z|<+\infty)$.

6. $\sum_{n=0}^{+\infty} \frac{i^n z^{n+2}}{2^{n+1}}$，$|z|<2$.

7. $\sum_{n=0}^{+\infty} \frac{3^n (z-1-i)^n}{(1-3i)^{n+1}}$，$|z-1-i|<\frac{\sqrt{10}}{3}$.

8. $1 - \frac{z^2}{3!} + \frac{z^4}{5!} - \cdots + (-1)^n \frac{z^{2n}}{(2n+1)!} + \cdots$.

9. (1) $-\sum\limits_{n=0}^{+\infty} z^{2n}+\sum\limits_{n=0}^{+\infty}\dfrac{z^n}{2^{n+1}}$；(2) $\sum\limits_{n=1}^{+\infty} z^{-2n}-\sum\limits_{n=1}^{+\infty} 2^{n-1}z^{-n}$.

10. $\dfrac{-\pi\mathrm{i}}{6}$.

习题 5.1

1. (1) $z=0$，1 级极点；$z=\mathrm{i}$，3 级极点；$z=-\mathrm{i}$，3 级极点；

(2) $z=0$，4 级极点；

(3) $z=0$，3 级极点；$z=2k\pi\mathrm{i}(k=\pm1,\pm2,\cdots)$，1 级极点；

(4) $z=k\pi(k\in\mathbf{Z})$，1 级极点.

2. (1) $z=0$，本性奇点；$z=\infty$，可去奇点；

(2) $z=0$，2 级极点；$z=\infty$，本性奇点；

(3) $z=0$，可去奇点；$z=\infty$，非孤立奇点；$z=2k\pi\mathrm{i}(k=\pm1,$
$\pm2,\cdots)$，1 级极点；

(4) $z=\pm1$，2 级极点；$z=\infty$，本性奇点.

习题 5.2

1. $\mathrm{Res}[f(z),0]=-\dfrac{1}{3}$，$\mathrm{Res}[f(z),3]=\dfrac{4}{3}$.

2. $\mathrm{Res}[f(z),1]=\dfrac{1}{5}\sin1$.

3. (1) $\dfrac{4}{5}\pi\mathrm{i}$；(2) $\dfrac{2}{9}\pi\mathrm{i}$；(3) $\dfrac{10}{3}\pi\mathrm{i}$.

4. (1) $\pi\mathrm{i}$；(2) $-\dfrac{\pi\mathrm{i}}{162}$；(3) $-\dfrac{\pi\mathrm{i}}{(3+\mathrm{i})^8}$.

习题 5.3

1. $\dfrac{\pi}{2}$.

2. $\dfrac{\pi}{6}$.

3. $\dfrac{\pi}{\mathrm{e}}$.

习题 5.4

1. (1) $2\pi\mathrm{i}$；(2) $6\pi\mathrm{i}$.

总习题 5

1. (1) $z=\pm\mathrm{i}$，2 级极点；$z=(2k+1)\mathrm{i}(k=1,\pm2,\pm3,\cdots)$，1

级极点；

（2）$z=1$，2级极点；$z=-1$，1级极点；

（3）$z=1$，本性奇点；

（4）$z=0$，可去奇点.

3. （1）$\operatorname{Res}[f(z), \infty]=0$；（2）$\operatorname{Res}[f(z), \infty]=0$；

（3）$\operatorname{Res}[f(z), \infty]=0$；（4）$\operatorname{Res}[f(z), \infty]=\dfrac{e^{-1}-e}{2}$.

4. （1）$2\pi i(-1+2e^{-\frac{1}{2}})$；（2）$-4ni$；

（3）当 $m \geqslant 3$ 且是奇数时，为 $(-1)^{\frac{m-3}{2}} \dfrac{2\pi i}{(m-1)!}$；当 m 为其他整数

或 0 时，为 0.

5. （1）$2\pi i$；（2）$2\pi i$；（3）$2\pi i(n=1)$，$0(n>1)$.

6. $\dfrac{-2\pi}{\sqrt{a^2-1}}$.

7. $\dfrac{\pi}{\sqrt{3}}$.

8. $\dfrac{2\pi}{\sqrt{a^2-1}}$.

习题 6.1

1. $\dfrac{\pi}{2}$，2；π，4.

2. （1）以 $w_1=-1$，$w_2=-i$，$w_3=i$ 为顶点的三角形区域；

（2）复平面去掉正实轴；

（3）$0<\arg z<\dfrac{\pi}{2}$.

3. $|w-i|\leqslant 2$.

4. $\left|w+\dfrac{3}{2}i\right|>\dfrac{3}{2}$ 且 $\operatorname{Im}w<0$.

习题 6.2

1. $w=\dfrac{i}{z}$.

2. $w=\dfrac{z-i}{z+i}$.

3. $w=\dfrac{2iz+1}{2-iz}$.

4. $(1) w = \dfrac{(i+1)(z+1)}{2(i-1)z+3+2i}$; $(2) w = \dfrac{2+i+iz}{z+1}$.

5. $w = -\dfrac{z-2i}{z+2i}$.

习题 6.3

1. $w = -e^z$.

2. $w = \dfrac{(\sqrt[4]{z})^5 - i}{(\sqrt[4]{z})^5 + i}$.

3. $w = \left(\dfrac{z+1}{z-1}\right)^2$.

总习题 6

1. $(1) \dfrac{\pi}{2}$, 6, 将 $|z| > \dfrac{1}{\sqrt{3}}$ 放大, $|z| < \dfrac{1}{\sqrt{3}}$ 缩小; $(2) \dfrac{\pi}{2}$, 1, 将 $\text{Re}z > 0$ 放大, $\text{Re}z < 0$ 缩小; $(3) -\dfrac{\pi}{2}$, $\dfrac{1}{2}$, 将 $|z| > 1$ 缩小, $|z| < 1$ 放大.

2. $(1) |w| = \dfrac{1}{2}$; $(2) u^2 + v^2 = v$.

3. $w = \dfrac{z-6i}{3iz-2}$.

4. $(1) w = i\dfrac{z-i}{z+i}$; $(2) w = -\dfrac{iz+1}{z+i}$.

5. $w = \dfrac{2z-1}{2-z}$.

6. $w = e^{i\theta}\dfrac{R(z-a)}{R^2 - \bar{a}z}$, $|a| < R$, θ 为实数.

7. $w = -\dfrac{z^2 - 2i}{z^2 + 2i}$.

习题 7.1

1. $f(t) = \dfrac{2}{\pi} \displaystyle\int_0^{+\infty} \dfrac{\sin\omega\pi\sin(\omega t)}{1-\omega^2} d\omega$.

2. $f(t) = \dfrac{4}{\pi} \displaystyle\int_0^{+\infty} \dfrac{(\sin\omega - \omega\cos\omega)\cos(\omega t)}{\omega^3} d\omega$

3. $f(t) = \dfrac{2}{\pi} \displaystyle\int_0^{+\infty} \dfrac{\omega\sin(\omega t)}{4+\omega^2} d\omega$, $\quad f(t) = \dfrac{2}{\pi} \displaystyle\int_0^{+\infty} \dfrac{2\cos(\omega t)}{4+\omega^2} d\omega$.

习题 7.2

1. $\dfrac{2\omega\sin\pi\omega}{1-\omega^2}$.

2. $-\dfrac{\sqrt{\pi}}{2}\mathrm{i}\omega\,\mathrm{e}^{-\frac{1}{4}\omega^2}$.

3. $\left(\dfrac{2}{\omega}\sin\dfrac{\omega}{2}\right)^2$.

4. $\dfrac{2-2\mathrm{i}\omega-\omega^2}{\omega^4+4}$.

习题 7.3

3. $\pi(\delta(\omega+a)+\delta(\omega-a))$.

4. $\dfrac{\mathrm{i}\omega}{a^2-\omega^2}+\dfrac{\pi}{2}(\delta(\omega+a)+\delta(\omega-a))$.

习题 7.4

4. $1-\mathrm{e}^{-t}$.

习题 7.5

1. $x(t)=\begin{cases}\mathrm{e}^{-t}, & 0\leqslant t\\ 0, & t<0\end{cases}$.

2. $x(t)=\dfrac{1}{2\pi}\displaystyle\int_{-\infty}^{+\infty}\dfrac{\omega F(\omega)}{\omega+\mathrm{i}(\omega^2-1)}\cdot\mathrm{e}^{\mathrm{i}\omega t}\,\mathrm{d}\omega$.

3. $f(x)=\dfrac{2(1-\cos x)}{\pi x^2}$.

4. $f(x)=\pm\sqrt{\dfrac{1}{\pi}}\cdot\dfrac{2}{4x^2+1}$.

总习题 7

1. $-\dfrac{\sqrt{\pi}}{2}\mathrm{i}\omega\,\mathrm{e}^{-\frac{\omega^2}{4}}$.

2. $\begin{cases}\pi, & |\omega|<1\\ \dfrac{\pi}{2}, & |\omega|=1\\ 0, & |\omega|>1\end{cases}$.

3. $-\pi\mathrm{i}\mathrm{e}^{-\frac{\sqrt{2}}{2}|\omega|}\sin\left(\dfrac{\sqrt{2}}{2}|\omega|\right)$.

4. $\dfrac{\pi}{2}\mathrm{e}^{-2|\omega|}$.

5. $2\pi \mathrm{i}^n \delta^{(n)}(\omega)$.

6. $\begin{cases} 0, & t \leqslant 0 \\ \dfrac{1}{2}(\sin t - \cos t + \mathrm{e}^{-t}), & 0 \leqslant t \leqslant \dfrac{\pi}{2} \\ \dfrac{1}{2}\mathrm{e}^{-t}(1 + \mathrm{e}^{\frac{\pi}{2}}), & t > 0 \end{cases}$

7. $y(t) = -\dfrac{2}{3}\mathrm{e}^{-2t}$.

8. $f(x) = \begin{cases} 1, & 0 < x < 1 \\ \dfrac{1}{2}, & x = 1 \\ 0, & x > 1 \end{cases}$.

习题 8.1

1. $\dfrac{k}{s^2 + k^2}$, $\mathrm{Re}(s) > 0$.

2. $\dfrac{s + \lambda}{(s + \lambda)^2 + a^2}$, $\mathrm{Re}(s) > -\lambda$.

3. $\dfrac{n!}{(s-a)^{n+1}}$, $\mathrm{Re}(s-a) > 0$.

4. $\dfrac{s^2 - a^2}{(s^2 + a^2)^2}$, $\mathrm{Re}(s) > 0$.

习题 8.2

1. $\dfrac{1}{s^2}\dfrac{1 - \mathrm{e}^{-\pi s}}{1 + \mathrm{e}^{-\pi s}}$, $\mathrm{Re}(s) > 0$.

2. $\dfrac{2}{s^2}\dfrac{3s^2 + 12s + 13}{[(s+3)^2 + 4]^2}$.

3. $f(0) = 1$, $f(+\infty) = 0$.

习题 8.3

1. (1) $\dfrac{1}{4}(\mathrm{e}^{2t} - 2t - 1)$; (2) $\dfrac{1}{2}(\sin t - t\cos t)$; (3) $\dfrac{1}{5!}t^5$.

2. $f(t) = t - \sin t$.

3. $f(t) = \dfrac{1}{2}(\sin t + t\cos t)$.

4. $f(t) = \dfrac{1}{54} e^{-2t} (\sin 3t - 3t \cos 3t)$.

习题 8.4

1. $1 + e^t (t-1)$, $t > 0$.

2. $\dfrac{1}{2} (\sin t - t \cos t)$.

3. $\dfrac{1}{2} + \left(\dfrac{1}{2} e^{-2t} - e^{-t} \right)$.

4. $e^{-t} \cos 2t + 4 e^{-t} \sin 2t$.

习题 8.5

1. $x e^x \sin x$.

2. $\dfrac{1}{2} t \sin t$.

3. $y(t) = e^t x(t) = e^t$.

4. $x(t) = -t + t e^t$, $y(t) = 1 - e^t + t e^t$.

总习题 8

1. $4 \dfrac{s+3}{[(s+3)^2 + 4]^2}$.

2. $-\dfrac{1}{s} \operatorname{arccot} \dfrac{s+3}{2} + \dfrac{\pi}{2s}$.

3. $\dfrac{10}{s^2+4} - \dfrac{3s}{s^2+1}$.

4. $\dfrac{1}{(s^2+1)(1-e^{-\pi s})}$.

5. $\dfrac{1}{2} t \sin t$.

6. $2t e^t + 2 e^t - 1$.

7. $\dfrac{3}{5} e^{2t} + \dfrac{2}{5} e^{-3t}$.

8. $\dfrac{1}{4} \left[(2t+7) e^{-t} - 3 e^{-3t} \right]$.

9. $x(t) = t e^t$.

10. $x(t) = t - \sin t$, $y(t) = 1 - \cos t$.

参考文献

[1]　余家荣. 复变函数. 第 3 版. 北京：高等教育出版社，2000.

[2]　西安交通大学高等数学教研室编. 工程数学：复变函数. 第 4 版. 北京：高等教育出版社，1996.

[3]　J E Marsden. Basic complex analysis. San Francisco: W. H. Freeman,1973.

[4]　钟玉泉. 复变函数论. 第 2 版. 北京：高等教育出版社，2001.

[5]　焦红伟，尹景本. 复变函数与积分变换. 北京：北京大学出版社，2007.

[6]　刘建亚，等. 复变函数与积分变换. 第 2 版. 北京：高等教育出版社，2011.

[7]　王忠仁，张静. 复变函数与积分变换. 北京：高等教育出版社，2006.

[8]　高宗升，滕岩梅. 复变函数与积分变换. 北京：北京航空航天大学出版社，2006.

[9]　包革军，等. 复变函数与积分变换. 第 3 版. 北京：科学出版社，2003.

[10]　刘瑞芹，王文祥. 复变函数与积分变换. 北京：高等教育出版社，2003.

[11]　张元林. 积分变换. 第 4 版. 北京：高等教育出版社，2003.

[12]　R N Bracewell. Fourier transform and its application, New York: McGraw Hill, 1986.

[13]　[美]萨夫. 等著. 复分析基础及工程应用. 第 3 版. 高宗生，等译. 北京：机械工业出版社，2007.